社群經營
一定要會的!!

影音剪輯與動畫製作術

關於文淵閣工作室

ABOUT

常常聽到很多讀者跟我們說：我就是看你們的書學會用電腦的。

是的！這就是寫書的出發點和原動力，想讓每個讀者都能看我們的書跟上軟體的腳步，讓軟體不只是軟體，而是提昇個人效率的工具。

文淵閣工作室創立於 1987 年，創會成員鄧文淵、李淑玲在學習電腦的過程中，就像每個剛開始接觸電腦的你一樣碰到了很多問題，因此決定整合自身的編輯、教學經驗及新生代的高手群，陸續推出「快快樂樂全系列」電腦叢書，冀望以輕鬆、深入淺出的筆觸、詳細的圖說，解決電腦學習者的徬徨無助，並搭配相關網站服務讀者。

隨著時代的進步與讀者的需求，文淵閣工作室除了原有的 Office、多媒體網頁設計系列，更將著作範圍延伸至各類程式設計、影像編修與創意書籍。如果在閱讀本書時有任何的問題，歡迎至文淵閣工作室網站或使用電子郵件與我們聯絡。

- 文淵閣工作室網站 http://www.e-happy.com.tw
- 服務電子信箱 e-happy@e-happy.com.tw
- Facebook 粉絲團 http://www.facebook.com/ehappytw

總 監 製：鄧文淵
監 督：李淑玲
行銷企劃：鄧君如．黃信溢
企劃編輯：鄧君如
責任編輯：熊文誠
執行編輯：黃郁菁．鄧君怡

本書學習資源

RESOURCE

本書以主題式範例分享 **Canva 免費影音製作工具 + Powtoon 免費動畫設計神器** 實用技巧，不論是社群小編、自媒體、電商行銷企劃人員...等各式職人或初學者，都可輕鬆提升工作效能並快速強化影片質感與專業度。

✦ 取得各單元範例素材、完成影片檔與影音教學

書中內容以電腦瀏覽器示範九大行銷主題範例，各單元範例素材與完成影片檔可從此網站下載：**http://books.gotop.com.tw/DOWNLOAD/ACV045500**，下載的檔案為壓縮檔，請解壓縮檔案後再使用。<本書範例> 資料夾中，檔案依各單元編號資料夾分別存放，各單元範例素材與完成影片檔又分別整理於 <原始檔> 與 <完成檔> 資料夾：

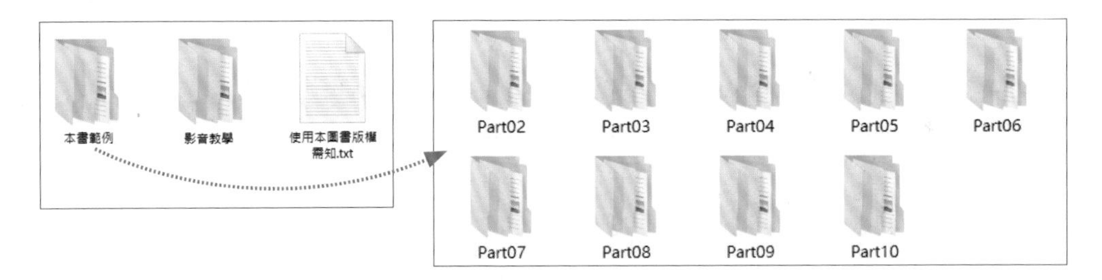

<影音教學> 資料夾存放 <Canva 手機版示範影音教學.mp4>，在解壓縮後直接執行即可觀看。

◤線上下載

本書範例素材與完成影片檔、影音教學請至下列網址下載：

http://books.gotop.com.tw/DOWNLOAD/ACV045500

✦ 取得 Canva 各單元結構範本

由於 Canva 範本不斷更新，當範本搜尋結果與書中示範不盡相同、找不到所要使用的範本時，可依以下操作方式開啟已整理好的範本結構連結頁面使用。

STEP 01 以 Part 07 單元為例：開啟 <本書範例 \ Part07 \ 原始檔> 資料夾，於 **Part07 範本** 網頁捷徑上連按二下滑鼠左鍵開啟網頁連結，再選按 **使用範本** 鈕。

STEP 02 即會開啟已整理好範本結構專案，可以直接使用與練習。(開啟連結時如需登入帳號，請依步驟完成。)

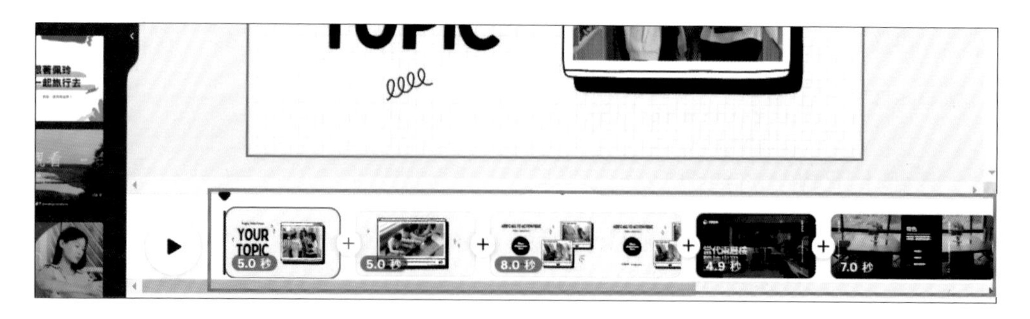

(Powtoon 並不支援此功能，如果操作時無法取得與書中相同的範本、元素與素材時，使用其他相似的練習即可。)

單元目錄

CONTENTS

▶ 準備篇

Part

1 影音化潮流
多媒體與社群行銷致勝關鍵

▶ 影音快製篇 / Canva

Part 2

短影音效益

新型影片創造無限商機

Part

3 社群貼文

突破演算法提高觸及率與互動

Part

4 商品宣傳
善用字卡提升商品辨識度

Part

5 形象廣告

用影片打造品牌影響力

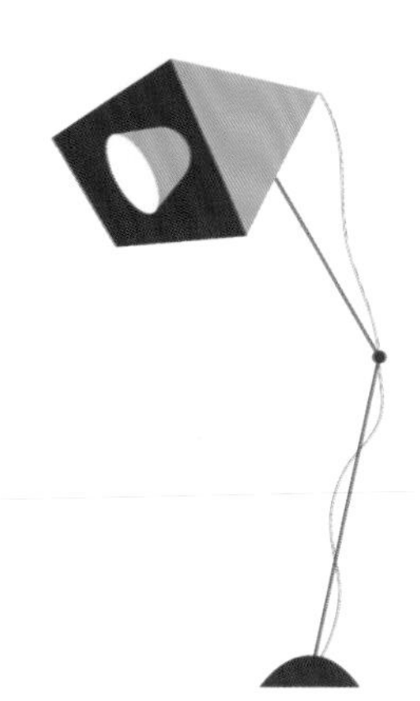

Part

6 推廣活動
媒體平台橫幅設計

Part

7 故事行銷
提升粉絲黏著度與影響力

Part

8 知識型講解
視覺化呈現資料數據與分析

▶ 動畫創意篇 / Powtoon

Part 9 節慶促銷
卡通動畫發揮創意帶動銷量

Part

10 開幕優惠企劃

手繪動畫影片更吸引目光

▶ 分享行銷篇

Part

11 分享與上傳

跨社群打造最強集客力

多媒體與社群行銷致勝關鍵

影音化潮流

學習重點

製作社群行銷影片前，先了解社群平台特性及其優勢，以及品牌目標客群屬性，再開始尋找合適的輔助工具軟體，輕鬆掌握社群行銷！

- ☑ 掌握社群行銷，提高企業品牌力
- ☑ 主力平台該如何選擇？
- ☑ 用影片行銷，完勝你的競爭對手！
- ☑ 構思和安排行銷影片六大步驟
- ☑ 視覺設計高手 - Canva
- ☑ 動畫影片工廠 - Powtoon
- ☑ 免費與付費差異
- ☑ Canva 帳號註冊與介面認識
- ☑ Canva 專案管理與預覽
- ☑ Canva 上傳格式與需求
- ☑ Powtoon 帳號註冊與介面認識
- ☑ Powtoon 簡易專案管理

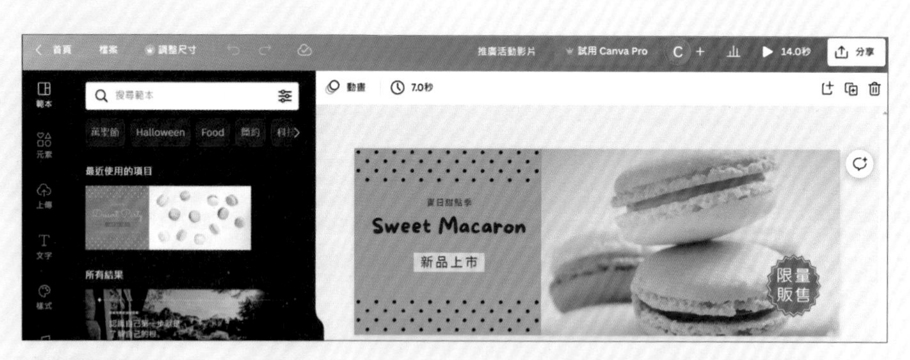

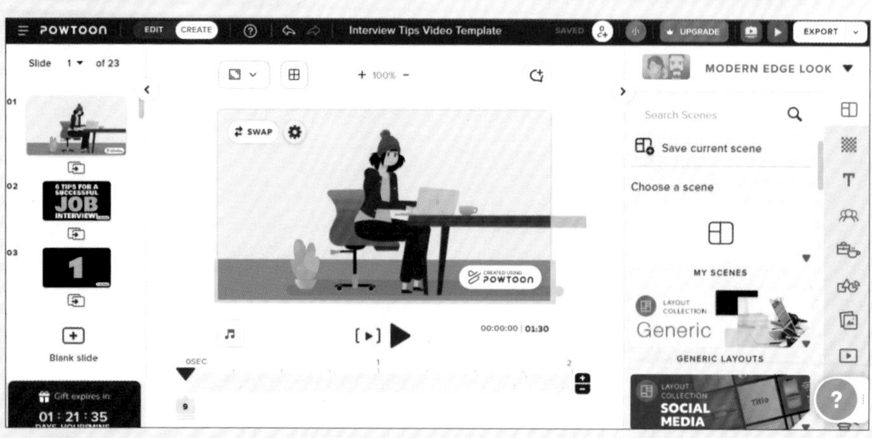

1-1 掌握社群行銷，提高企業品牌力

有別於傳統行銷方式，社群行銷可以依據商品定位與顧客屬性選擇最有優勢的平台分眾推廣，為品牌打造高互動的行銷優勢。

關於社群行銷

根據網路數據報告，全民上網率高達九成，在數位網路活絡的情況下，不僅為經濟或社會、文化的發展帶來一股新的契機與行動力，網路行銷更成為一種新的經營模式。

所謂的 "社群行銷"，就是在聚集群眾的網路平台上，經營網路服務或行銷商品的過程。有別於電視台廣告、大型看板、傳單...等傳統行銷的範疇，透過 Facebook、Instagram、LINE、YouTube...等社群媒體的傳播途徑，網路行銷的型態不僅多樣、創新、效率高、曝光時間長，更可以將行銷能量發揮到最大效益！

社群行銷的優勢

網路社群行銷的優勢包含以下幾點：

- **即時溝通，靈活度高**：可即時發表新品或是優惠訊息，再根據顧客的反應與變化來調整行銷方式。
- **預算彈性，成效數據化**：行銷花費門檻較低，投遞時間的調整也更有彈性，每次投遞的過程都可以化成數據，清楚得知到目前為止有多少人看過這則廣告，以及後續的互動行為，讓你可以更明確的分析廣告成效，為企業挖掘更多潛在顧客。
- **受眾精準，投遞優化**：可以只針對目標受眾或是區域擬定行銷策略，讓你的貼文與廣告更精準的投遞，創造最合適的內容、商品來獲得更多的回應與好感度。

1-2 主力平台該如何選擇？

社群平台各有特色，究竟什麼平台才適合你的品牌受眾？商品與品牌特性以及顧客屬性，是選擇社群平台的重要依據。

依客群使用習慣考量

每個社群平台都有其所屬的主要族群及使用偏好，如果想要選擇正確的社群平台做為行銷工具，就必須先分析主要客群與目標市場。

依各社群平台的使用率及特性考量

最新一期 Digital 2022: TAIWAN 報告，目前國內社群平台使用率最高的是 LINE，其次是 YouTube、Facebook 跟 Instagram，以下表格簡單列出各社群平台的數據與特色：

	使用率	族群	呈現方式	特色與經營建議
Facebook	90.8 %	25-55 歲	文字為主，照片、影片為輔。	透過粉絲專頁經營品牌，可投入少許預算宣傳店家形象或推廣商品貼文。
Instagram	70.6 %	12-35 歲	照片、影片為主，文字為輔。	拍攝精美的商品宣傳照片或影片，利用限時動態吸引目光，可投入少許預算推廣品牌帳號，培養粉絲群。
LINE	95.7 %	適合各年齡層	文字、照片、影片…等多種格式。	發起群組或社群聚集顧客群，或是建立官方帳號，可即時宣傳品牌、提供折價券或解決顧客問題。
YouTube	92.5%	適合各年齡層	影片、短影音為主。	頻道影音內容逐漸取代傳統電視節目，廣告效益不斷擴大，使用者多數會跟隨喜歡的 YouTuber 並訂閱，規劃社群行銷時，建議多跟相關的頻道合作。

1-3 用影片行銷，完勝你的競爭對手！

網路活絡的當下，現代人們再也不想閱讀大量的文字訊息，取而代之的是一段有趣的影片，影音行銷已經進入白熱化了！

影音的行銷手法，往往比照片來得更加搶眼！依主題為商品搭配背景、燈光、擺設，再加入故事性、生活元素與品牌風格，結合視覺與聲音，吸引客群產生興趣，達到推廣效果，也更能提升客群對品牌的追隨。

除了吸引人的商品展示，影音行銷的內容也可以是活動現場、拍攝花絮、主角專訪、商品教學、名人體驗開箱、品牌粉絲發聲...等，強調產品和服務的重要特色，提供客群真實體驗；在社群平台上利用影片行銷的方式，分享、傳播速度驚人，互動率也較一般貼文來得高，更能為品牌帶來話題性與討論度。

一板一眼的廣告內容對現在的客群來說已經沒什麼吸引力了，現在主統的行銷方式要有"互動性"，拋開傳統冗長文案貼文，以更有變化的影片來呈現行銷內容，加入粉絲好評留言或推薦轉貼、公告抽獎活動方式...等資訊，考慮目標客群關心什麼，精準激發客群持續關注及互動的興趣。若將行銷目標定位在社群平台，行銷影片不需要太長，簡單扼要地展現產品和服務優勢並同時與客群保持互動，為品牌吸取龐大觸及率。

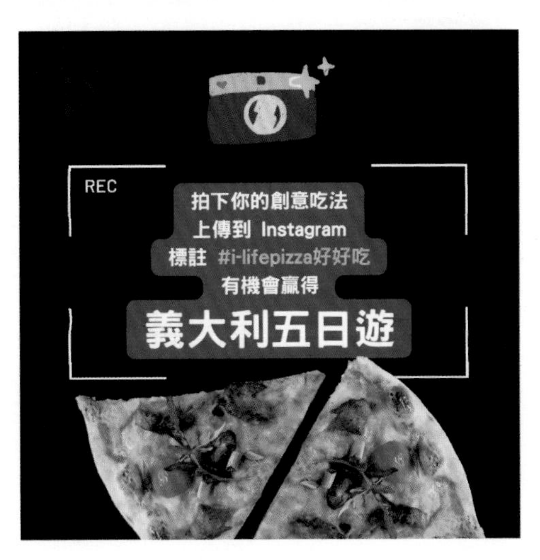

1-4 構思和安排行銷影片六大步驟

為了讓拍攝出來的影片更精緻與專業，編輯影片前除了做好規劃和準備事項，了解剪輯相關觀念也是很重要的。

製作行銷影片的關鍵重點：行銷目的、目標客群、目標平台，待確認後，再依以下六大步驟規劃以及著手進行：

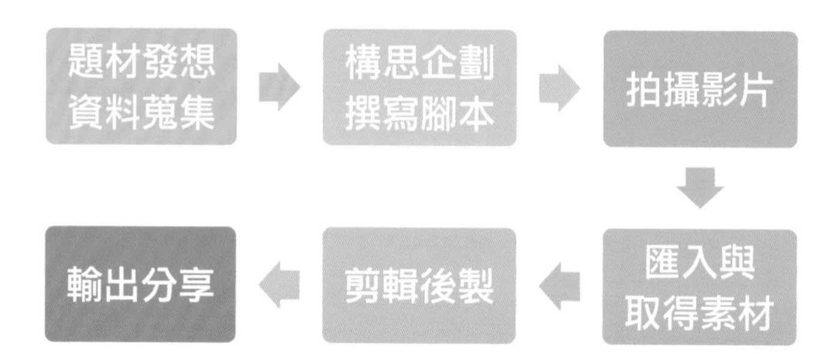

題材發想・資料蒐集：蒐集題材不應該是在打算製作影片才開始，而是平常就對一些議題、事件、人物保持長期關注，有一定程度的情感和了解，才容易著手製作，不致於在一開始時毫無頭緒。

構思企劃・撰寫腳本：當資料蒐集完成後，可以依資料內容性質歸類，透過整理後的資料，構思影片製作方向與內容，此時若發現素材不足，則可再次蒐集資料補強以求完備。而腳本是拍攝時重要的參考，一份明確的製作構想或是大綱，即能作為剪輯後製的依據。

拍攝影片：事先瞭解拍攝情節，有利於主題的拍攝與後續剪輯，可避免有漏網鏡頭而遺憾，拍攝影片時應盡量減少畫面晃動，變焦鏡頭的運用要得宜，建議使用腳架或穩定器，可以讓畫面更穩定。

匯入與取得素材：完成上述步驟後，將辛苦蒐集而來的素材與拍攝好的影片上傳至軟體中以利後續編輯。

剪輯後製：當腳本中所需的素材準備完成後，可以透過軟體剪輯素材、加上字幕、旁白與背景音樂，並設計適合的轉場特效，完成一部有劇情、感動加值的影片！

輸出分享：將成果分享至各社群平台或公司網站，行銷品牌以及商品，吸引客群並說服他們採取行動。

1-5 影片後製熱門工具 - Canva、Powtoon

Canva 與 Powtoon 都是免費線上設計工具 (付費擁有更多資源)，依其特性與創作呈現、免費與付費差異...等，與大家說明。

視覺設計高手 - Canva

Canva 是一個免費線上圖形設計或是影片編輯的平台，很多使用者經常利用它來創作社群媒體圖片貼文，或是影片剪輯、簡報、文件...等視覺設計作品，完全不用下載或安裝，只要直接透過網站就可以隨時隨地編輯影片專案與創作平面設計。提供了成千上萬的免費範本與素材，只要選擇合適的範本套用再稍加編輯與加入創意，就可以迅速完成，Canva 設計工具讓製作行銷影片的過程變的更簡單而且作品更出色。

動畫影片工廠 - Powtoon

Powtoon 是一款結合動畫、圖片與文字來製作動畫影片的平台，它以類似 PowerPoint 的操作方式製作專案，可以透過所提供的範本與文字、背景素材、角色...等免費項目，短時間內快速完成行銷動畫影片。如果想創作一部短篇式的劇情動畫行銷影片，那 Powtoon 就非常適合，讓作品跳脫只有圖文表現的束縛。

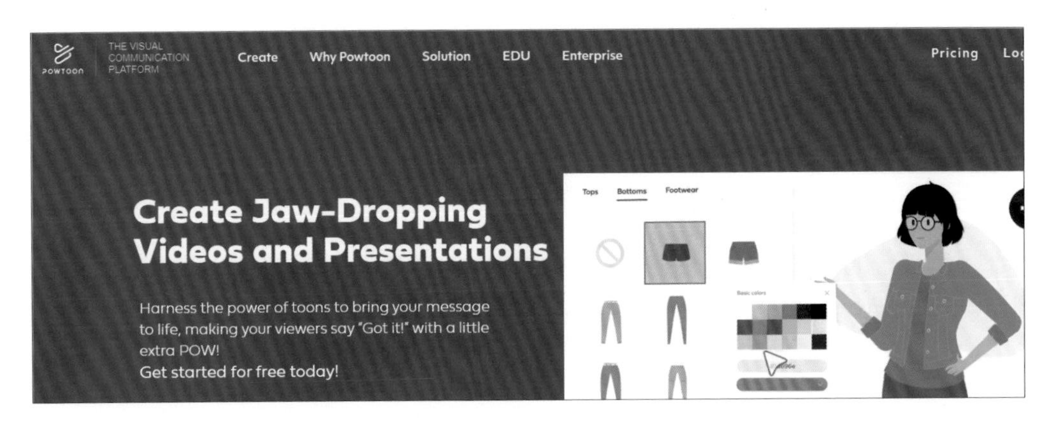

免費與付費差異

Canva 與 Powtoon 都可以免費使用，但如果你想解鎖更多功能或素材，可以考慮付費訂閱成為 Pro 方案使用者。

Canva 付費方案

方案	Canva 一般	Canva Pro	Canva 團隊版
費用	免費	US $119.99 (年費)	US $149.90 (年費)
空間	5 GB	1 TB	1 TB
特色	• 25 萬多個免費範本 • 100+ 設計類型 • 超過 100 萬張免費照片和元素 • 邀請他人設計和合作 • 可列印商品並送貨上門	• 無限的功能、文件夾 • 超過 1 億個付費照片、影片、音訊和元素 • 可使用 100 個品牌工具組中的標誌、顏色和字體 • 可自訂設計的尺寸 • 可使用背景移除工具	• 專為團隊協作與批准工作流程、活動記錄...等設計 • 團隊報告及見解 • 將團隊設計、簡報及文檔轉換為品牌範本 • 設定團隊可編輯權限，利用鎖定功能保持一致形象

除了以上方案，還有教育帳號及非營利組織帳號方案，更詳盡的說明，請參考 Canva 官網：「https://www.canva.com/zh_tw/pricing/」。(此資訊以官方公告為準)

Powtoon 付費方案

方案	Powtoon Free	Powtoon Pro	Powtoon Pro+
費用	免費	US $240 (年費)	US $720 (年費)
空間	100 MB	2 GB	10 GB
特色	• 最長可輸出 3 分鐘影片 • 輸出的作品皆有 Powtoon 浮水印 • 商業使用權上受限制	• 最長可輸出 10 分鐘影片 • 移除 Powtoon 浮水印 • 可下載 MP4 檔案 • 影片隱私權控制 • 商業使用權上不受限制	• 最長可輸出 20 分鐘影片 • 除了可享 Pro 服務外，還可以使用自訂角色服裝的功能

除以上方案，還有 Agency 最高等級訂閱方案，更詳盡的說明，請參考 Powtoon 官網：「https://www.powtoon.com/pricing/」(此資訊以官方公告為準)。

1-6 Canva 帳號註冊與介面認識

使用 Canva 前，需先註冊一組帳號才能開始，本節將一步一步帶你完成註冊動作，並熟悉主要畫面各個基礎功能。

註冊帳號

STEP 01 開啟瀏覽器，於網址列輸入「https://www.canva.com/zh_tw/」，進入 Canva 網站，選按右上角 **註冊** 鈕，接著再選擇自己習慣的註冊方式，在此選按 **以 Google 繼續**。

STEP 02 依步驟完成帳號登入，接著詢問使用者身分，在此選按合適的項目即完成。(若出現免費試用 Canva Pro 訊息，選按右上角 **稍後再說** 略過。)

認識首頁

完成帳號註冊後自動進入 Canva 首頁，透過下圖標示，認識各項功能與所在位置：

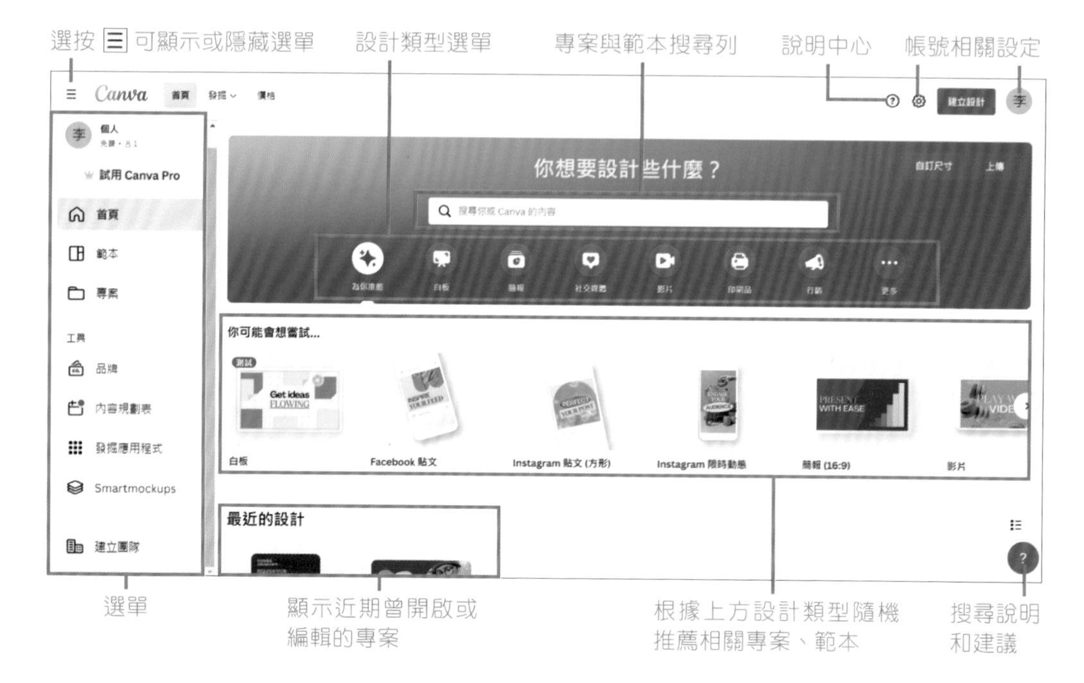

範本資源

除了使用搜尋或是選擇設計類型開啟範本，於選單選按 **範本**，可依 **商務**、**社交媒體**、**影片**、**行銷**...等項目，篩選出最適合使用的範本，再選按該範本縮圖即可使用。

建立專案

除了從範本選擇類型開始建立專案，也可選按畫面右上角 **建立設計**，清單中選按欲使用的類型，就會依該類型特色與規格建立一個新的專案，也可以於上方的搜尋列輸入關鍵字尋找類型。

如果沒有適合的類型或尺寸，選按清單最下方 **自訂尺寸**，再輸入需要的 **寬度**、**高度** 即可。

另外，也可以利用首頁的設計類型選單，選按類型項目後，於下方會出現該類型推薦主題及相關範本，於主題清單列選按最右側的 **>** 可出現更多主題，選按合適的主題即可建立該主題專案。

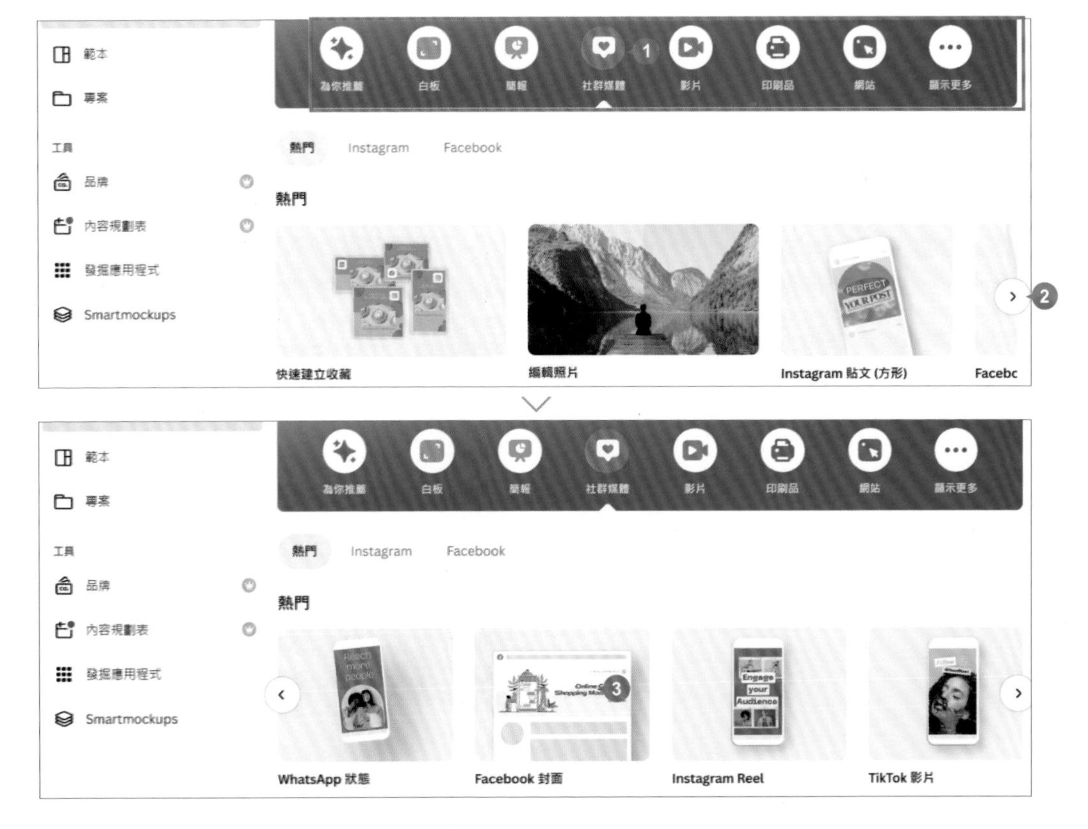

專案編輯畫面

開始編輯專案前，透過下圖標示，先熟悉 Canva 專案編輯畫面的各項功能：

檔案功能與雲端儲存

選按 **檔案**，可依作業需求提供尺規、輔助線、邊距...等功能設定，此外部分功能有 圖示，表示該功能需付費訂閱才能使用。

由於 Canva 採雲端作業，操作過程都會自動儲存專案，你可以於選單列透過 圖示確認是否儲存；或選按 **檔案**，清單中檢查 **儲存** 項目右側是否有顯示 **已儲存所有變更**。

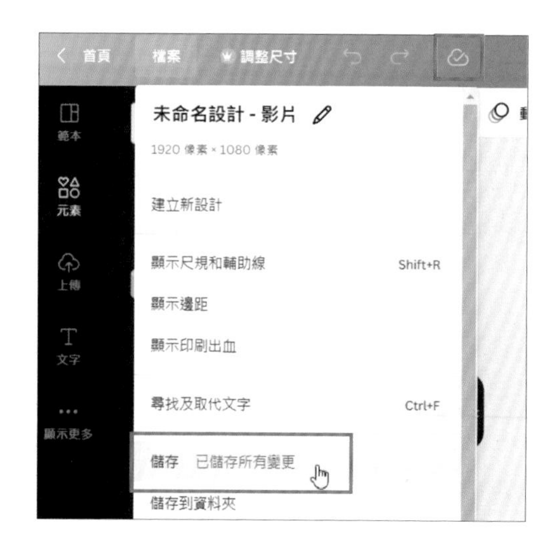

管理索引標籤

側邊欄左側的索引標籤，預設只有 **範本**、**元素**、**上傳**、**文字**，可依以下操作方式增加或減少項目：

STEP 01 側邊欄選按 **顯示更多**，清單中選按欲開啟的項目，在此選按 **照片**。(除了基本項目外，清單下方還有更多第三方功能可運用。)

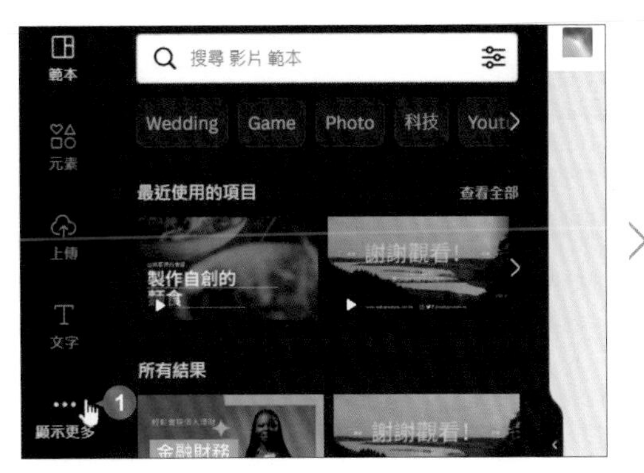

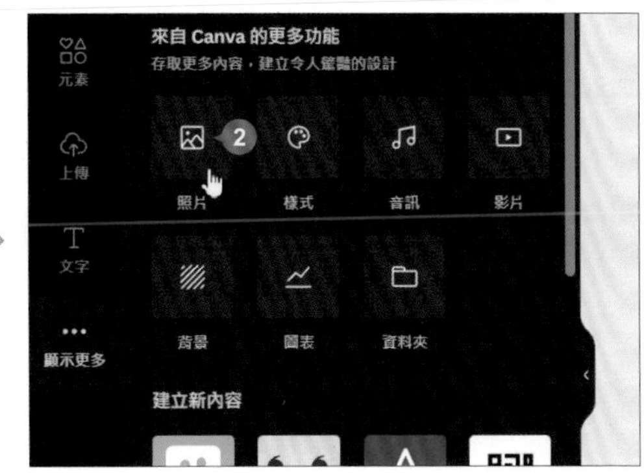

STEP 02 **照片** 即會顯示在索引標籤中，依相同方法，只要於 **顯示更多** 選按其他項目，就會一一顯示在索引標籤。

STEP 03 想隱藏索引標籤上不常用的項目時，可以選按該項目，再於左上角選按 ☒。

1-7 Canva 專案管理與預覽

設計的專案較多且繁雜時，專案及其素材的整合就相對非常重要；另外在專案建立過程中，即時預覽可以讓你適時調整影片結構。

管理或救回被刪除的專案

於首頁選單選按 **專案**，每一個建立的專案都會自動儲存並整理在此畫面中。將滑鼠指標移至專案縮圖上，選按右上角 ⋯，清單中提供 **重新命名**、**建立複本**、**分享** 或 **移至垃圾桶**...等管理功能。

如果欲還原之前刪除的專案，於首頁選單選按 **垃圾桶**，可看到被刪除的專案，將滑鼠指標移至專案縮圖上，選按右上角 ⋯ \ **還原** 即可。(也可以選按 **影像** 或 **視訊** 標籤還原刪除的照片及影片素材)

小提示 刪除的專案可以保留多久？

刪除的專案設計會存放在垃圾桶 30 天，這期間都可以復原，超過期限即會自動刪除，如果想提早從垃圾桶移除，可選按右上角 ⋯ \ **永久刪除**。

資料夾管理

專案 項目中除了可以管理專案項目，也可以建立資料夾，分類整理各別專案設計的素材檔案。

STEP 01 於首頁選單選按 **專案**，將滑鼠指標移至專案或之前上傳的照片、影片素材縮圖上，選按右上角 ··· \ **移至資料夾** 右側 >。

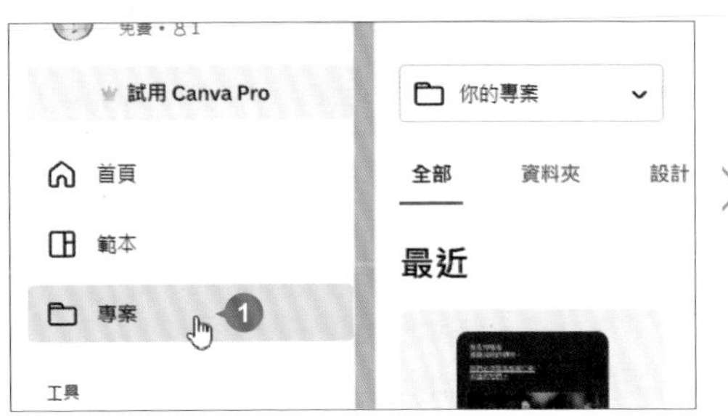

STEP 02 選按 **你的專案** 右側 >，清單左下角選按 **+建立新資料夾**。

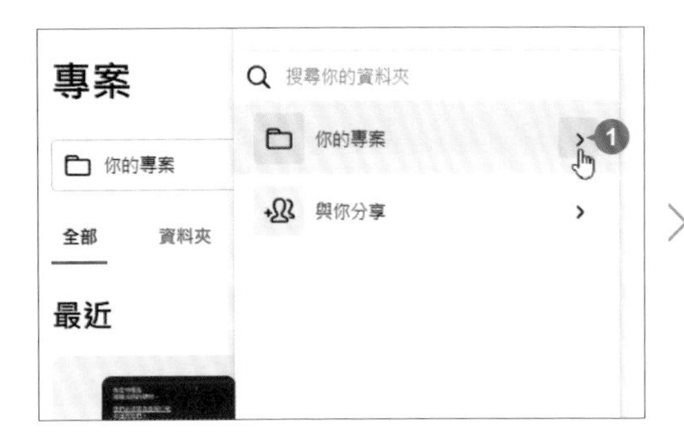

STEP 03 輸入資料夾名稱，選按 **新增至資料夾** 鈕，即可在 **資料夾** 項目下看到剛剛建立好的資料夾 (該專案會直接移至該資料夾中)。

STEP 04 建立專案過程中如欲搜尋照片、影片...等元素時，只要將滑鼠指標移至合適元素縮圖上，選按右上角 **···** \ **新增至資料夾** \ **你的專案** 右側 > \ (資料夾名稱) 右側 > 進入，再選按右下角 **新增至資料夾** 鈕，即可以輕鬆整理相關資源。

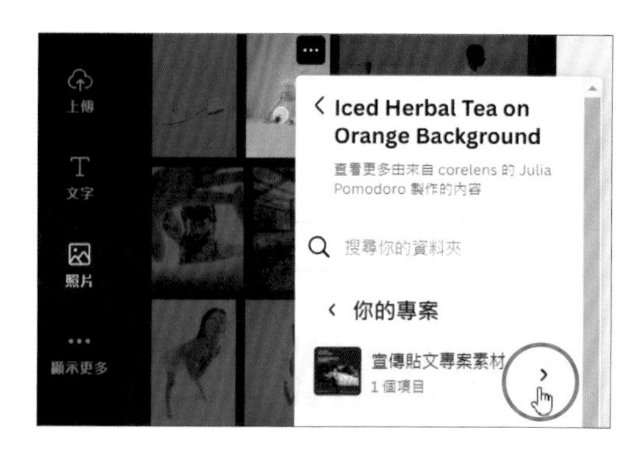

預覽專案作品

建立專案過程中，可利用預覽檢視影片，適時做出調整。

畫面右上角有個預覽按鈕並顯示目前影片的時間長度，選按即可從第一頁開始播放預覽。

或於時間軸上，將時間軸指標拖曳至第一頁起始處，再選按 ▶ 即可播放預覽作品。

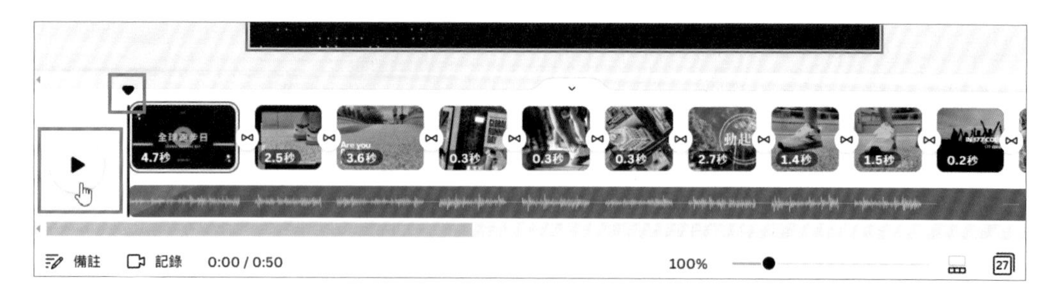

另外，不同類型的範本，畫面右上角的按鈕也會不一樣，例如簡報類型範本會顯示 **展示並錄製**；而平面設計類型範本則會是 **Preview** 或 **列印**。

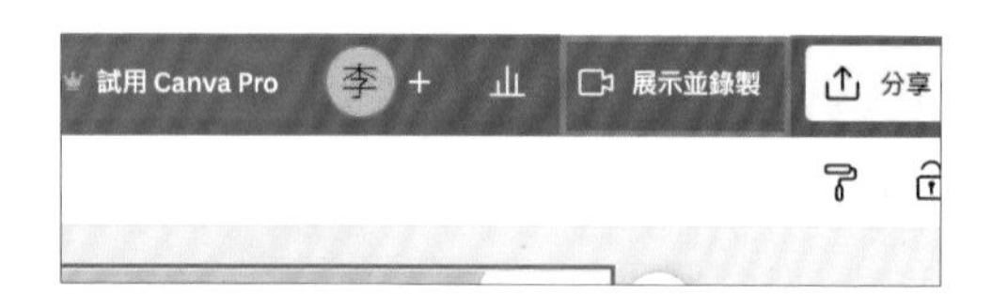

1-8 Canva 上傳格式與需求

設計 Canva 專案時，可以上傳自己的照片、影片或是自製影像，但支援哪些格式？或是上傳空間有什麼限制？可參考本節說明。

	Canva 免費版	Canva 教育版 Canva 非營利組織	Canva Pro Canva 團隊版
上傳空間	5 GB	100 GB	1 TB
影像	支援 JPEG、PNG、HEIC/HEIF、WebP 檔案格式，檔案需小於 25 MB，尺寸不可超過 1 億像素 (寬度 x 高度)，WebP 只支援靜態圖片。 支援 SVG 檔案格式，檔案需小於 3 MB，寬度為 150 ~ 200 像素。		
音訊	支援 M4A、MP3、OGG、WAV、WEBM 檔案格式。 檔案需小於 250 MB。		
影片	支援 MOV、GIF (不支援背景透明的影片)、MP4、MPEG、MKV、WEBM 檔案格式。 檔案需小於 1 GB，如果介於 250 MB ~ 1 GB 之間，免費版本的使用者將會被要求壓縮檔案。		
字型	Canva Pro、Canva 團隊版、Canva 教育版、Canva 非營利組織版，以上使用者皆可上傳字型，需確認具嵌入的授權。 支援 Opne Type (.otf)、True Type (.ttf)、Web 開放格式 (.woff) 字型，每個品牌工具組 (使團體設計維持一致的設定) 最多可以上傳 500 種字型。		
其他	支援 Adobe Illustrator 的 .ai 檔案格式，檔案小於 30 MB，每個檔案不超過 100 個畫板，需為 PDF 相容格式檔案，沒有圖層、漸層或遮罩。 支援 PowerPoint (.pptx) 檔案格式，檔案小於 70 MB，每個檔案不超過 100 張投影片，不能含有圖表、SmartArt、漸層、3D 物件、文字藝術師、表格或圖樣填滿的內容。		

更詳盡的說明，請參考 Canva 官網：「https://www.canva.com/zh_tw/help/upload-formats-requirements/」。

1-9 Powtoon 帳號註冊與介面認識

許多商業、教育機構使用 Powtoon 製作動畫片或宣傳品牌信息，只需要註冊一組帳號就可免費使用。

註冊帳號

STEP 01 開啟瀏覽器，於網址列輸入「https://www.powtoon.com/」，進入 Powtoon 網站，選按右上角 **SIGN UP**。

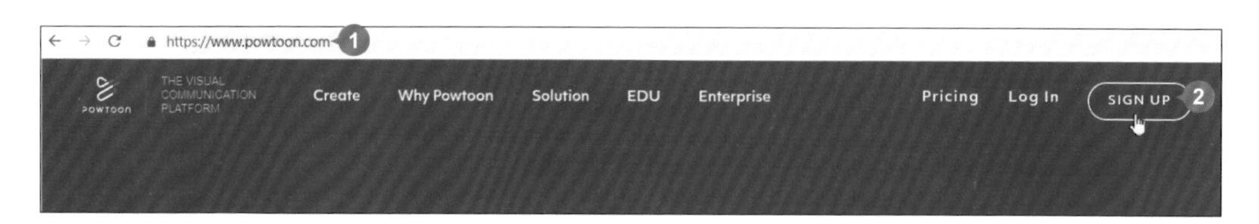

STEP 02 選擇自己習慣的註冊方式，在此選按 **Google**，依步驟完成帳號登入後，再選按 **Let's start** 鈕。

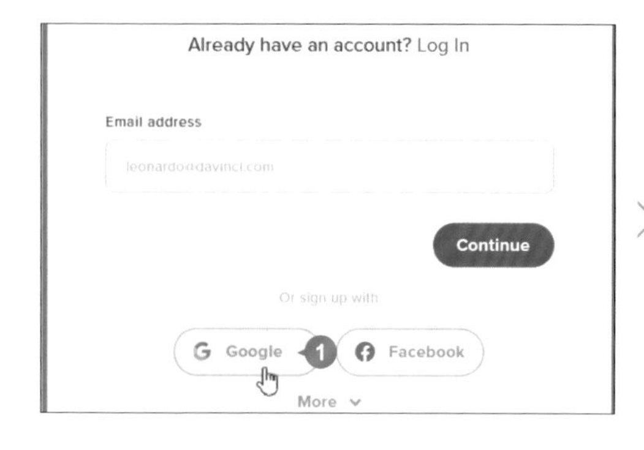

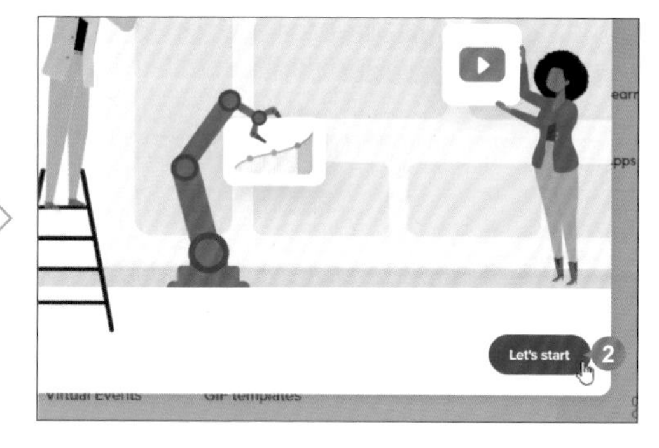

STEP 03 接下來會詢問使用者身分，以及你的創作會運用在哪些地方或項目，在此選按 **Personal Needs** (個人使用)、**Social Media** (社群影音)。

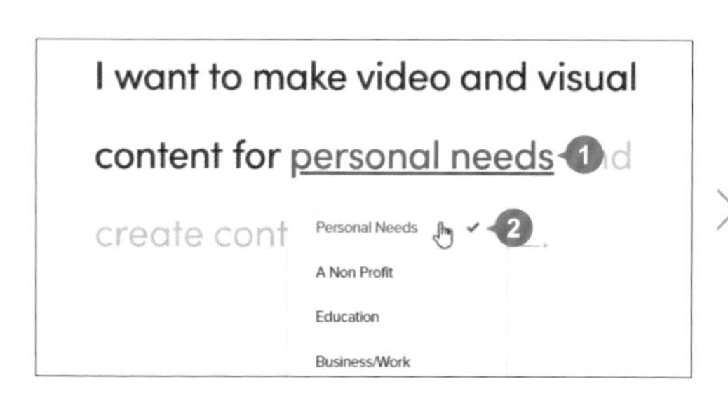

完成身分及用途設定後，選按 **Next** 鈕，初次註冊會有 4 天的 Pro 會員身分可以領取，選按 **Claim your gift** 鈕。

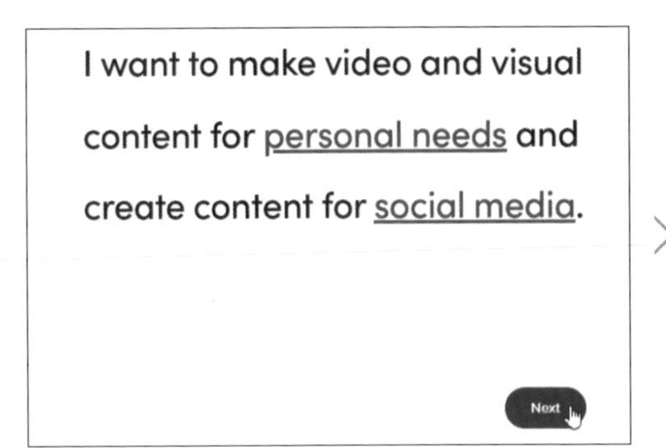

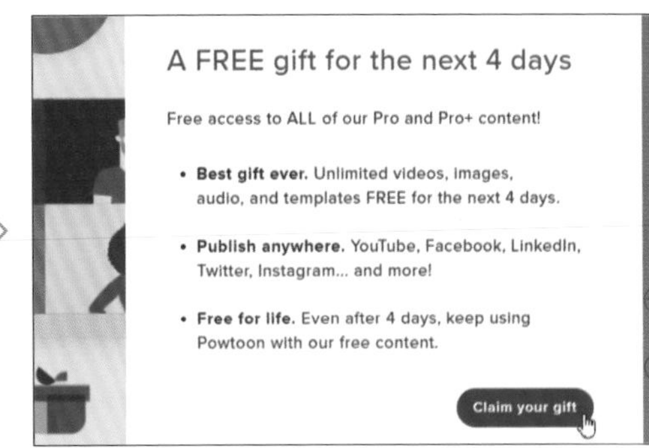

認識首頁

完成帳號註冊後自動進入 Powtoon 首頁，透過下圖標示，認識各項功能：

Toolbox 包含：**My Powtoons** (我的專案)、**Learning Center** (學習中心)、**Apps & Integrations** (支援的第三方應用程式)。

建立專案

從範本開始設計：於首頁選按 **+ Create**，清單中選按欲使用的範本主題，即會連結至 **Choose a template** 畫面，再從項目中選按合適範本建立專案。

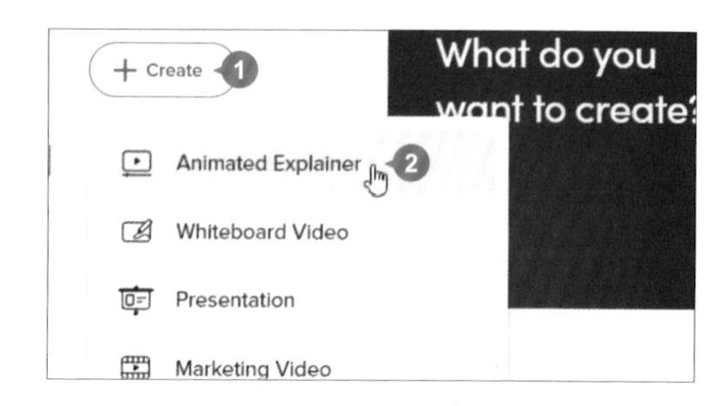

如果對於出現的範本項目不滿意，還可以利用搜尋欄位、快速篩選器或是類型篩選清單過濾篩選結果。

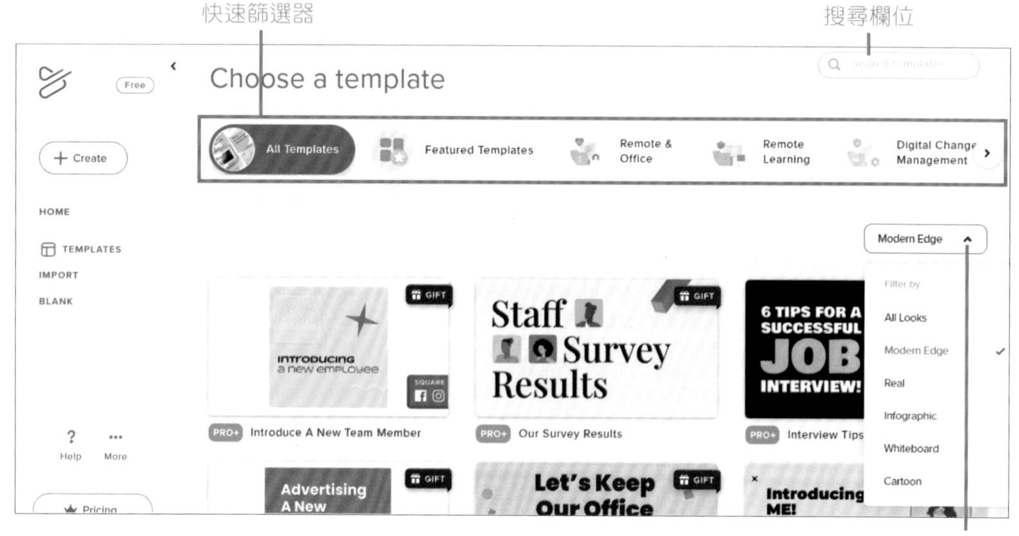

匯入 PPTX 開始設計：Powtoon 支援直接匯入 PowerPoint 簡報檔，選按 **IMPORT \ Import PPTX file**，再選按 **Browse to upload** 鈕，依步驟完成檔案上傳即可建立專案。

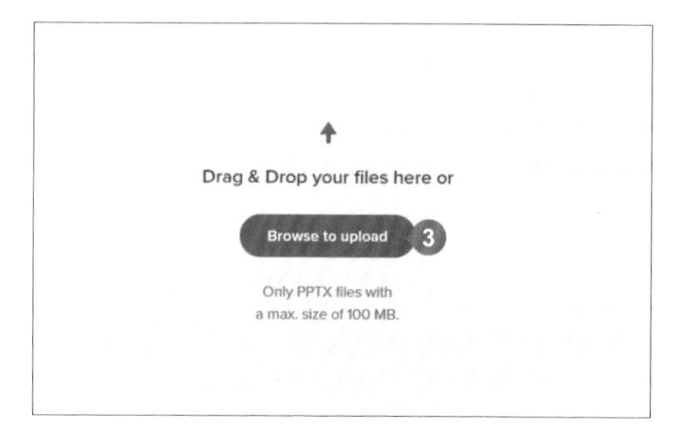

從空白專案開始設計：於首頁選按 **BLANK**，畫面中再選按欲使用的專案規格即可建立一個空白專案。

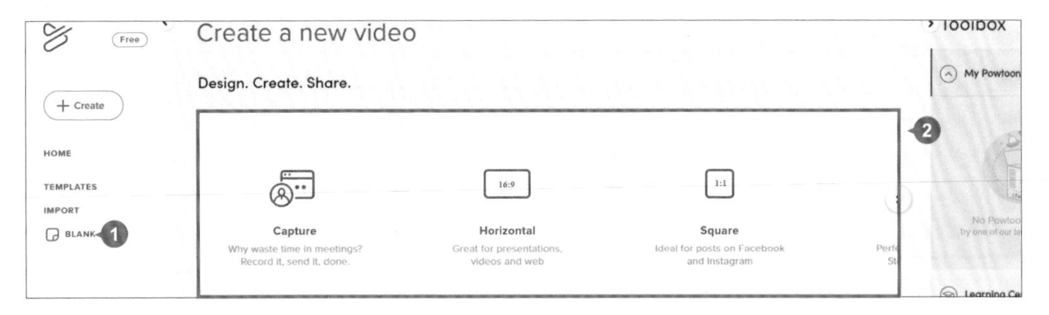

專案編輯視窗

開始編輯專案前，透過下圖標示，先熟悉 Powtoon 專案編輯視窗的各項功能：

> **小提示** 關於切換編輯模式
>
> **EDIT** 模式下沒有時間軸、側邊欄...等，適合完全不會去變更範本架構的使用者運用；而 **CREATE** 模式則擁有完整的編輯工具，包含替換範本元素、變更影片時間長度、自訂頁面...等較多細節調整。

1-10 Powtoon 簡易專案管理

Powtoon 的專案管理包含了複製、搬移、重新命名...等基本功能，也可以藉由分享專案或範本的方式寄送給其他人，以下將簡單介紹如何操作。

每當建立一個新專案都會儲存在首頁 **Toolbox \ My Powtoons** 中，選按 **Toolbox** 右側 開啟管理畫面，**My Powtoons** 標籤會看到目前帳號中的所有專案。

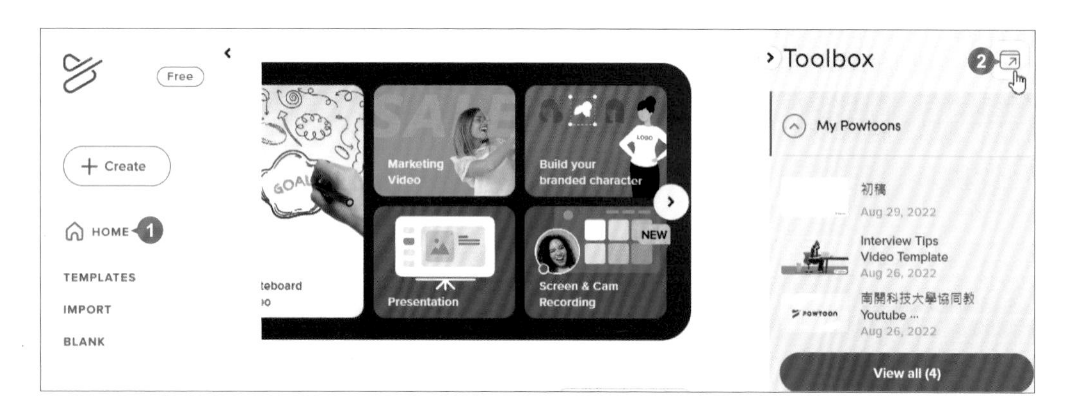

於專案縮圖右下角選按 ⋮，清單中再選按欲執行的指令，例如要刪除專案，只要選按 ⋮ \ **Delete**，再選按 **Delete** 鈕。(Powtoon 的刪除動作會直接於帳號中刪除無法救回)

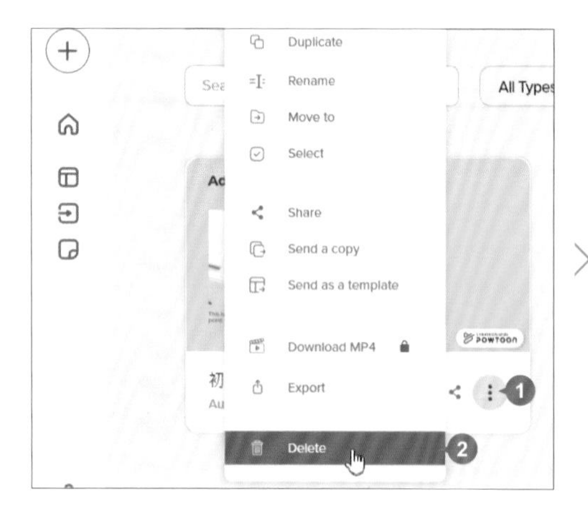

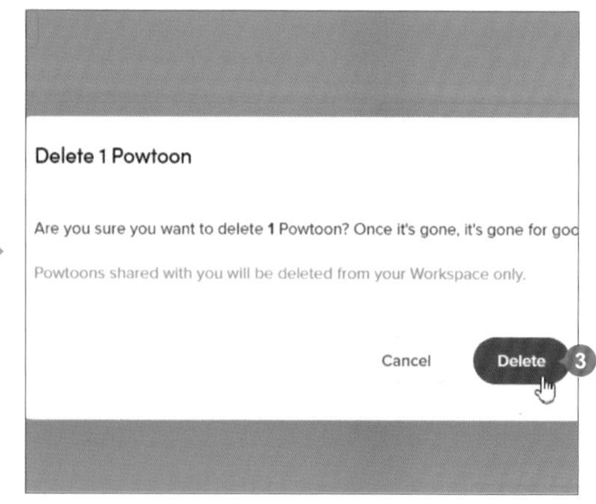

其他管理項目包括：**Duplicate** (複製副本)、**Rename** (重新命名)、**Move to** (搬移)、**Select** (選取)、**Share** (分享)、**Send a copy** (寄送副本)、**Send as a template** (寄送範本)、**Download MP4** (下載 MP4)、**Export** (輸出)。

新型影片創造無限商機

短影音效益

學習重點

"短影音效益影片" 主要學習組合套用不同範本、設計動畫順序、內文文字設計編排以及影片分割，還有將影片發佈為品牌範本...等功能。

- ☑ 短影音的無限商機
- ☑ 建立新專案
- ☑ 新增與替換範本頁面
- ☑ 上傳商品影片
- ☑ 替換影音素材完成核心內容
- ☑ 剪輯影片
- ☑ 開啟尺規與輔助線
- ☑ 修改文案介紹商品
- ☑ 設計動畫播放順序
- ☑ 分割頁面
- ☑ 新增文字與搜尋元素
- ☑ 設計動畫播放順序
- ☑ 背景音訊提升影片質感
- ☑ 將設計發佈為品牌範本

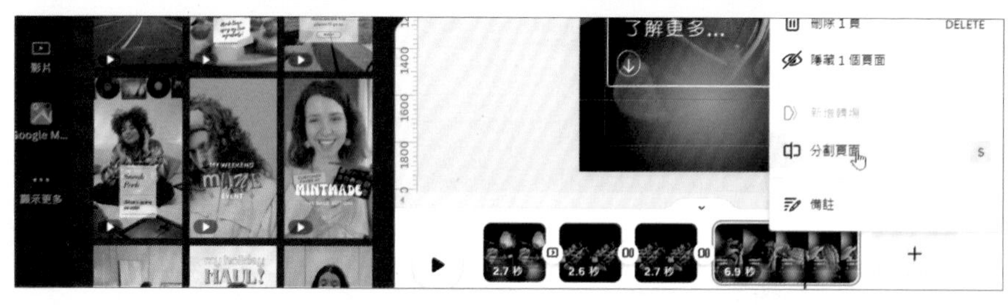

原始檔：<本書範例 \ ch02 \ 原始檔>

完成檔：<本書範例 \ ch02 \ 完成檔 \ 短影音效益影片.mp4>

2-1 短影音的無限商機

短影音行銷帶起的風潮跟流量你跟上了嗎？簡短影片長度是 15 - 90 秒，在各平台都有相關的流量紅利與推廣獎勵，要行銷就不能錯過這一波！

不可錯過的短影音潮流

社群平台的觀眾越來越不愛看長篇大論的文字，甚至連較長的影片都很難吸引人從頭看到最後，愈來愈多人喜歡節奏快的短影音，消費者的行為模式不斷的改變，如何在社群平台大量訊息海中，用最快、最吸睛的內容去抓住消費者目光？或是怎麼在最短時間打中消費者需求，進而引起共鳴，但又可以傳達品牌及產品銷售訴求，這是一個不能錯過的趨勢。

短影音潮流迫使品牌需要極度精簡影音內容，更要思索要怎麼在短短幾秒的時間裡述說出一個好的故事或是開場。

短影音平台分析

目前有三大平台強力推廣短影音，利用這個趨勢可以得到好的流量表現：

- **Instagram Reels**：Meta 官方推出獎勵計劃 Reels Play，鼓勵創作者發布短影音，並提供多種創作工具、版面、音效以及特效，還有流量紅利，非常有利於短影音行銷。
- **YouTube Shorts**：YouTube 是影音發布量最高的平台，在 2021 年 7 月開放 YouTube Shorts 與一億美元的獎勵金，補助短片平台 Shorts 上的原創影音，原有的高流量，加上方便管理與後製影片，讓創作者更有意願產出短影音。
- **TikTok**：短影音平台 TikTok 的演算法與其他平台不相同，是依個人的興趣與習慣做影片推薦，因此影片被非粉絲用戶看見的機率更高，給予新創作者更多曝光機會。

2-2 腳本構思

從挑選範本開始，一開場就以主題文字點出影片重點，剪輯關鍵片段，搭配精彩文案、影片元素與導引，最短時間吸引目光創造商機。

作品搶先看

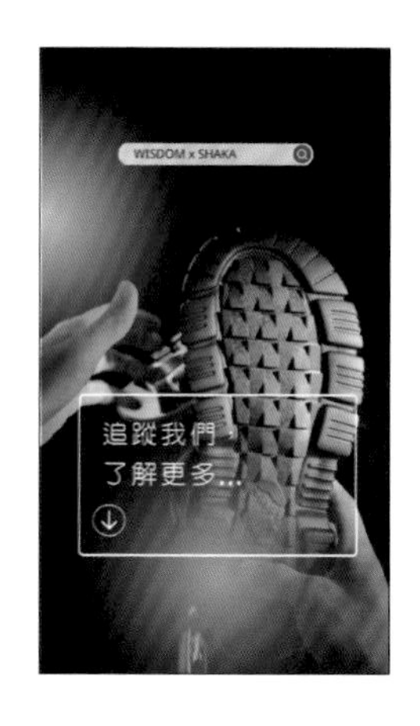

設計重點：

組合不同範本、影片剪輯、內文文字設計編排以及影片分割，以及將影片發佈為品牌範本...等功能。

參考完成檔：

<本書範例 \ ch02 \ 完成檔 \ 短影音效益影片.mp4>

製作流程

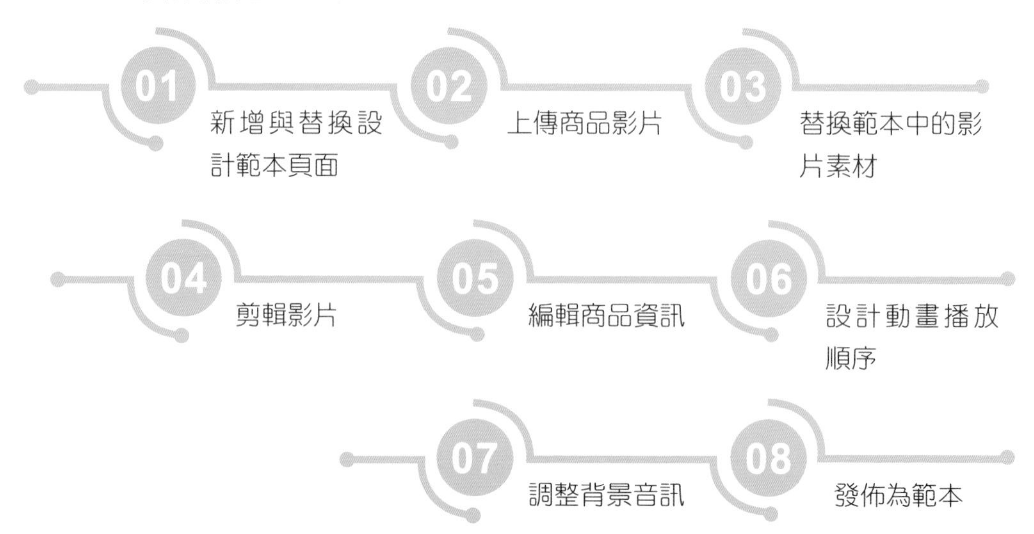

2-3 快速產生商品頁面

Canva 提供各種主題的範本，讓使用者可以快速產生基本架構與版式設計，之後再加入照片、影片素材與文字完成製作。

建立新專案

STEP 01 於 Canva 首頁上方，選按 **社交媒體 \ Instagram \ Instagram Reel** ，建立一份 1080 × 1920 直式影片新專案。

STEP 02 進入專案編輯畫面，於右上角 **未命名設計-影片** 欄位中按一下，將專案命名為「短影音效益影片」。

新增範本頁面

除了可以直接套用指定範本的整份設計，也可以根據需求套用單一設計頁面。(依以下步驟輸入關鍵字搜尋範本，若因 Canva 更新找不到相同範本，可開啟範例原始檔 <Part02範本>，於瀏覽器開啟連結後，選按 **使用範本** 即可使用。)

STEP 01 側邊欄會顯示 "Mobile Video" 相關類型的 **範本** 清單，為了縮小搜尋範圍，輸入關鍵字「fashion brand」，按 Enter 鍵開始搜尋，選按如圖範本。

STEP 02 進入範本會看到相關的版型設計，選按 **套用全部 ** 個頁面** 鈕可以完整套用至專案；也可以直接選按想要的頁面，個別套用。

替換範本頁面

STEP 01 時間軸第 2 個頁面縮圖按一下。

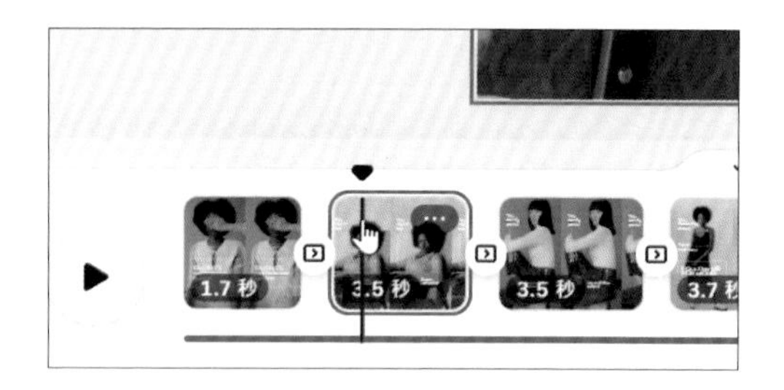

STEP 02 側邊欄 **範本** 清單選按 < 回上一頁，輸入關鍵字「@canvacreativestudio」，按 Enter 鍵開始搜尋。

STEP 03 選按如圖範本，選按第 2 款設計，完成該頁範本替換，再依相同操作為第 3 頁替換同款範本設計。

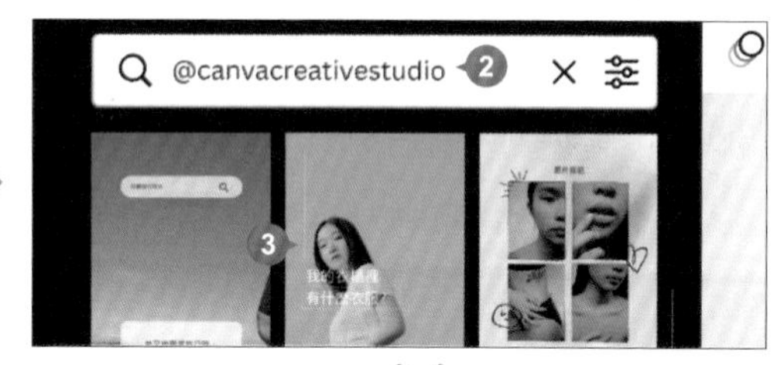

2-4 安排影音素材完成核心內容

透過影片傳達商品資訊，展現更多細節，讓消費者快速了解商品，提升興趣並刺激購買慾望。

上傳商品影片

STEP 01 側邊欄選按 **上傳** \ ⋯ \ **上傳** 開啟對話方塊，按住 Ctrl 鍵選取範例原始檔 <2-01.mp4>、<2-02.mp4>，選按 **開啟** 鈕上傳至 Canva 雲端空間。(若 **上傳檔案** 鈕右側無 ⋯ 圖示，可先選按 **上傳 \ 影片** 標籤即會產生。)

STEP 02 選按 **影片** 標籤即可看到上傳的影片。

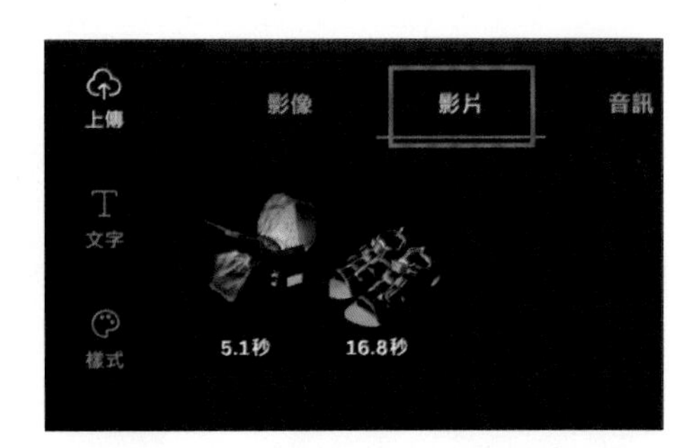

> **小提示** 上傳其他的雲端空間內的素材
>
> 如果照片、影片、音訊素材已存放在雲端硬碟，如 Google Drive，可選按 ⋯ \ **Google Drive**，再依步驟完成帳號登入，即可連結至雲端硬碟取用需要素材。

利用影片佈置頁面背景

上傳影片後，接下來替換範本中的預設元素。

STEP 01 時間軸第 1 個頁面縮圖按一下，側邊欄選按 **上傳 \ 影片** 標籤，拖曳 <2-01.mp4> 影片至頁面邊緣處放開，即可將影片替換成頁面背景。(如果拖曳放開的位置離頁面邊緣太遠，會變成插入動作。)

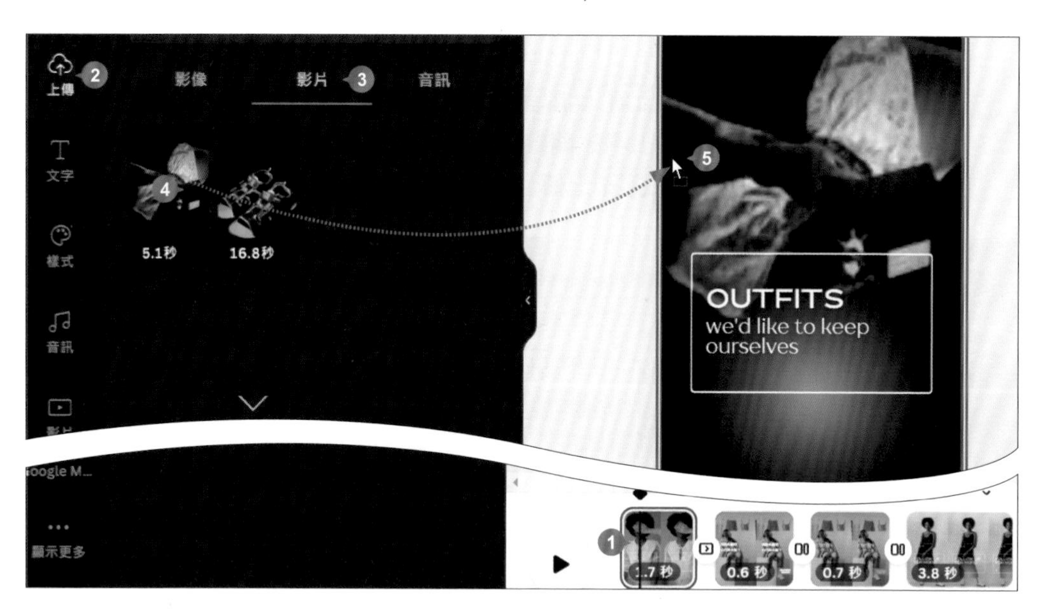

STEP 02 依相同方法，參考下圖拖曳 <2-02.mp4> 替換時間軸第 2、3、4 頁的頁面背景。

剪輯影片

STEP 01 時間軸第 1 頁縮圖上按一下，先於空白處按一下取消選取，再於背景影片上按一下，工具列選按 ✂。

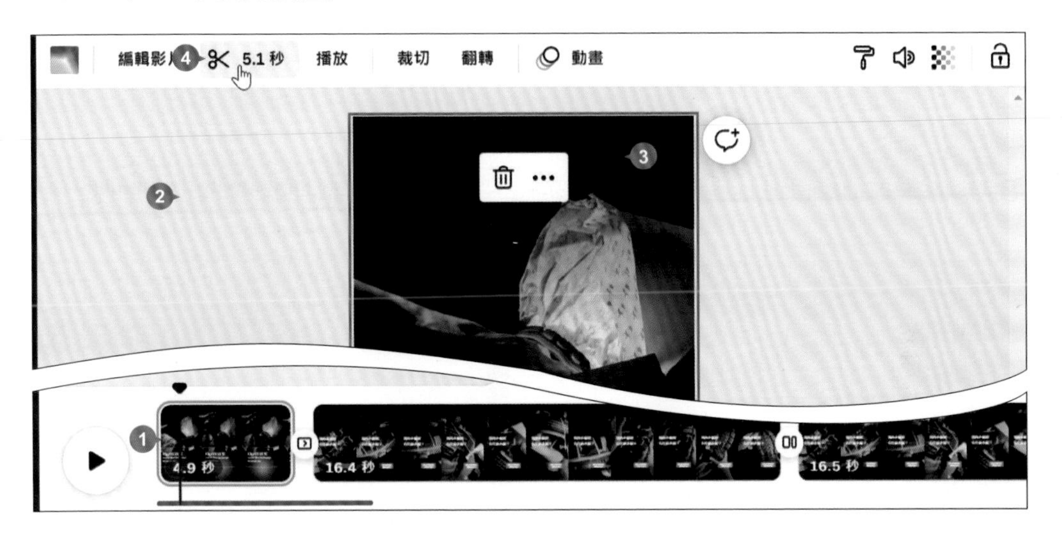

STEP 02 影片左右二側顯示滑桿，透過拖曳設定影片開始與結束時間，即可剪輯出需要片段 (此範例拖曳右側滑桿調整影片結束時間 3.0 秒)，最後選按 **完成**。(影片剪輯後，可以利用 ▶ 和 ⏸，預覽播放)

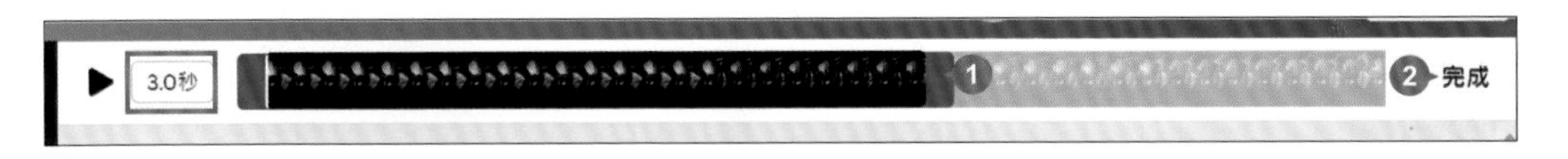

STEP 03 依相同方法，參考下圖指定的時間長度，剪輯時間軸第 2、3、4 頁的影片。

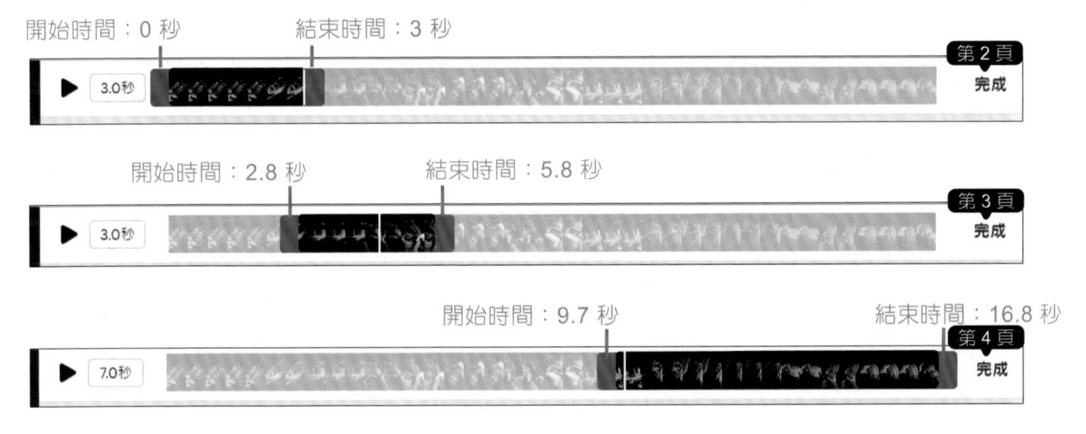

開啟尺規與輔助線

IG Reels (連續短片)，目前平台畫面下方會顯示帳號及相關資訊，所以在製作時要注意不要將重要的圖文放在下方，利用輔助線能安排圖文元素擺放在合適位置。

STEP 01 選按 **檔案 \ 顯示尺規和輔助線**。

STEP 02 將滑鼠指標移到上方尺規呈 ↕ 狀，往下拖曳至要新增輔助線處的位置即可。

STEP 03 選按 **檔案 \ 顯示邊距** 會顯示頁面四周的邊距框，可以避免重要圖文超出安全邊距。

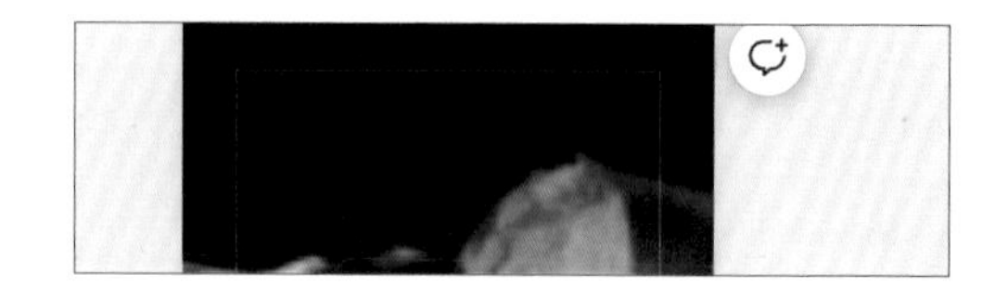

小提示 **暫時隱藏及刪除輔助線**

如果要暫時隱藏尺規及輔助線，可再次選按 **檔案 \ 顯示尺規和輔助線** 即可。如果要刪除已新增的輔助線，可以將滑鼠指標移至輔助線上呈 ↕ 狀，再拖曳至頁面外即可刪除。

2-5 修改文案介紹商品

短影片的影片節奏較快，所以說明文字也要簡單明瞭，直接點出商品或影片內的重點。

編輯商品資訊

完成影片的替換及剪輯後，接下來利用文字呈現商品資訊。

STEP 01 時間軸第 1 頁縮圖上按一下，於頁面如圖文字方塊上連按二下顯示輸入線，選取所有文字。

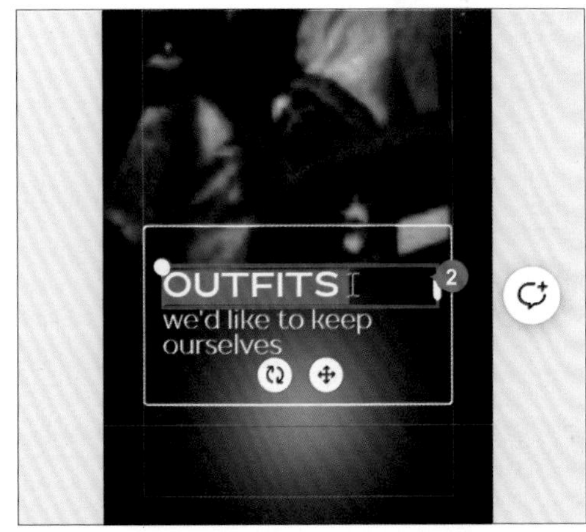

STEP 02 參考下圖，輸入品牌名稱與相關文字 (或開啟範例原始檔 <短影音文案.txt> 複製與貼上)。

STEP 03 依相同方法，參考右圖修改另一個文字方塊內容。

STEP 04 選取欲調整行距的文字方塊，工具列選按 ，設定合適 **行距** (輸入需按 Enter 鍵才會生效)，空白處按一下關閉清單。

STEP 05 選取中文字的部分，工具列設定合適字型。

完成其他商品資訊

STEP 01 時間軸第 2 頁縮圖上按一下，參考下圖，分別選取 "我的衣櫃..."、"在此介紹..." 二個文字方塊及色塊，選按 刪除。

STEP 02 參考下圖修改第 2 頁文字方塊內容，並設定行距、字型。

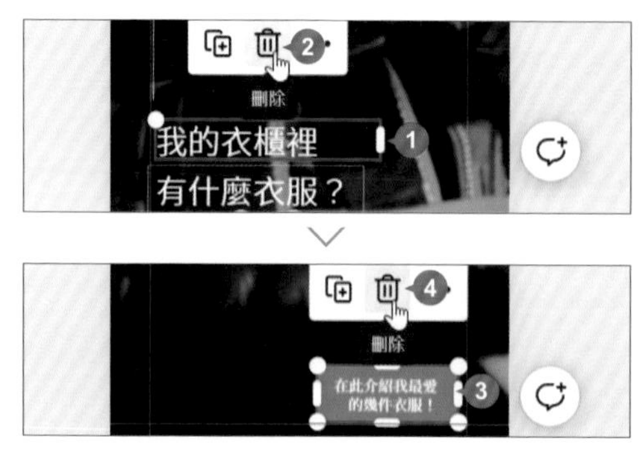

STEP 03 依相同方法，參考下圖於第 3、4 頁刪除不需要的文字方塊與元素，再修改文字方塊內容。

2-6 設計動畫播放順序

Canva 動畫效果無法在同一頁面指定動畫順序，也就是，同一頁面的動畫效果會同時播放，在此以多個頁面做出動畫依序播放的效果。

最後的畫面希望先播放原第 4 頁影片片段，同時播放範本原有的方框、箭頭與文字動畫效果，接續再播放等一下設計的搜尋列元素與品牌名稱關鍵字動畫效果。指定動畫播放順序，需藉由 **分割頁面** 功能搭配動畫效果模擬。

分割頁面

將時間軸指標移至 12.5 秒處，再於該處縮圖上按一下滑鼠右鍵，選按 **分割頁面**。

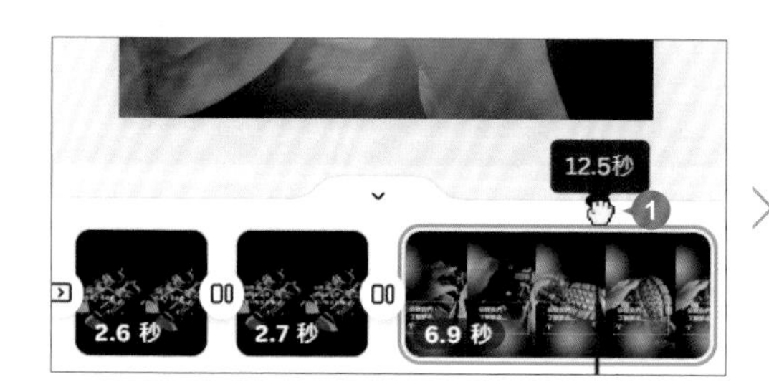

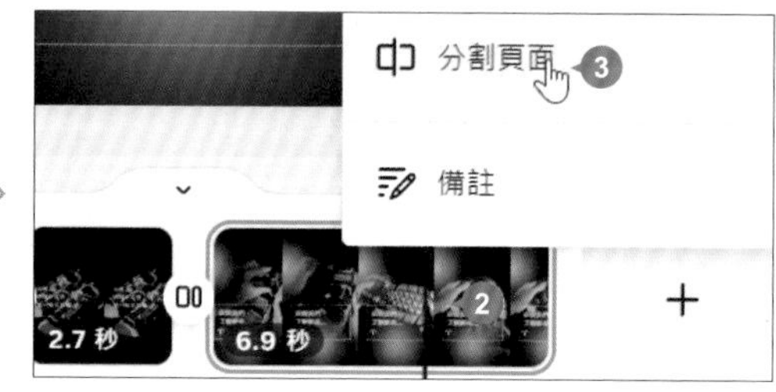

新增文字與搜尋元素

STEP 01 時間軸第 5 頁縮圖上按一下，側邊欄選按 **元素** 輸入關鍵字「搜尋」，按 Enter 鍵開始搜尋。參考下圖選按合適元素，並將滑鼠指標移至元素四個角落控點呈 ⇔ 狀，拖曳調整至合適大小與位置。

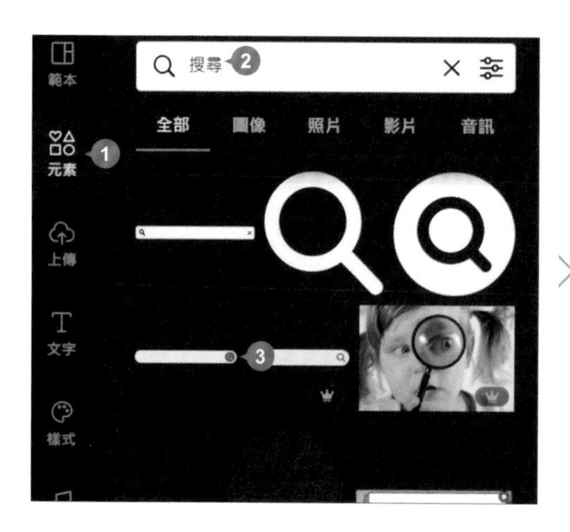

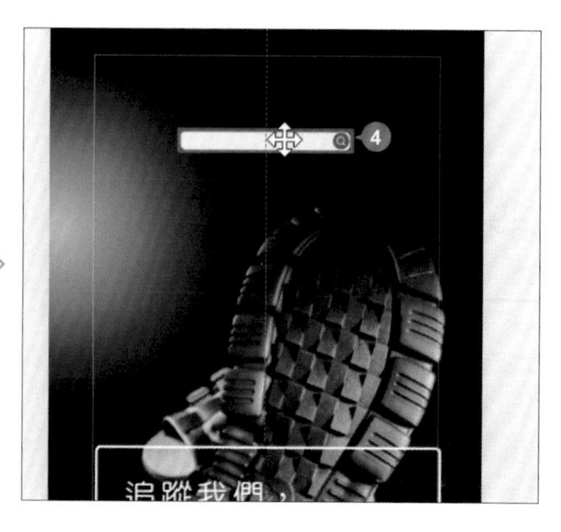

STEP 02 工具列選按 ，設定 **透明度**：**85**。

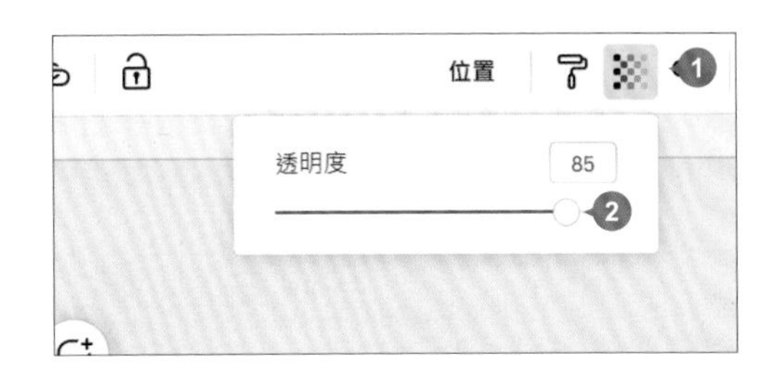

STEP 03 側邊欄選按 **文字 \ 新增少量內文**，新增一文字方塊，參考下圖輸入品牌名稱 (或開啟範例原始檔 <短影音文案.txt> 複製與貼上)。

STEP 04 按 Shift 鍵不放，選取元素與文字方塊，工具列選按 **位置 ** **置中**、 **置中**，再選按 **建立群組**。

調整元素動畫

為了呈現第 4 頁播放後延續至第 5 頁播放元素動畫的效果，必須先移除第 5 頁的所有動畫以及第 4 頁元素的退出動畫，才能顯得流暢。

STEP 01 時間軸第 5 個頁面縮圖按一下，工具列選按 **動畫** 開啟側邊欄，於側邊欄選按 **移除所有動畫**，移除第 5 頁中所有的頁面與元素動畫設定。

STEP **02** 接著要為群組元素套用動畫，文字群組上按一下 (呈白色虛線框)，於右下角控點上再按一下，選取二個文字方塊 (藍色框線)，側邊欄 **元素動畫** 標籤選按 **淡化**、**進入時**。

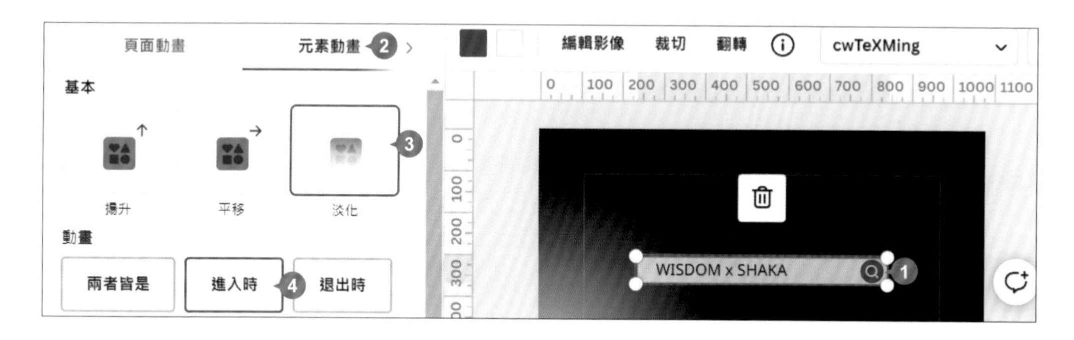

STEP **03** 時間軸第 4 頁縮圖上按一下，選按 "追蹤我們..." 文字方塊，側邊欄 **文字動畫** 標籤選按 **進入時**，取消退出時的動畫，才能完美銜接下一個頁面。

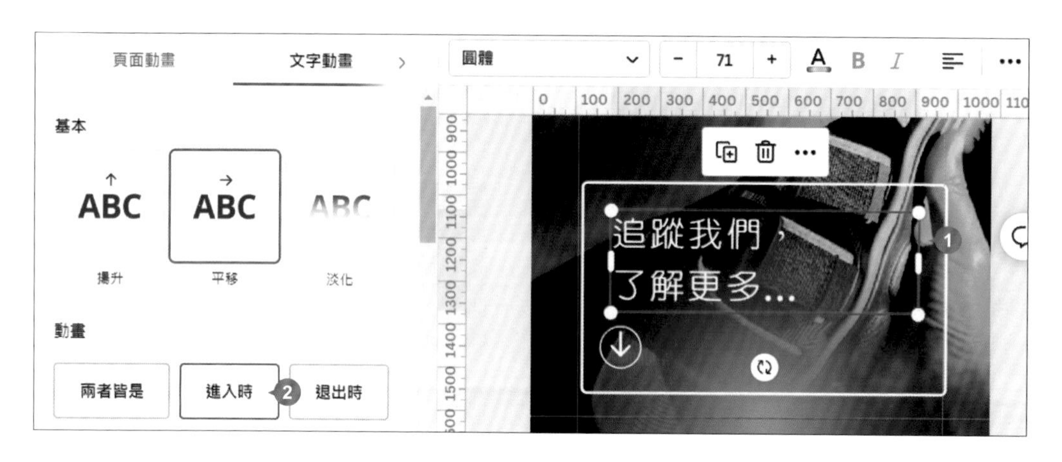

STEP **04** 依相同方法，為向下箭號與方框元素套用 **進入時**，取消退出的動畫。

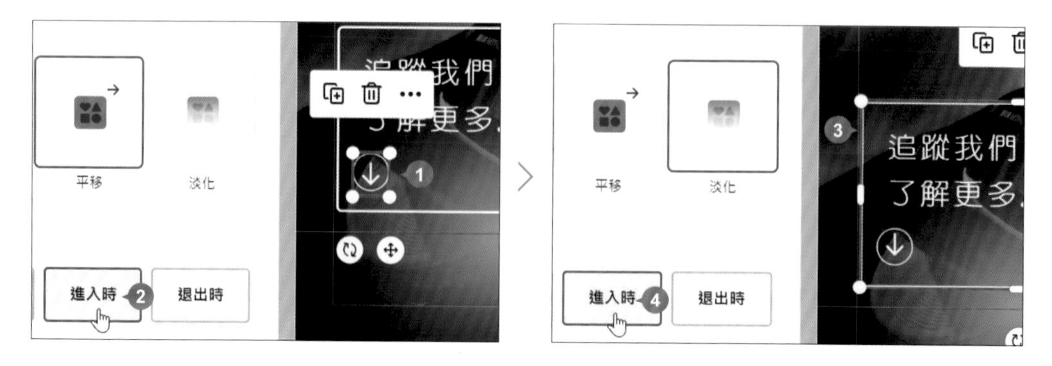

2-7 背景音訊提升影片質感

此範本預設有背景音訊，在影片頁面與時間長度確定之後，可以調整音訊時間長度與影片符合。

STEP 01 時間軸下方的音訊軌按一下開啟音訊軌，將滑鼠游標停留在曲目起始或結尾處，滑鼠指標會呈 ⇔ 狀，往左、往右拖曳即可剪輯音訊曲目頭尾內容。(此範例拖曳右側滑桿至影片最後，音訊時間長度約 15 秒)。(音訊剪輯後，可以利用 ▶ 和 ⏸，預覽播放。)

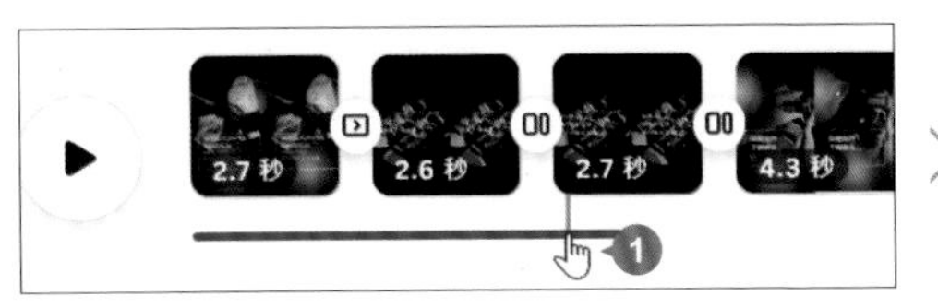

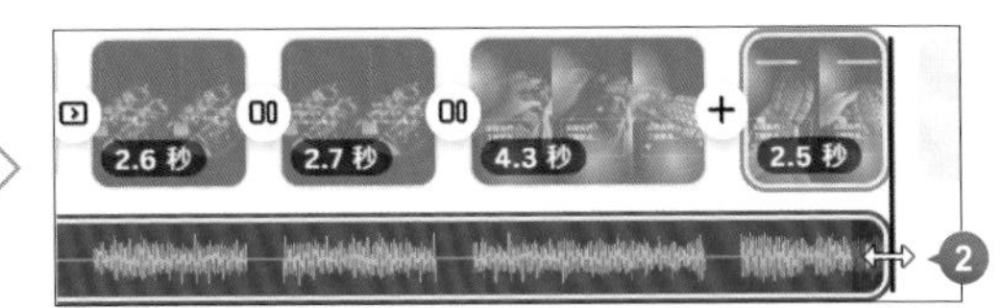

STEP 02 工具列選按 **音效** 開啟側邊欄，設定 **淡入**：**3 秒**、**淡出**：**3 秒**，讓音訊音量開始時慢慢變大聲，結束時慢慢變小至無聲。

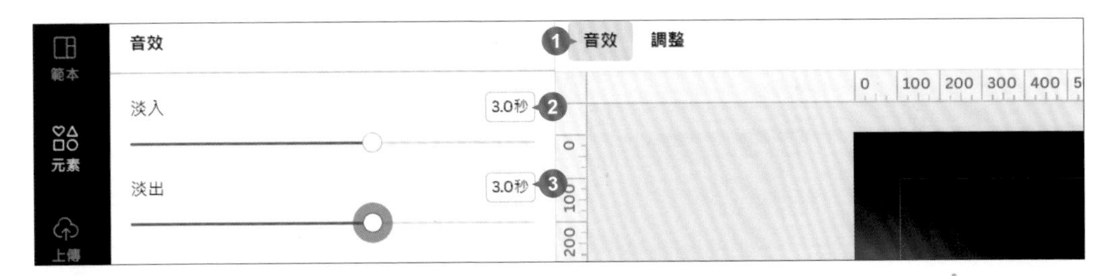

小提示 更多調整音訊選項

滑鼠指標移至音訊上方，選按右側 ⋯，清單中提供 **調整**、**音效**、**音量**、**分割音訊**、**複製**、**刪除**...等音訊相關調整功能。

2-8 將設計發佈為品牌範本

精心設計完成的影片，可以分享給一同管理社群平台的夥伴直接套用，讓品牌風格統一，修改及編輯也更省時。

畫面右上角選按 **分享** 鈕 \ **範本連結**，再選按 **複製** (如沒看到 **範本連結**，於下方選按 **顯示更多** 即可展開更多功能項目)，便可為設計好的影片專案產生範本型式的連結，將該範本連結分享予夥伴即可。

夥伴選按該範本連結後，會開啟瀏覽器並連結至 Canva 頁面，選按 **使用範本**，再登入或註冊 Canva 帳號，即可依此專案為範本，接續設計，快速完成另一個新的專案。

到此即完成短影音效益影片製作，相關輸出與上傳社群的方法可參考 Part 11。

突破演算法提高觸及率互動

社群貼文

"社群貼文影片" 主要目的是以範本快速建立社群貼文影片、再加入商標 Logo、Google Maps 地圖...等功能。

☑ 社群平台貼文的重要性
☑ 快速建立社群貼文影片結構
☑ 建立新專案
☑ 上傳照片與影片素材
☑ 替換範本照片
☑ 插入商標 Logo
☑ 強調行銷重點元素
☑ 複製頁面延續影片風格
☑ 插入拍立得照片拼貼範本
☑ 設計 Google Map 引導資訊
☑ 設計文字動畫
☑ 設計頁面轉場動畫
☑ 設計背景音訊
☑ 佈置活動說明頁面
☑ 為影片加入旁白

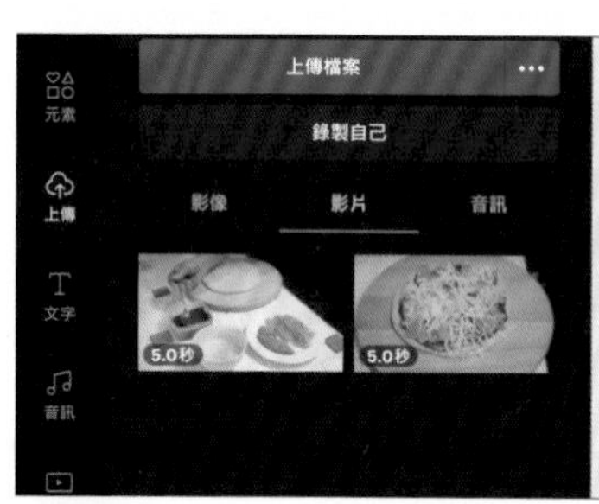

原始檔：<本書範例 \ ch03 \ 原始檔>

完成檔：<本書範例 \ ch03 \ 完成檔 \ 社群貼文影片.mp4>

3-1 社群行銷的重要性

消費者吸收資訊多數是從網路，社群平台貼文更是占了很大一部分，有規劃的行銷貼文可以吸引更多流量及互動，帶來無限商機。

關於社群行銷

社群平台是品牌在規劃行銷策略時，不容忽視的市場，統計數據公告，每人每日平均上網時間為 8 小時，其中有四分之一的時間都用於社群媒體，也有很多消費者是透過社群平台廣告接觸、認識新品牌，或是於社群找到資訊交互比較。因此透過社群平台行銷，可更有效率的傳達訊息、推廣商品、舉辦活動以及強化品牌知名度 。

吸引客群的貼文

電商、企業品牌、創作者、甚至政府機關，都想透過社群平台接觸客群，提升觸及率，打開更多影響力！以下列出幾點項目，幫你打破社群平台經營低氛圍：

- **內容排版、字型易閱讀**：圖片解度不夠或沒有對焦，文字太小或是字型變化太多，都容易讓人因不易了解內容而失去興趣。
- **正確的色彩搭配**：與背景色太過相近的顏色無法突顯內容，最好找同系列的對比色，或是直接套用品牌色更能引起共鳴。
- **明確貼文的目標**：清楚目標客群特色與喜好，了解社群優勢後著手進行各式行銷策略：溝通品牌理念、與粉絲互動、導購商品...等，選擇合適的方式、精準打動目標客群。

3-2 腳本構思

從社群平台貼文的角度思考，設計規劃要傳遞的訊息，搭配商品相關的背景、照片或元素，做出最適合目標客群的行銷影片。

作品搶先看

設計重點：

使用 1:1 影片尺寸的 Instagram 貼文範本開始，上傳照片與影片素材，替換範本元素，插入商標 Logo，並加入背景音訊、為元素與頁面套用動畫、錄製旁白。

參考完成檔：

<本書範例 \ ch03 \ 完成檔 \ 社群貼文影片.mp4>

製作流程

3-3 快速建立社群貼文影片結構

使用內建範本快速建立貼文，已經設定好版面比例，以及特定風格內容，可以省下不少調整及編排的工作時間。

建立新專案

STEP 01 於 Canva 首頁上方，選按 **社群媒體**，此範例以 1:1 影片尺寸示範說明，因此選按 **Instagram \ Instagram 貼文 (方形)**，建立新專案。

STEP 02 進入專案編輯畫面，於右上角 **未命名設計-影片** 欄位中按一下，將專案命名為「社群貼文影片」。

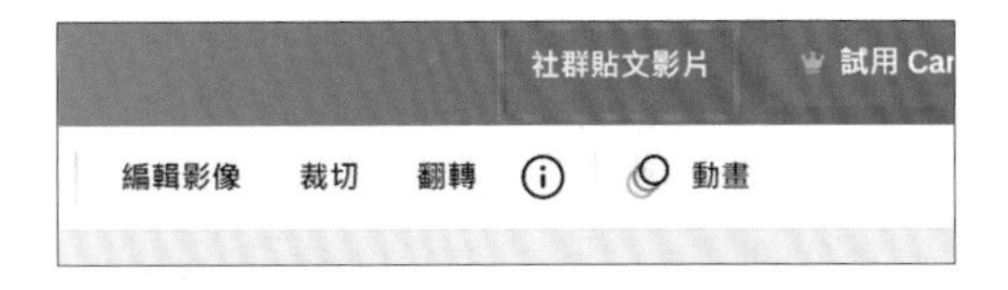

新增範本頁面

側邊欄會顯示 "Instagram 貼文" 相關類型的 **範本** 清單，為了縮小搜尋範圍，輸入關鍵字「food 黑色 紅色」，按 Enter 鍵開始搜尋，選按如圖範本。(依右側步驟輸入關鍵字搜尋範本，若因 Canva 更新找不到相同範本，可開啟範例原始檔 <Part03 範本>，於瀏覽器開啟連結後，選按 **使用範本** 即可使用。)

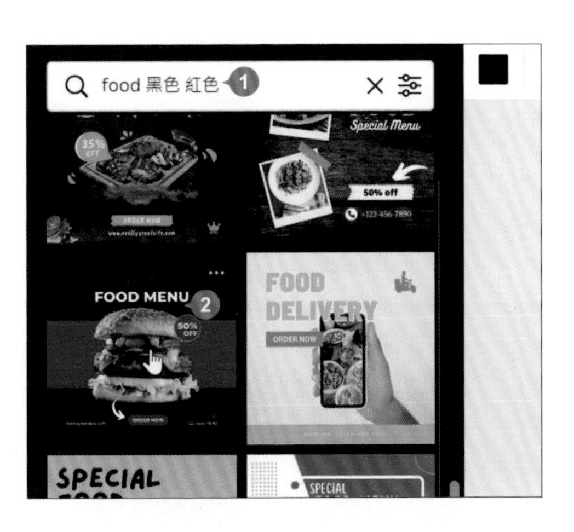

3-4 豐富影片內容與加強品牌行銷

將範本中的元素調整為與行銷貼文內容相符的照片、影片，同時也可加入品牌 LOGO，加深大眾對品牌的印象！

上傳照片、影片

STEP 01 側邊欄選按 **上傳** \ ⋯ \ **上傳檔案** 開啟對話方塊，範例原始檔資料夾，按 Ctrl + A 選取所有檔案後，再選按 **開啟** 鈕上傳至 Canva 雲端空間。

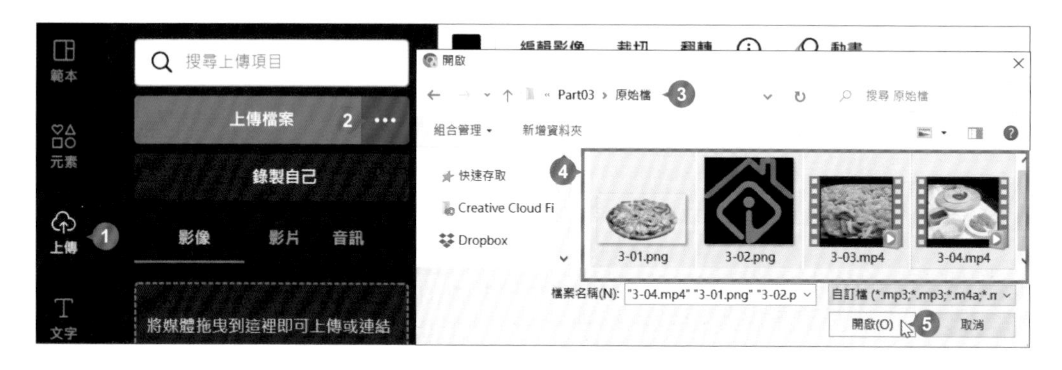

STEP 02 **影像** 標籤可看到上傳的照片，**影片** 標籤即看到上傳的影片。

替換範本照片與調整裁切範圍

STEP 01 於 **影像** 標籤，拖曳商品照片到範本中間圖片上放開，完成替換。

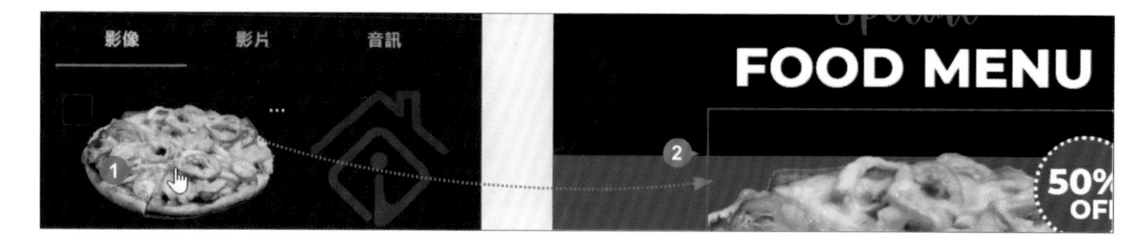

STEP 02 選取商品照片狀態下，選按 **裁切**，將滑鼠指標移至裁切框四個角落 L 型控點呈 ⤡ 狀，拖曳調整裁切範圍至合適大小讓產品照片完整呈現，調整後選按 **完成**；再拖曳照片至頁面合適位置擺放。

插入商標 Logo

於 **影像** 標籤，拖曳商標 Logo 到頁面左上角放開插入。選取元素的狀態下，將滑鼠指標移至元素四個角落控點呈 ⤡ 狀，拖曳調整至合適大小，再拖曳至合適位置。

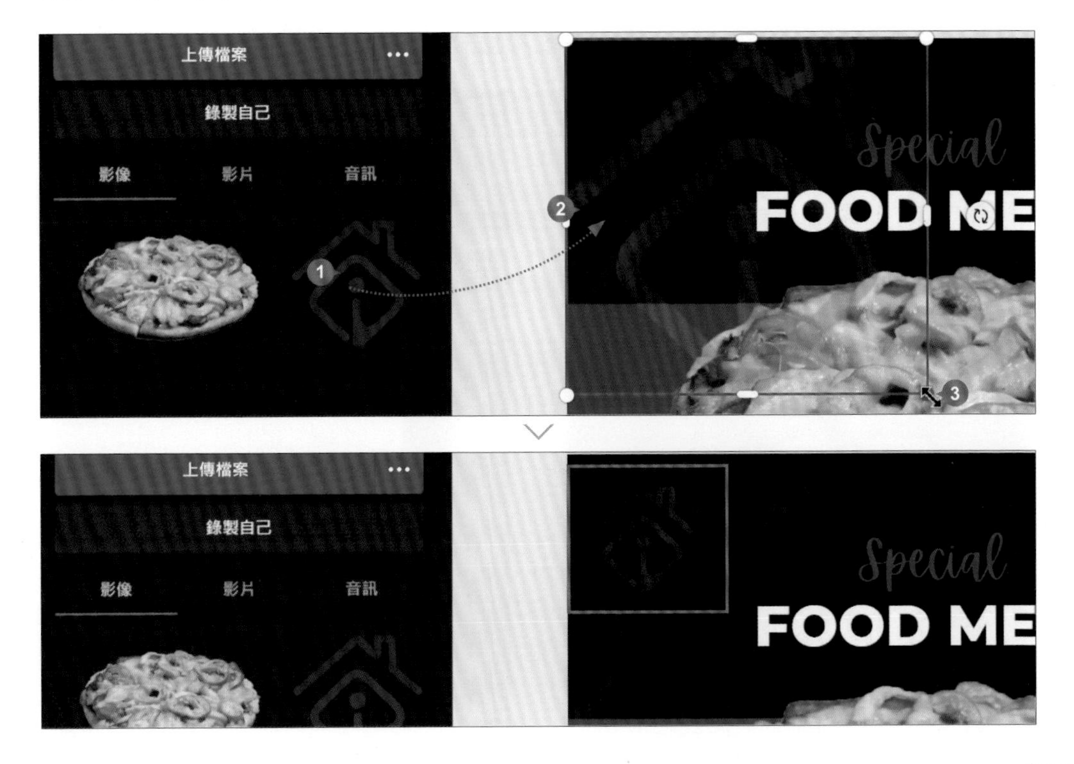

3-5 強調行銷重點元素

修改範本的預設元素，強調行銷重點，清楚結合主題與設計創意，更能快速聚焦客群目光。

尋找並加入動態元素

將範本預設的靜態元素調整為動態元素呈現，更能明確的導向行銷重點。

STEP 01 選按頁面下方的靜態箭頭元素，再選按 🗑 刪除元素。

STEP 02 側邊欄選按 **元素 \ 箭頭**，再於搜尋列右側選按 ☰ 開啟篩選器，指定 **動畫**：**動畫**，選按 **套用篩選器**，再選按 **圖像** 標籤，即可尋找到此條件的動態元素。

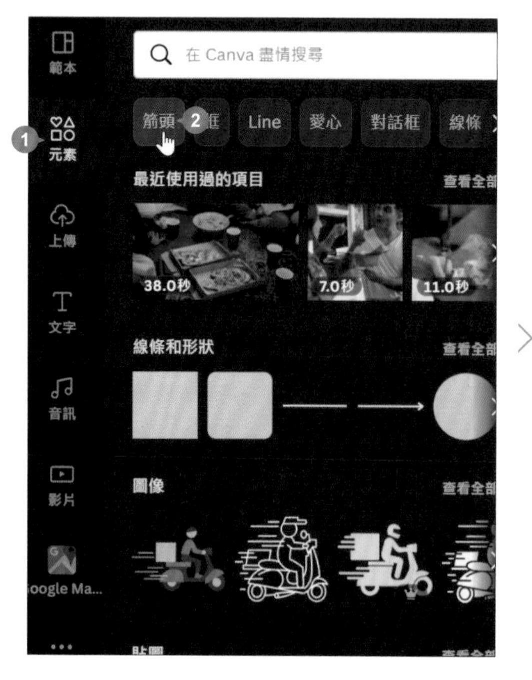

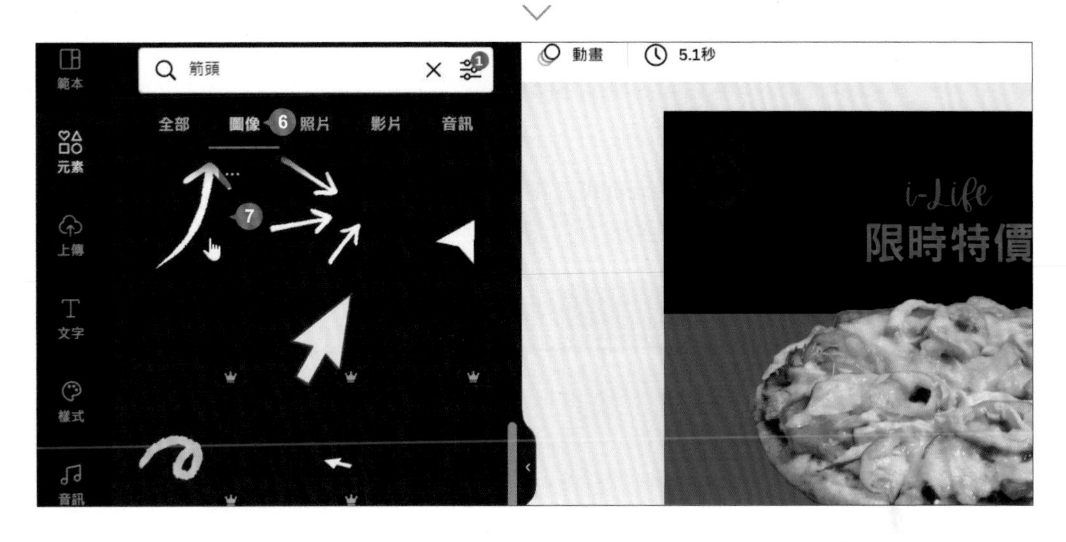

STEP 03 選取動畫箭頭元素狀態下，將滑鼠指標移至元素四個角落控點呈 ↘ 狀，拖曳調整合適大小。

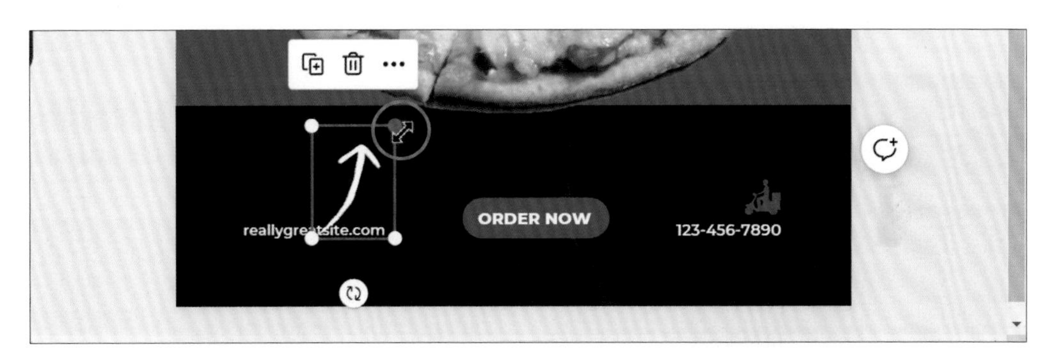

STEP 04 選取動畫箭頭元素狀態下，將滑鼠指標移至 🔄 上呈 ↔ 狀，拖曳旋轉調整合適角度，再拖曳移動到合適位置。

元素的鎖定與對齊

想要凸顯影片中的折扣元素，但又擔心移動到文字方塊或其他元素的位置，可以先鎖定不變更的元素再修改會更容易。

STEP 01 按 Shift 鍵不放，選按 "special"、"FOOD MENU" 、Pizza 照片及 50% OFF 矩形紅色底圖元素，工具列選按 ⋯ \ 🔒 鎖定元素，空白處按一下取消選取。

STEP 02 按 Shift 鍵選按 "50%"、"OFF"，工具列選按 **位置** \ **置中**，將二組文字方塊置中對齊，空白處按一下取消選取。

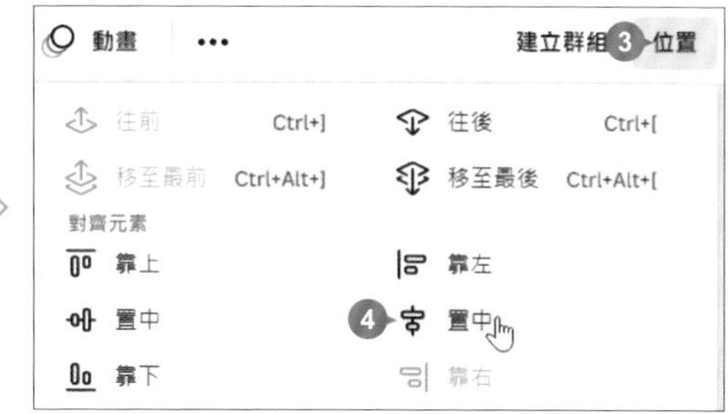

STEP 03 按 Shift 鍵選按紅色圓形底圖元素，選按 ⋯ \ **建立群組**，接著將滑鼠指標移至群組元素框四個角落控點呈 ⤡ 狀，拖曳調整合適大小，參考下圖移動到合適位置，空白處按一下取消選取。

多個元素同時與頁面對齊

想一次選取多個元素並讓它們同時與頁面對齊時，必須先將它們設定為群組，不然會是元素間相互對齊。

按 Shift 鍵選按 "ORDER NOW" 及紅色底圖元素，選按 ⋯ \ **建立群組**，再於工具列選按 **位置** \ 置 **置中**，即可將元素移至頁面水平中央對齊。

修改文案

將原範本中預設文字，修改為合適這份行銷貼文的文案。

STEP 01 選按 "special" 文字方塊，工具列選按 解除鎖定。

STEP 02 "special" 文字方塊上連按二下選取所有文字，調整為品牌名稱，此範例輸入「i-Life」，工具列選按 **對齊** 將文字置中對齊。

STEP 03 選按 "FOOD MENU" 文字方塊，工具列選按 🔒 解除鎖定，文字方塊上連按二下選取所有文字，輸入「限時特價」。

STEP 04 選取 "限時特價" 文字方塊，工具列選按 A，清單中選按合適顏色套用；再於工具列選按字型名稱開啟側邊欄，清單中選按合適的字型套用。

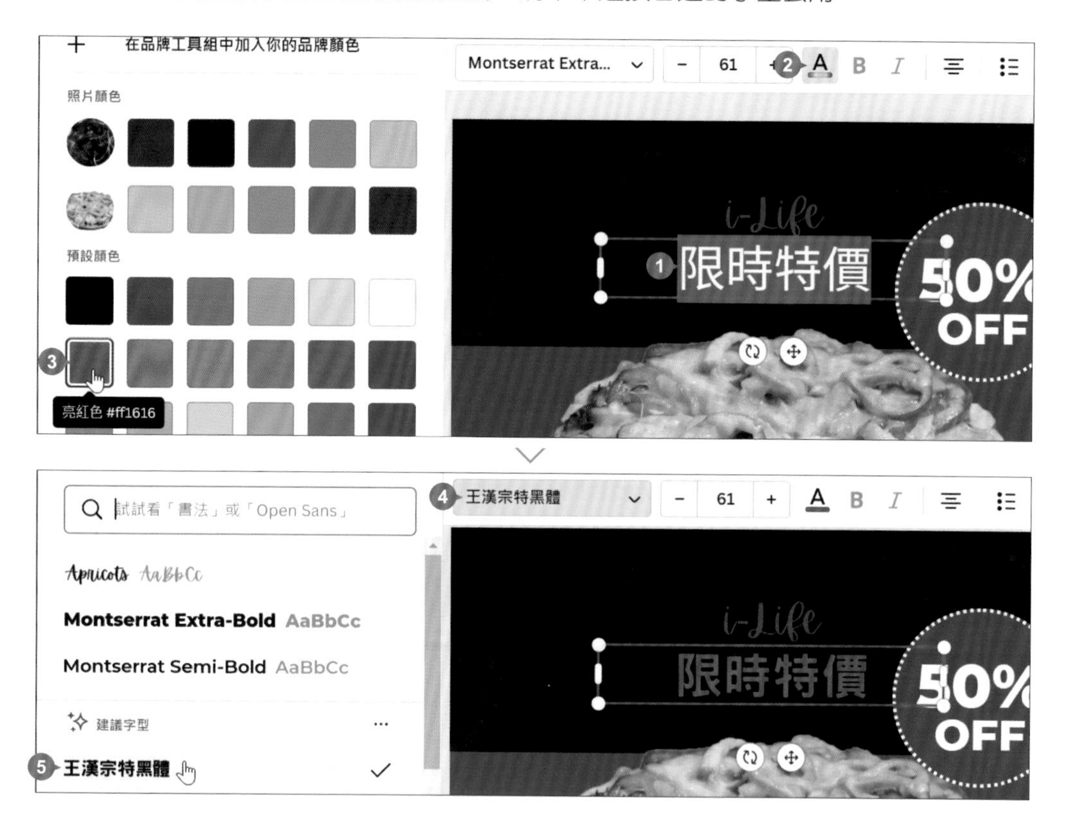

STEP 05 選按二下左下角網址文字方塊，輸入品牌網站網址。

3-6 複製頁面延續影片風格

直接複製前面設計完成的頁面，再修改相關元素，不但可以節省設計時間，還可以延續整體風格。

STEP 01 頁面右上角選按 複製此頁面。

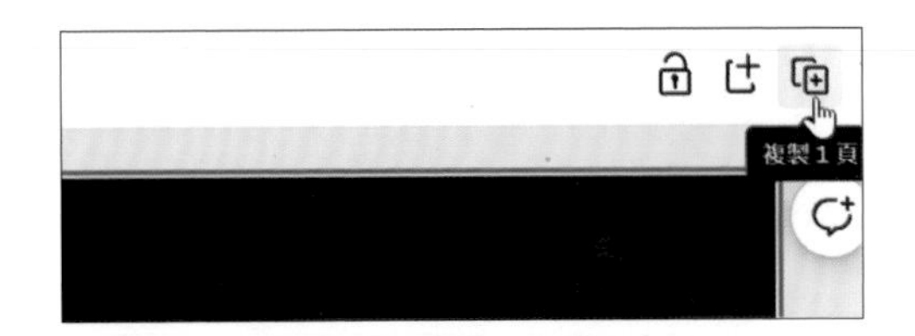

STEP 02 選按 顯示時間軸，時間軸第 2 頁縮圖上按一下，選按中間的照片，工具列選按 解除鎖定。

STEP 03 側邊欄選按 **元素**，輸入關鍵字「聚會」，按 Enter 鍵開始搜尋，選按如圖照片拖曳到頁面替換中央的照片。

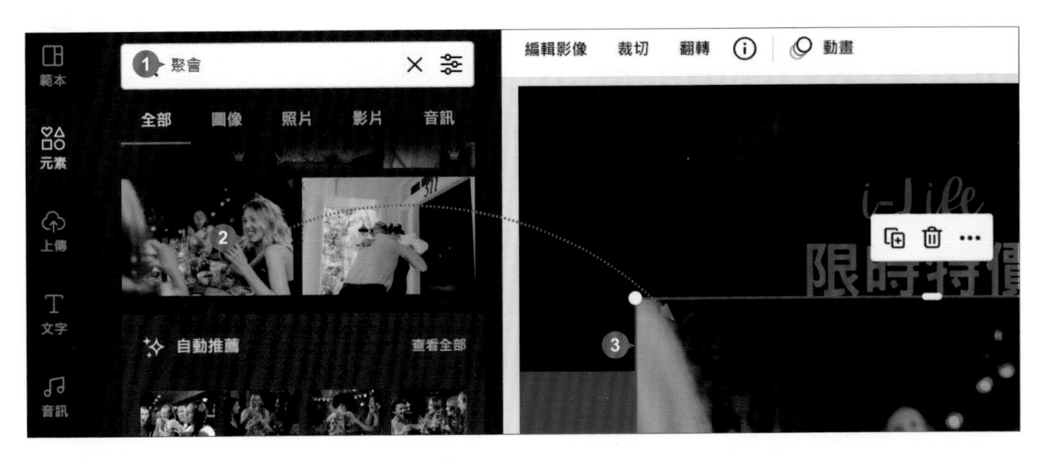

STEP 04 將滑鼠指標移至照片四個角落控點呈 ↘ 狀，按 Alt 鍵不放，稍往照片中心點拖曳，會以中心點縮小此張照片。

STEP 05 側邊欄選按 **元素**，輸入關鍵字「pizza」，選按 **圖像**，按 Enter 鍵開始搜尋，選按如圖元素插入。

STEP 06 將滑鼠指標移至元素四個角落控點呈 ↘ 狀，拖曳調整合適大小，再拖曳移動至合適位置。

STEP 07 工具列選按 **翻轉 \ 水平翻轉**，調整元素物件方向。

STEP 08 修改 "限時特價" 文字為「全家共享」，工具列選按 A，清單中再選按合適顏色套用。

STEP 09 頁面右上角選按 複製此頁面，時間軸第 3 頁縮圖上按一下，依相同方法為此頁面替換主題文字與動畫元素 (可用 **pizza**、**飲料** 關鍵字篩選)。

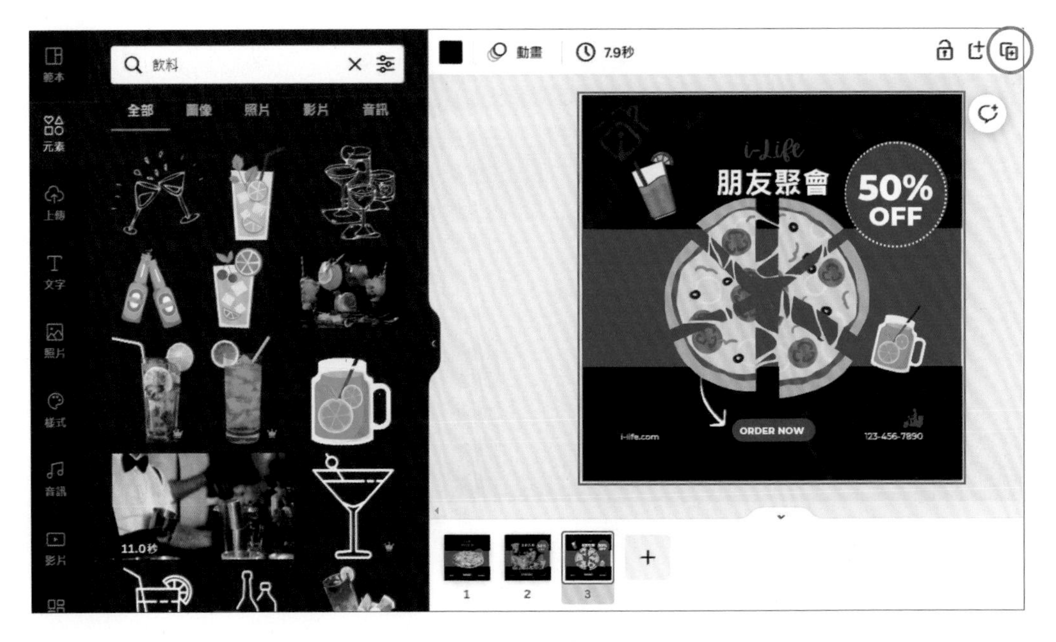

3-7 拍立得形式拼貼設計

利用拍立得形式設計範本可以活潑擺放多張照片、影片，若如範例以影片完成拼貼設計，別忘了要調整相關音效與播放時間。

套用與調整範本元素

STEP 01 時間軸選按 + 新增頁面，側邊欄選按 **範本**，輸入關鍵字「food menu」，按 Enter 鍵開始搜尋，選按如圖範本套用。

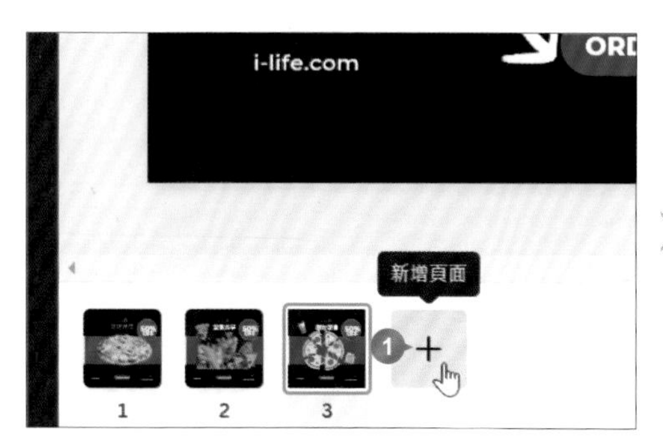

STEP 02 工具列選按 **背景顏色**，清單中選按合適顏色套用。

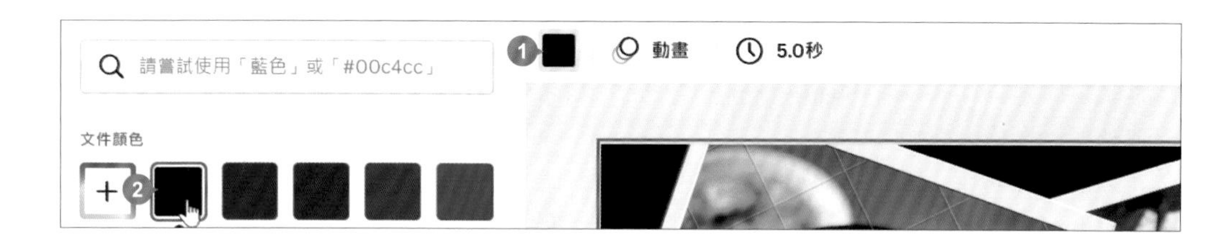

STEP 03 選按中間白色圓型元素，工具列選按 **取消群組**，空白處按一下取消選取。

考量以免費素材示範，此範本中陰影元素需要付費使用，因此選按白色圓底下的陰影，選按 🗑 刪除。

STEP 05 修改 "KOREAN" 文字替換為品牌名稱，再移動 "Food" 文字方塊至合適位置。

替換拍立得影片元素

STEP 01 側邊欄選按 **上傳 \ 影片** 標籤，拖曳商品影片素材到頁面右上角照片上方放開，完成替換。

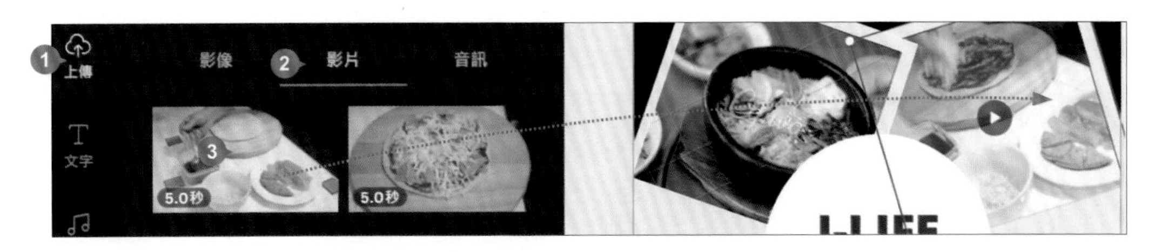

STEP 02 頁面右上角元素選取的狀態下，工具列選按 🔊 \ 🔇，將影片設定為靜音。

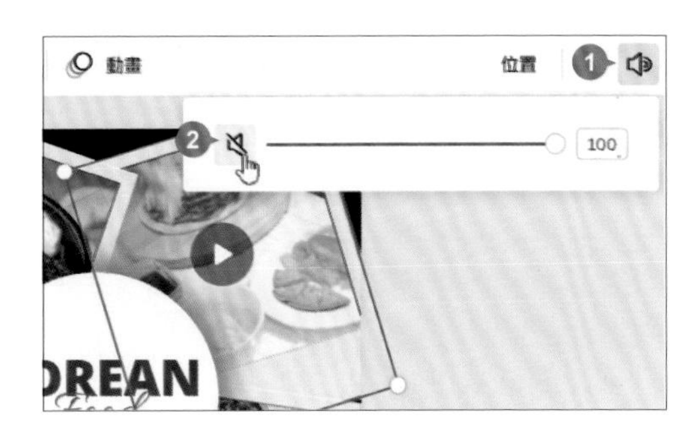

STEP 03 工具列選按 **裁切**，將滑鼠指標移至照片四個角落控點呈 ↘ 狀，拖曳調整合適大小，將滑鼠指標移到照片上呈 ✥ 狀，拖曳移動至合適位置，再選按 **完成**，完成影片裁切調整。

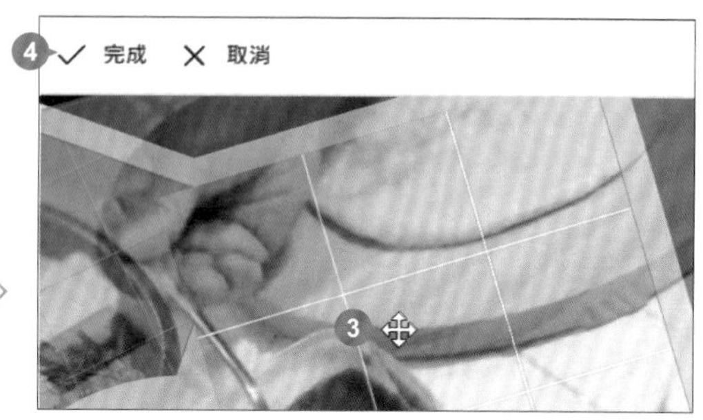

STEP 04 依相同方法，於側邊欄選按 **上傳 \ 影片** 標籤，拖曳另一個商品影片素材替換頁面左下角照片，並調整為靜音。

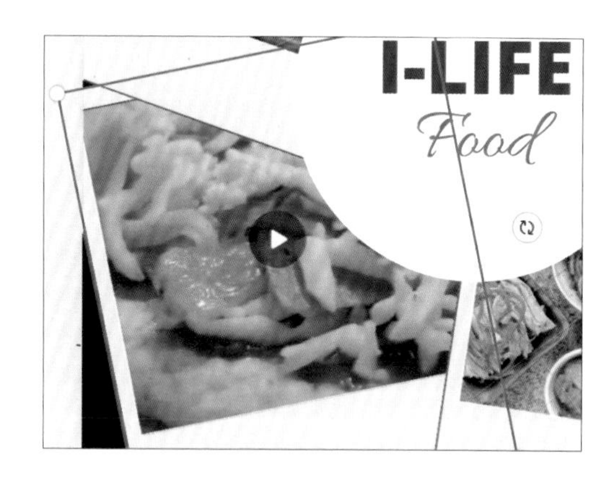

STEP 05 側邊欄選按 **元素**，輸入關鍵字「food」，按 Enter 鍵開始搜尋，選按 **影片** 拖曳合適影片到頁面左上角照片上方放開完成替換。

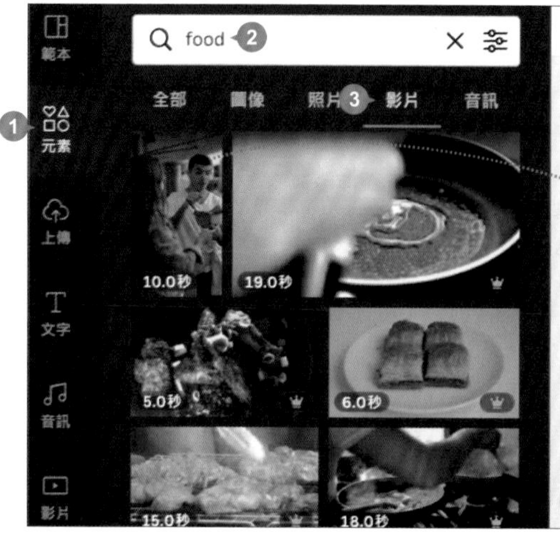

STEP 06 依相同方法，調整影片為靜音，並調整裁切範圍內的影片位置與大小。

STEP 07 此拼貼設計頁面預計每段影片均設計為 5 秒，剛剛加入的影片元素時間長度過長，需藉由剪輯調整。工具列選按 ✂，影片左右二側顯示滑桿，透過拖曳設定影片開始與結束時間，即可剪輯出需要片段 (拖曳右側滑桿調整影片結束時間 5.0 秒)，最後選按 **完成**。(影片剪輯後，可以利用 ▶ 和 ⏸，預覽播放)

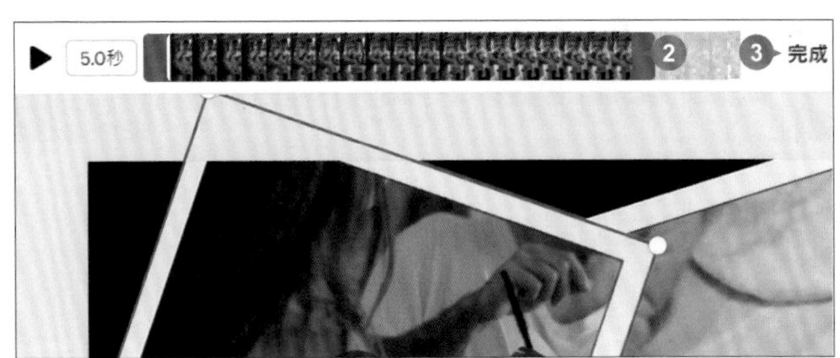

STEP 08 依相同方法，參考下圖替換與裁剪頁面右下角影片為 5 秒。

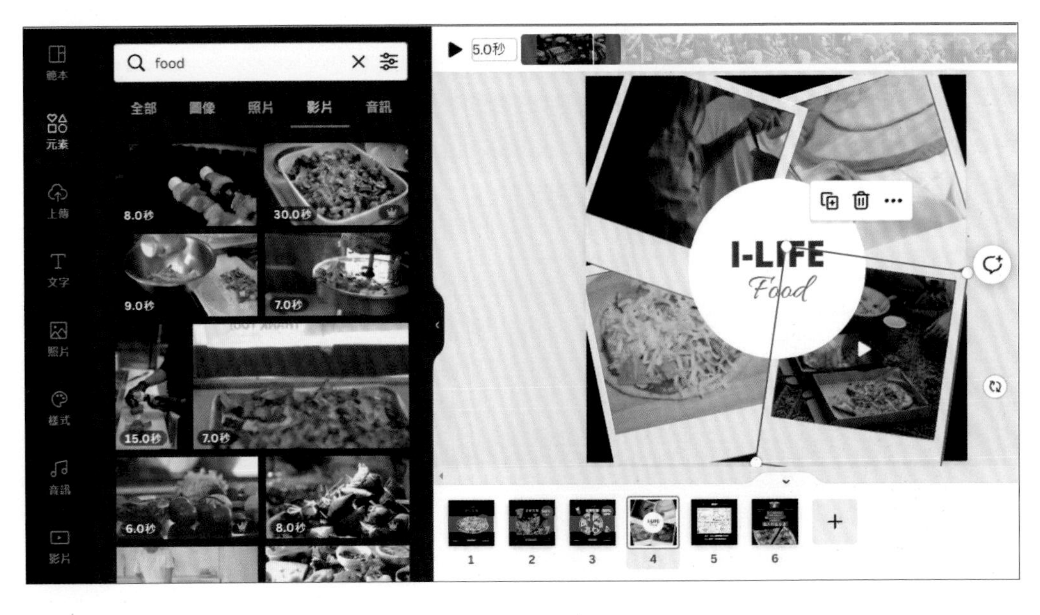

3-8 設計 Google Maps 引導資訊

利用內建的 Google Maps 小工具可以快速新增地圖資訊，讓客群更容易了解行銷內容相對位置。

插入 Google Maps 地圖

STEP 01 時間軸選按 + 新增頁面，側邊欄選按 **顯示更多 \ Google Maps**。

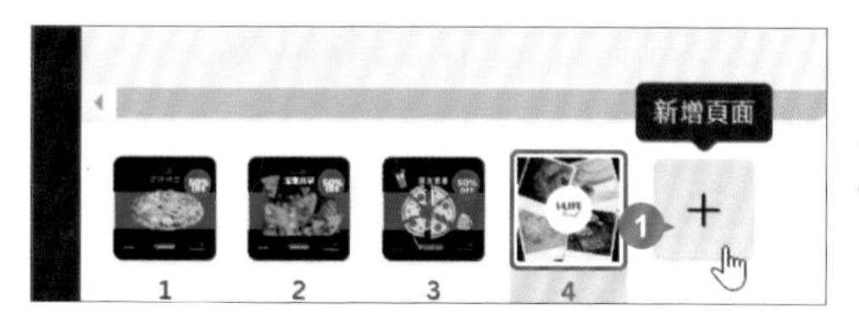

STEP 02 側邊欄的搜尋欄位裡輸入要顯示的地址，於下方清單選按地圖，會在頁面插入地圖。

STEP 03 選按頁面上的地圖元素，將滑鼠指標移至元素四個角落控點呈 ↘ 狀，拖曳調整合適大小，並拖曳至頁面合適位置擺放。

為地圖加上外框

STEP 01 側邊欄選按 **元素**，選按矩形，將滑鼠指標移至矩形元素四個角落控點呈 ↘ 狀，拖曳調整與地圖大小相同，再拖曳移動至覆蓋地圖。

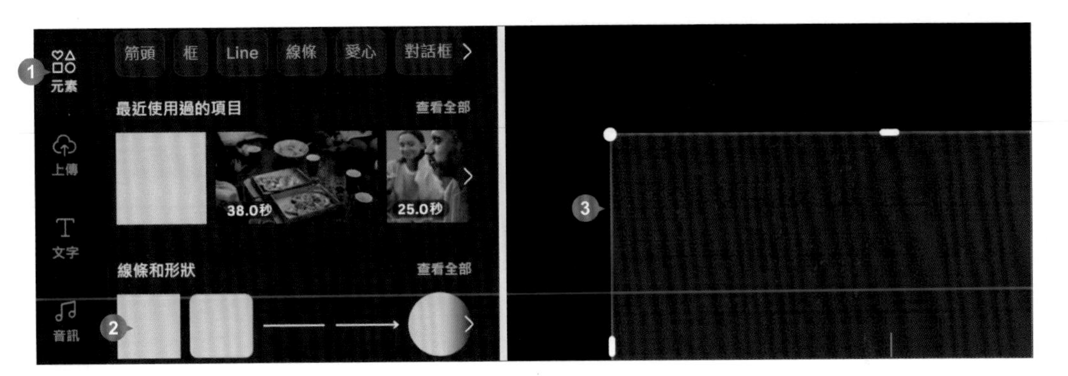

STEP 02 工具列選按 **顏色**，選按無填滿。

STEP 03 選按 **框線樣式**，框線細設定為 15，選按 **框線顏色**，清單中再選按合適顏色套用，完成地圖外框設計。

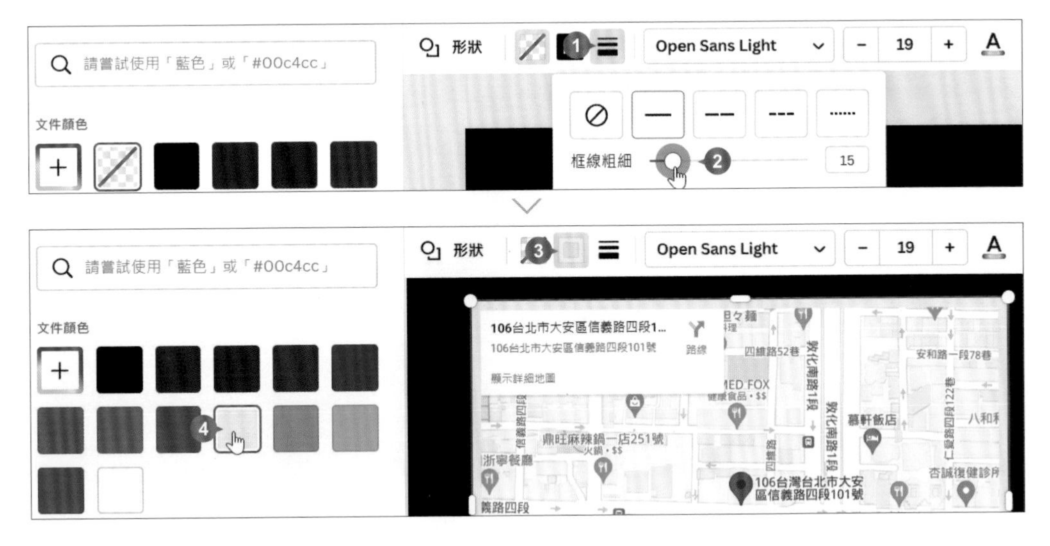

新增說明文字與標題

STEP **01** 側邊欄選按 **文字 \ 新增少量內文**，將文字方塊拖曳移動至地圖下方。

STEP **02** 修改文字為地址與電話資訊，參考下圖設定合適的字型與對齊方式。

STEP **03** 側邊欄選按 **文字**，選擇合適樣式插入。修改標題文字為「MAP」，再將滑鼠指標移至元素四個角落控點呈 ⤡ 狀，拖曳調整合適大小，拖曳移動至合適位置。

STEP **04** 複製第 3 頁的商標 Logo 於此頁貼上，並調整至合適大小及位置。

STEP 05 側邊欄選按 **元素**，輸入關鍵字「line」， 按 Enter 鍵開始搜尋。

STEP 06 選按如圖元素插入，將滑鼠指標移至線條元素四個角落控點呈 ↘ 狀，拖曳調整合適大小並移動至合適位置。

STEP 07 選按 複製，拖曳移動至合適位置，工具列選按 **翻轉 \ 水平翻轉**，完成裝飾線條的擺放。

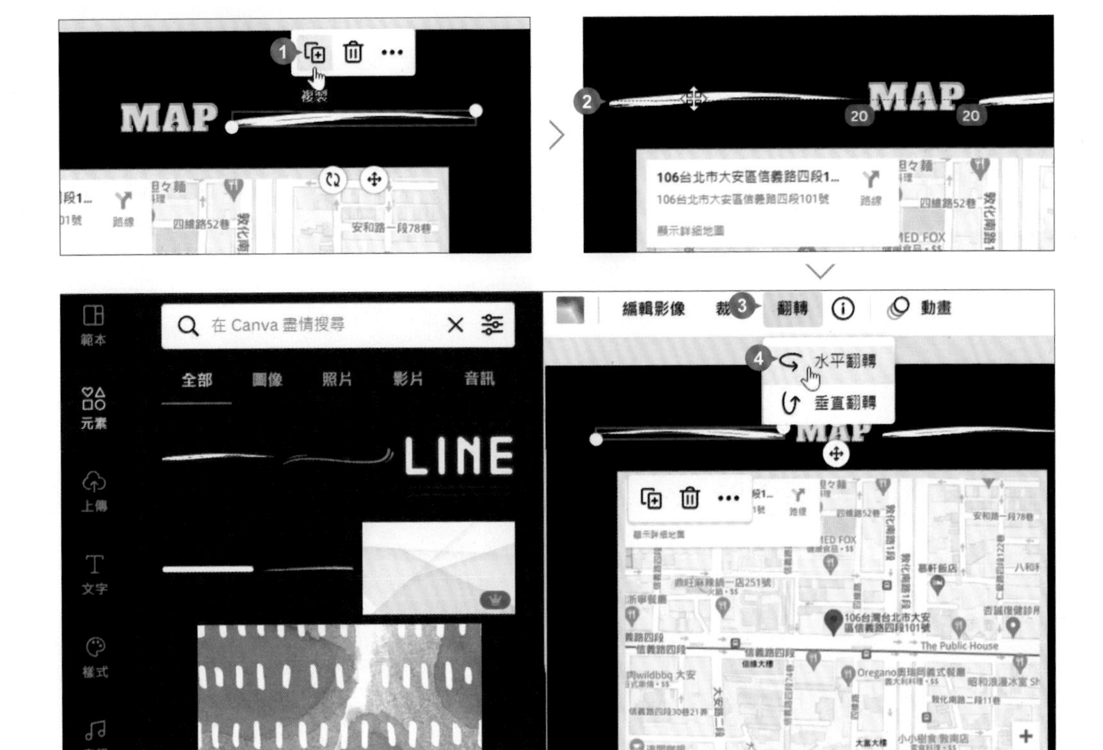

3-9 舉辦活動提升客群回流率

"互動" 是社群行銷的重點，舉辦有獎活動連絡店家與客群間的感情，也能養成客群習慣性地關注店家貼文。

佈置活動說明頁面

STEP 01 依相同操作，參考右圖新增並完成時間軸第 6 頁佈置。(可用 **pizza**、**camera** 關鍵字篩選)

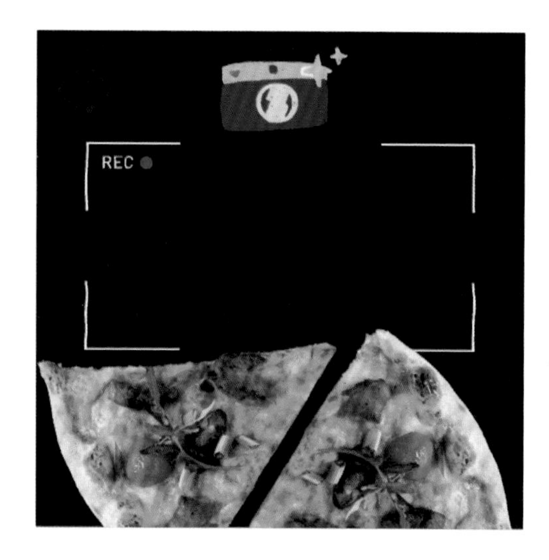

STEP 02 側邊欄選按 **文字 \ 新增少量內文**，參考下圖輸入文字，並為文字套用字型與字型尺寸，再拖曳移動至合適位置。

STEP 03 選取文字 "#i-lifepizza好好吃"，工具列選按 A，再選擇合適的顏色強調此句文字，此範例選擇 #f7c700。

STEP 04 選取文字 "義大利五日遊"，工具列選按 **字型尺寸**，建議設定稍大尺寸，強調內容重要性。

STEP 05 選取全部的文字，工具列選按 **效果**，側邊欄 **效果** 清單選按 **背景**；再選按 **顏色** 右側的色塊，清單中選擇合適的顏色，此範例選擇 **#c42435**。

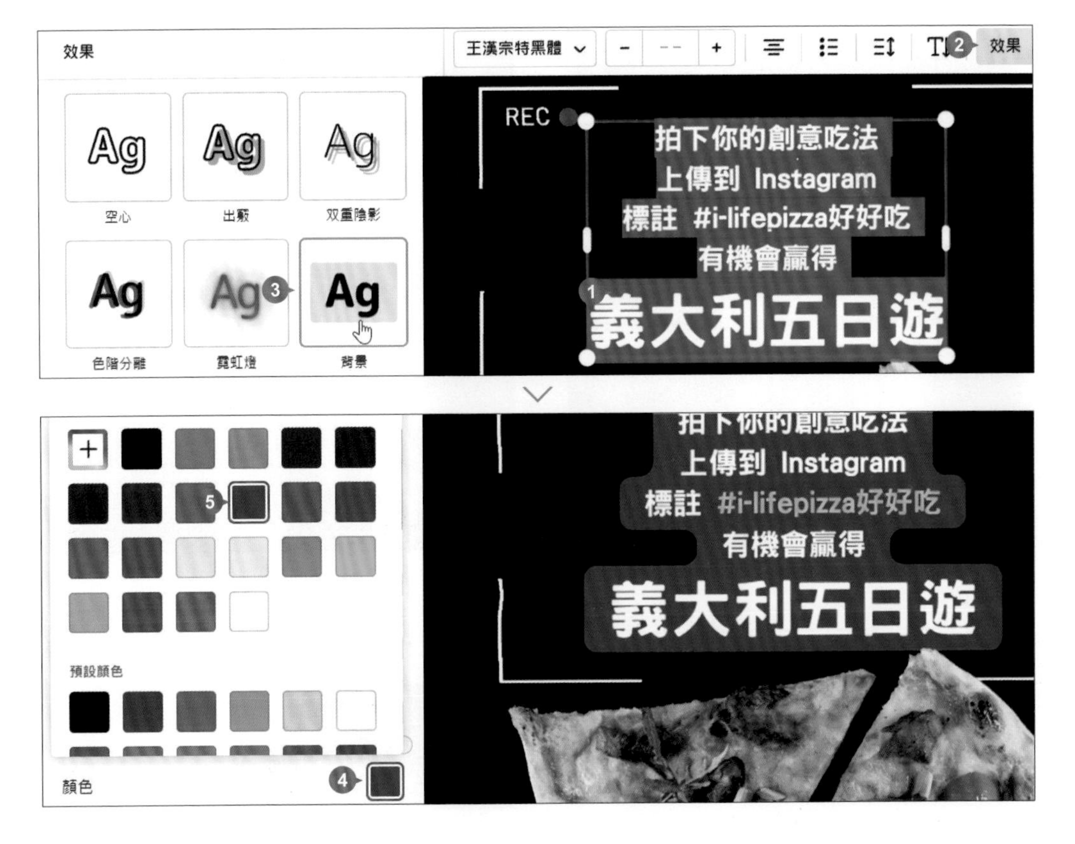

錄製旁白說明活動方式

STEP **01** 確認麥克風設備的線路已正確連接電腦後，側邊欄選按 **上傳 \ 錄製自己** (第一次使用會出現允許授權訊息，可選按 **允許** 鈕開始)，錄音室畫面右上角選按 8 \ **相機**，指定錄製旁白的麥克風設備。

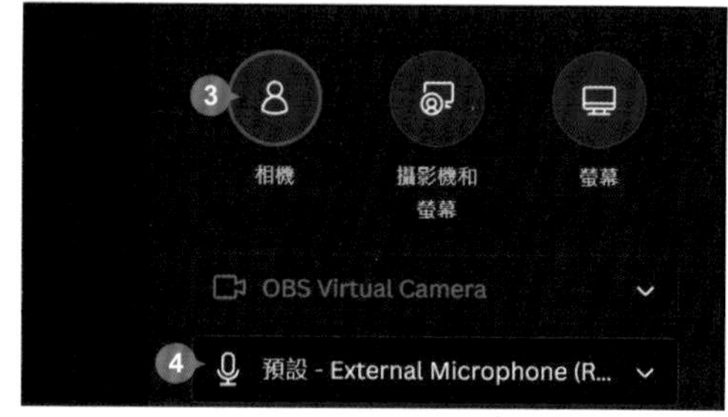

STEP **02** 確認目前於要播放旁白的第 6 頁 (由下方編號可調整所在頁數)，接著選按 **記錄** 開始倒數三秒，倒數後開始錄影，選按 **完成** 鈕可結束錄影 (可暫停、 刪除目前影片)。

STEP **03** 錄製完成後可選按 ▶ 播放影片預覽，確認內容後，選按 **儲存並退出** 回到編輯畫面。

STEP **04** 此範例只需要旁白聲音不需要畫面，因此選取頁面上圓型視訊擷取畫面，工具列選按 ，設定 **透明度**：「0」，將其設定為透明即可。

3-10 用動畫及背景音訊提升流暢度

為元素、文字及頁面轉場時加上動畫，可以增加影片整體的動態視覺效果，再添加背景音訊強調節奏感，流暢的引導影片內容呈現。

為元素套用動畫

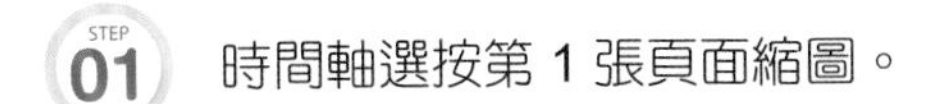

STEP 01 時間軸選按第 1 張頁面縮圖。

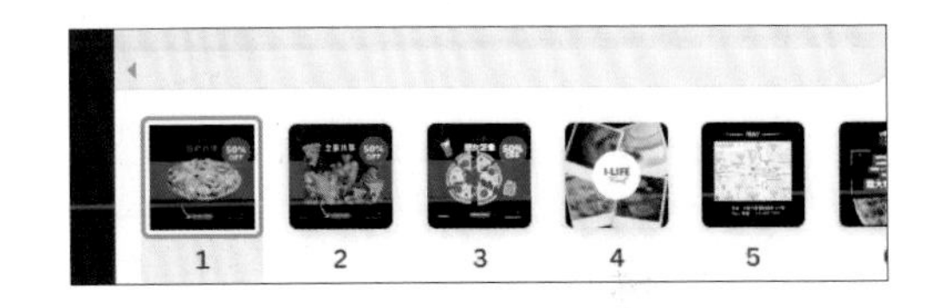

STEP 02 選取 "限時特價" 文字方塊，工具列選按 **動畫**，側邊欄選按 **文字動畫** 標籤 \ **基本** \ **揚升**，再選按 **進入時**，即可為文字套用進入時的動畫效果。

STEP 03 選取中間照片，工具列選按 **動畫**，側邊欄選按 **照片動畫** 標籤 \ **誇張** \ **滾動**、**進入時**。(如果照片為鎖定的狀態，可於工具列右上角選按 🔒 解除鎖定)

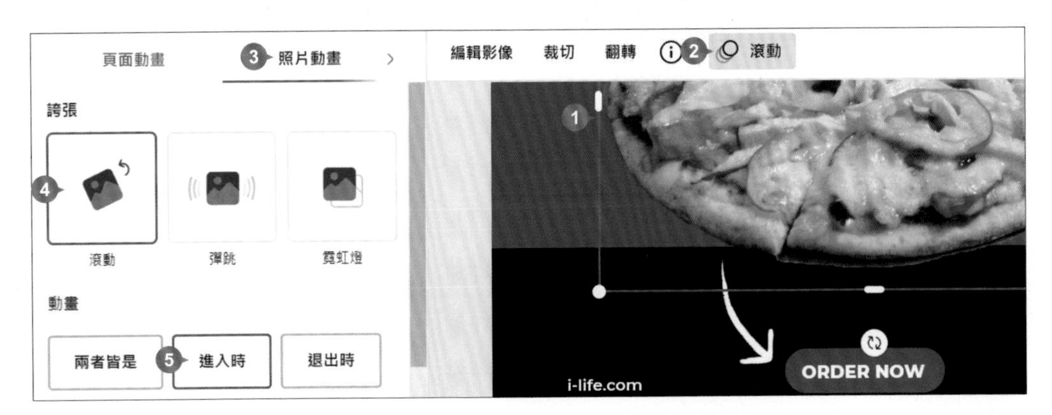

為頁面套用轉場動畫

時間軸選按第 1 頁縮圖 \ ··· \ **新增轉場**，**轉場** 清單中選按合適效果，此範例選擇 **疊加**，再選按 **套用至所有頁面**。

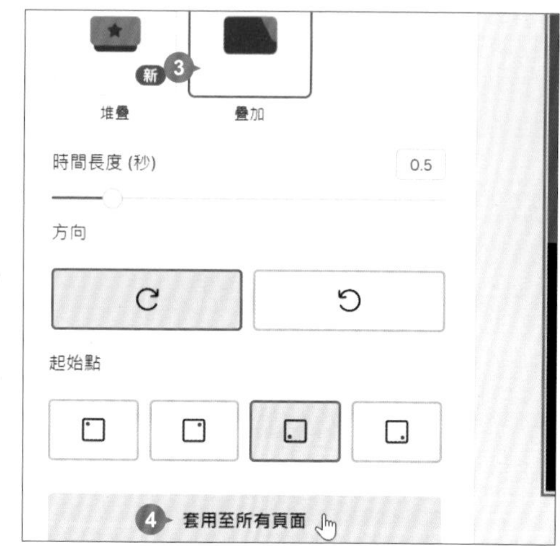

加入背景音訊曲目片段

STEP 01 側邊欄選按 **音訊**，輸入關鍵字「safety net」，按 Enter 鍵開始搜尋。選按如圖音訊插入，將滑鼠指標移到工具列彩色音波上方呈 ✋ 狀 (彩色音波等同目前影片的時間長度)，拖曳移動至合適播放片段。

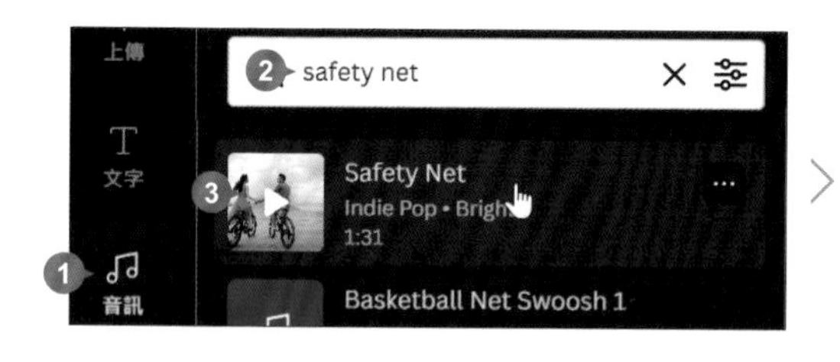

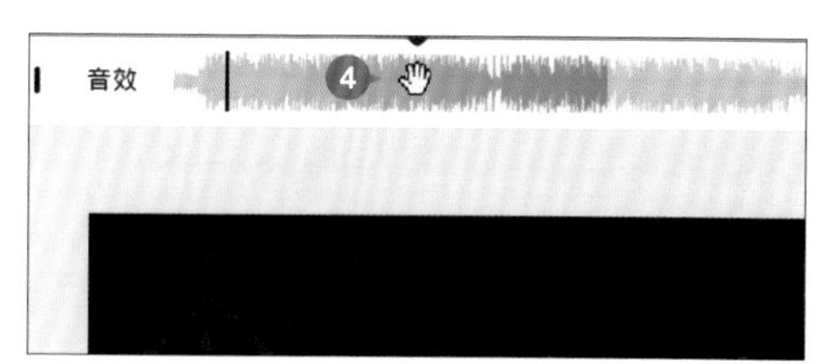

STEP 02 為配合影片最後的旁白說明，將音訊設定較長時間的淡出：工具列選按 **音效**，側邊欄 **音效** 清單 **淡出** 輸入為 15 秒。

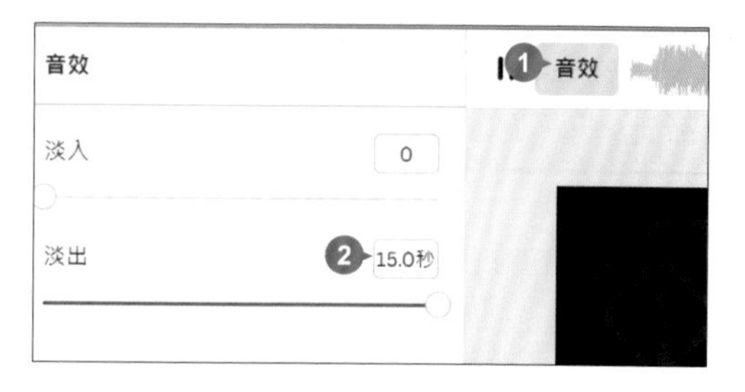

到此即完成社群貼文短片製作，相關輸出與上傳社群的方法可參考 Part 11。

善用字卡提升商品辨識度

商品宣傳

學習重點

"商品宣傳影片" 主要學習範本使用、影片剪輯、文字輸入與編輯、頁面動畫、商標、片頭與片尾、套用轉場與背景音訊...等功能。

- ☑ 讓商品影片發揮最佳宣傳力
- ☑ 建立新專案與新增範本頁面
- ☑ 上傳、替換與剪輯商品影片
- ☑ 編輯商品資訊與調整行距
- ☑ 變更頁面動畫
- ☑ 新增、複製與移動頁面
- ☑ 利用照片佈置背景並套用濾鏡
- ☑ 套用字型組合與編輯
- ☑ 文字內容對齊、群組與自動對齊
- ☑ 移除頁面動畫與調整時長
- ☑ 利用影片佈置背景
- ☑ 套用更多文字效果
- ☑ 加入指定關鍵字影片元素
- ☑ 企業商標、片頭、片尾設計
- ☑ 套用轉場與背景音訊

原始檔：<本書範例 \ Part04 \ 原始檔>

完成檔：<本書範例 \ Part04 \ 完成檔 \ 商品宣傳影片.mp4>

4-1 讓商品影片發揮最佳宣傳力

影音型態的行銷模式深受消費者歡迎，用影片訴說商品，不僅可以強化品牌記憶點，還能將渲染力最大化，搭配多種平台，帶來更多流量與討論度。

關於商品宣傳

商品宣傳，從傳統登門拜訪、口耳相傳，到報紙、雜誌...等平面廣告與廣播、電視、電影...等電子媒介，再至目前網路平台，現今數位宣傳管道看似多元，但要在茫茫網海中脫穎而出，卻不是那麼容易。因此，若能透過有質感又能展現商品亮點的影片，快速吸引消費者注意，不僅可以在宣傳上奪得先機，更能發揮最佳助力。

商品影片的重要性

人們對於影音的興趣倍增，影片已然成為行銷策略中不可或缺的元素，對於消費者而言，影片遠比文字與照片更容易打動他們。關於商品影片重要性，整理以下幾點：

- **產生期待感與購買慾**：以商品為中心的影片，提供消費者需要的資訊與特性，可以在影片觀看完後，更加了解商品優點，進而帶出期待感與購買慾。
- **Google 更喜歡影片內容**：在 Google 搜尋結果中，影片常會放在明顯位置，並有更多機會被搜尋到，藉此提高商品的能見度。
- **影片被分享的機會更多**：比起網頁，更喜歡分享影片！在社交媒體活絡的今日，影片的製作與分享更甚以往，而利用影片模式行銷的商品，也可以透過大量的分享與傳播，創造話題性與知名度。
- **影片遠比文字、照片更吸引人注意**：從商業角度來看，"動態" 的商品影片能快速抓住消費者目光，引起注意，提升他們對商品的興趣。

4-2 腳本構思

從商品開箱影片做為出發點，剪輯精華片段與運用大量字卡，另外搭配商品相關的背景、照片或影片元素，營造出商品宣傳的氛圍。

作品搶先看

設計重點：

在範本與空白頁面佈置下，呈現文字為主，照片、影片為輔的商品宣傳內容，最後再利用商標、片頭、片尾、轉場與背景音訊提升影片質感。

參考完成檔：

<本書範例 \ Part04 \ 完成檔 \ 商品宣傳影片.mp4>

製作流程

4-3 快速產生商品頁面

以商品為中心的影片，通常會有規格、重點特色...等資訊，以下先透過範本快速產生商品頁面版型，之後再加入影片與文字。

建立新專案

商品推廣時，著重外觀展示與資訊、文案的陳列，Canva 提供的 "投影片影片" 專案，擁有多款文字搭配照片 (或影片) 類型的設計範本，很適合打造商品宣傳影片。

STEP 01 於 Canva 首頁上方，選按 **影片 \ 投影片影片** (若無此項目可選按右側 [>] 展開更多)，建立一份新專案。

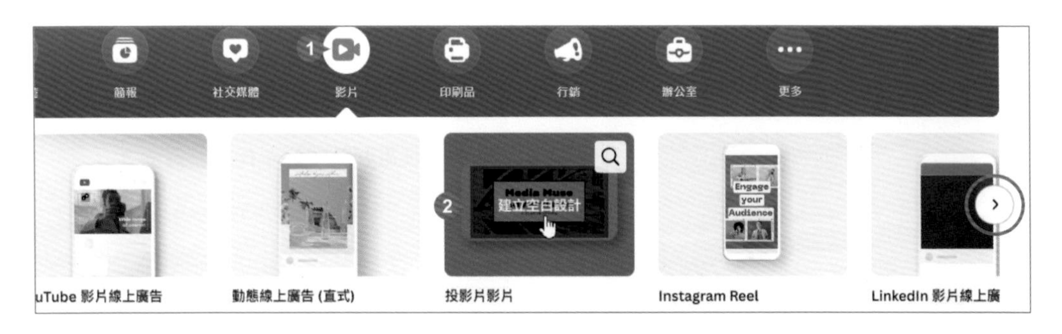

STEP 02 進入專案編輯畫面，於右上角 **未命名設計-影片** 欄位中按一下，將專案命名為「商品宣傳影片」。

新增範本頁面

範本除了可以完全套用，也可以根據需求新增單一頁面。(依以下步驟輸入關鍵字搜尋範本，若因 Canva 更新找不到相同範本，可開啟範例原始檔 <Part04 範本>，於瀏覽器開啟連結後，選按 **使用範本** 即可使用。)

STEP 01 側邊欄會顯示 "投影片影片" 相關類型的 **範本** 清單，為了縮小搜尋範圍，於 "投影片影片" 後方按一下半形空白鍵，再輸入關鍵字「product」，按 [Enter] 鍵開始搜尋，選按如圖範本。

STEP 02 進入範本會看到相關的版型設計，選按第 1 款設計，該款設計會直接套用在時間軸第 1 頁。(若選按 **套用全部 ** 個頁面** 鈕可以一次完整新增至專案)

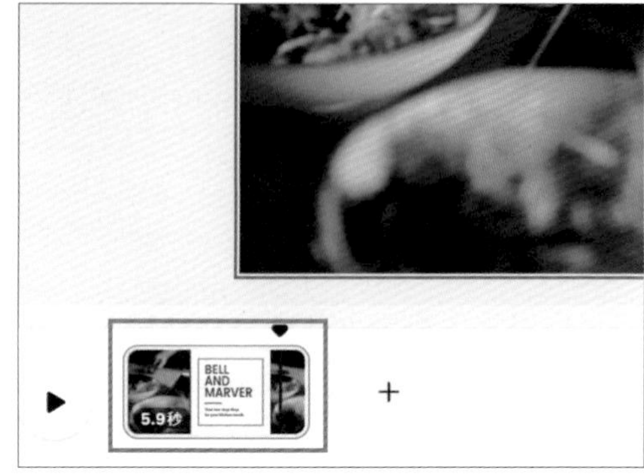

STEP 03 選按第 2 款設計時，於對話方塊選按 **新增為新頁面** 鈕，會新增在時間軸，並接續第 1 頁後方；依相同方法，參考下圖於時間軸新增第 3、4 頁並套用指定設計。

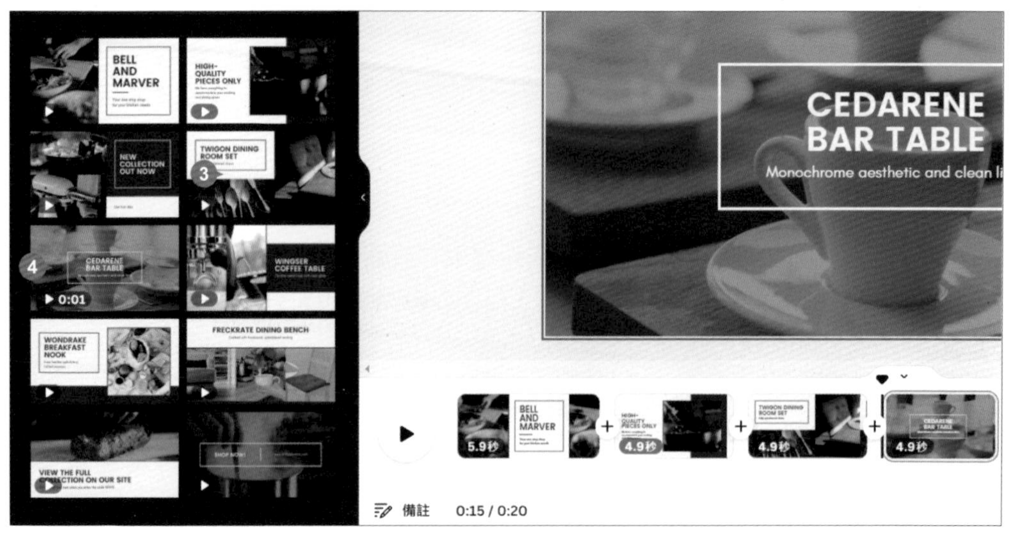

4-4 加入影片素材展現商品外觀

以事先拍攝好的商品影片完整傳達行銷主題與資訊，拍攝前需要了解商品特性才能展現更多細節，提升消費者興趣，並刺激購買慾望。

上傳商品影片

側邊欄選按 **上傳** \ **···** \ **上傳** 開啟對話方塊，選取範例原始檔 <4-01.mp4>，選按 **開啟** 鈕上傳至 Canva 雲端空間。

影片 標籤即可看到上傳的商品影片。

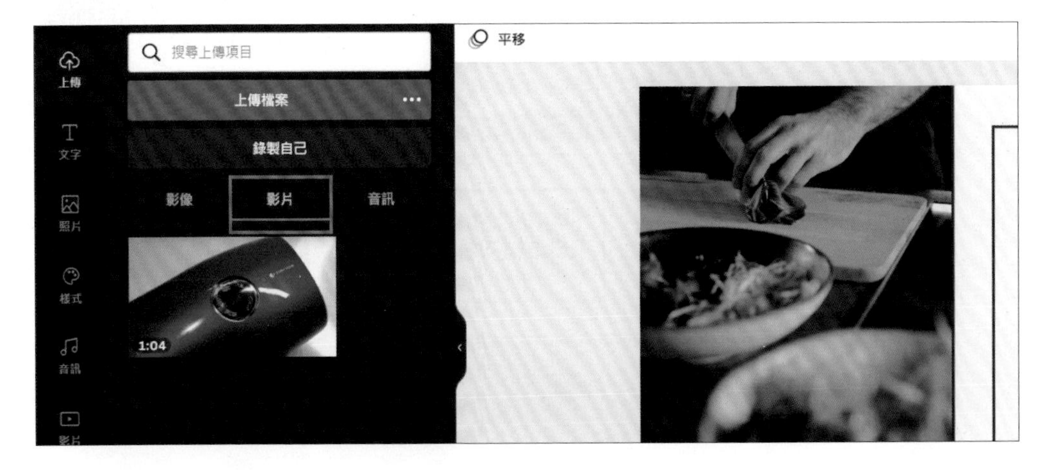

替換範本中的元素

上傳商品影片後，接下來替換範本中的預設元素。

STEP 01 時間軸欲替換影片的第 1 頁縮圖上按一下，側邊欄選按 **上傳 \ 影片** 標籤。

STEP 02 影片素材上按住滑鼠左鍵不放，拖曳至範本影片上放開，完成替換。

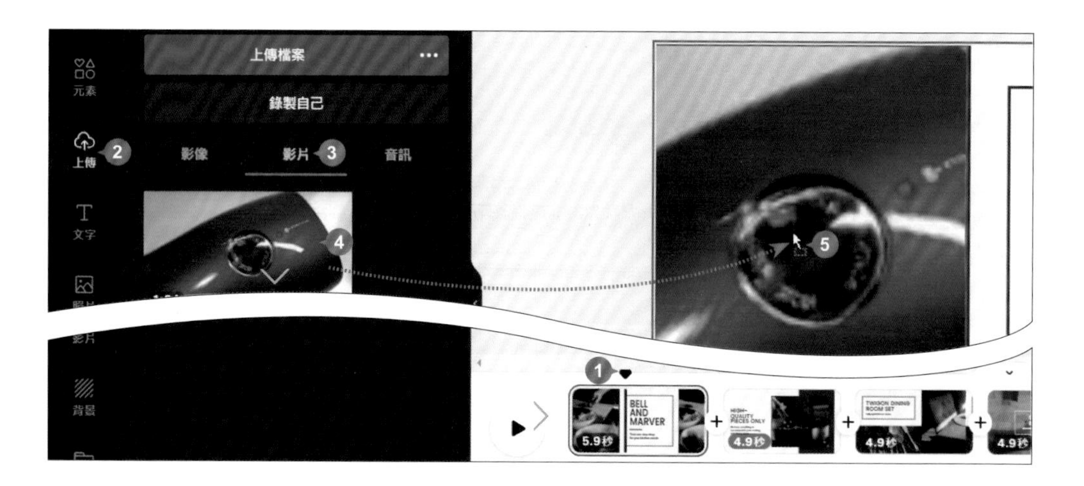

STEP 03 依相同方法，參考下圖替換時間軸第 2、3 頁的範本影片。

剪輯影片

影片可以根據需求，剪輯需要的片段與長度。

STEP 01 時間軸第 1 頁縮圖上按一下，先於空白處按一下取消選取，再於影片上按一下 (這樣才能選取框架中的影片)，工具列選按 ✂。

STEP 02 影片左右二側顯示滑桿，透過拖曳設定影片開始與結束時間，即可剪輯出需要片段 (此範例拖曳右側滑桿調整影片結束時間 5.0 秒)，最後選按 **完成**。(影片剪輯後，可以利用 ▶ 和 ⏸ 預覽播放)

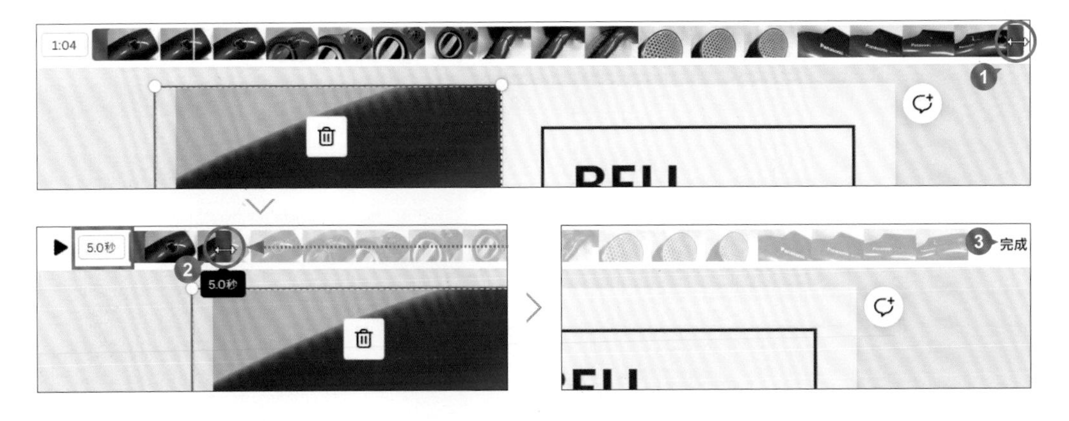

依相同方法，參考下圖剪輯時間軸第 2、3 頁的影片。

4-5 用文案傳達商品資訊

將口說或平面廣告的商品介紹變成影片中的文案，讓消費者可以了解商品的功能或使用方式...等資訊。

編輯商品資訊

加入了商品影片，接下來利用文字呈現商品資訊。

STEP 01 時間軸第 1 頁縮圖上按一下，於頁面如圖文字方塊上連按二下顯示輸入線，選取所有文字。

STEP 02 參考下圖輸入相關文字 (或開啟範例原始檔 <商品宣傳文案.txt> 複製與貼上)，接著選取文字方塊狀態下 (紫色框線)，工具列設定 **字型尺寸**。

依相同方法，參考下圖完成另一個文字方塊的編輯。

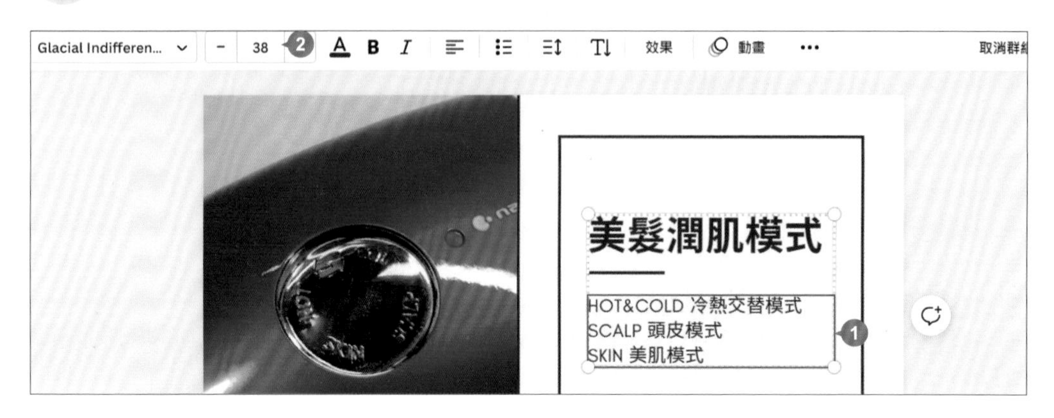

STEP 04

選取欲調整行距的文字方塊，工具列選按 ☰↕，設定合適 **行距** (輸入需按 Enter 鍵才會生效)，空白處按一下關閉清單。

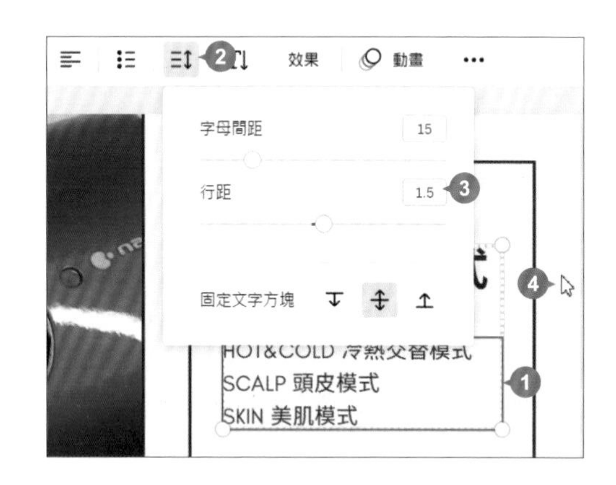

變更頁面動畫

時間軸第 1 頁縮圖上按一下，工具列選按 ◎ 開啟側邊欄，若要預覽，可以將滑鼠指標移到動畫上；若要套用，請按一下動畫。(此範例套用 **趣味**)

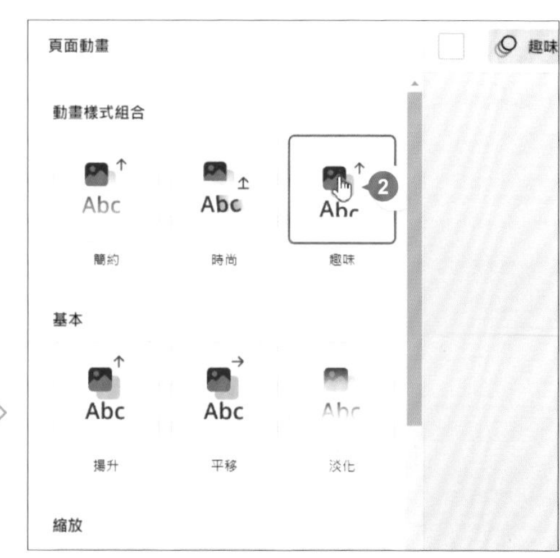

小提示 頁面動畫的移除與全部套用

側邊欄 \ **頁面動畫** 選按 **移除所有動畫** 鈕，會取消動畫套用；所有頁面想套用一樣動畫時，可選按 **套用至所有頁面** 鈕。

完成其他商品資訊

依相同方法，參考下圖完成時間軸第 2、3 頁的文字編輯、調整行距與頁面動畫。

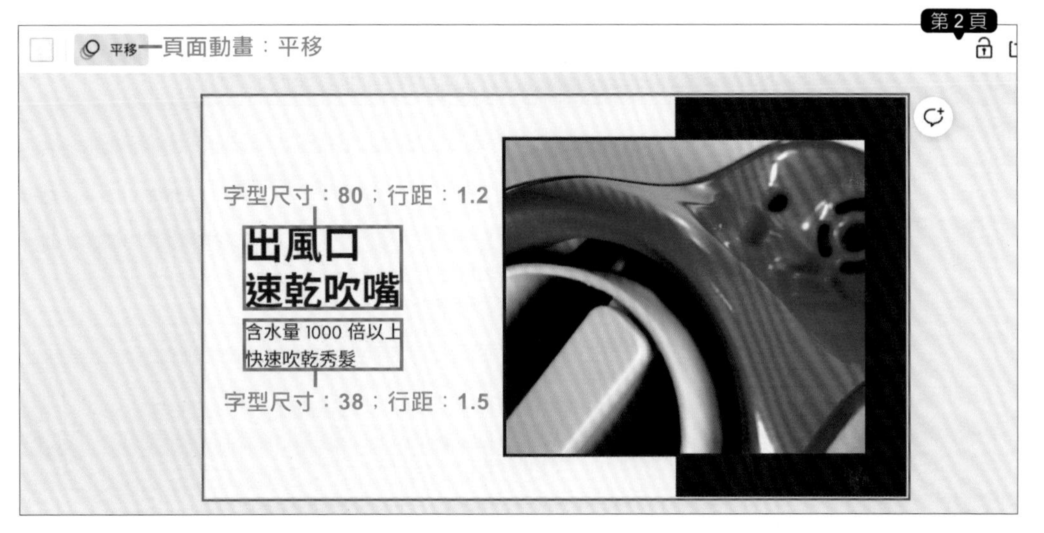

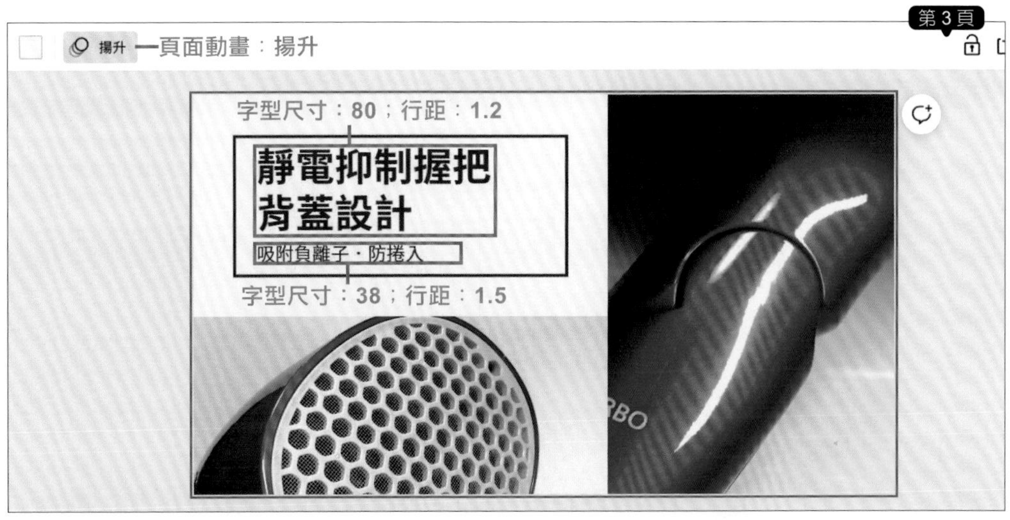

4-6 用文案串連商品情境

利用帶有宣傳目的的標語、特色或點出需求的關鍵字...等，塑造商品影片的情境與優勢，才能引發顧客好奇心，立刻起身行動。

新增與移動頁面

新增頁面，藉由文字明確呈現商品的特色與形象。

STEP 01 時間軸第 1 頁縮圖後方選按 + \ + 新增空白頁面，然後按住新增的空白頁面縮圖不放，往前拖曳至第 1 頁縮圖前方後放開。

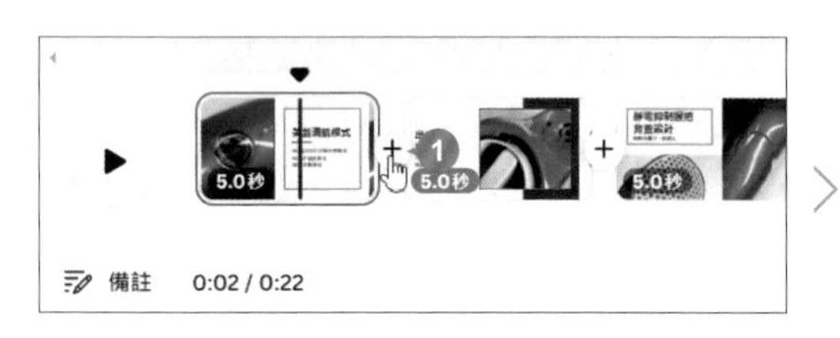

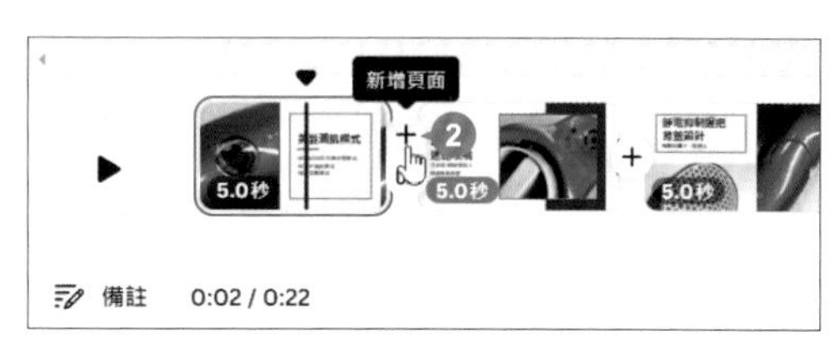

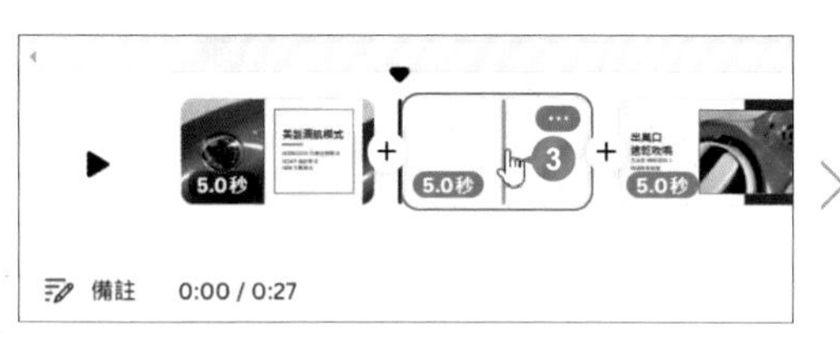

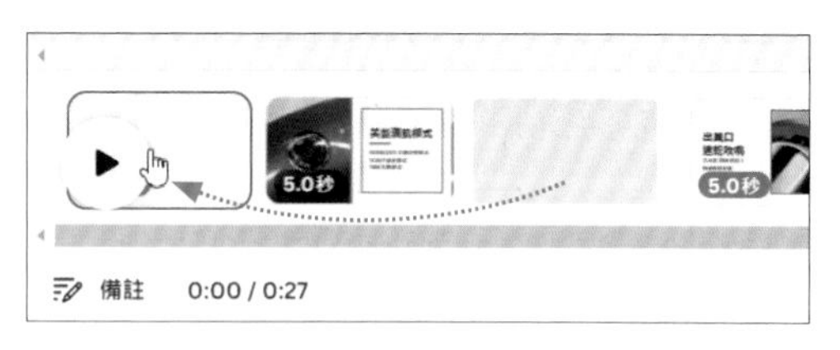

STEP 02 依相同方法，參考下圖新增二個空白頁面。

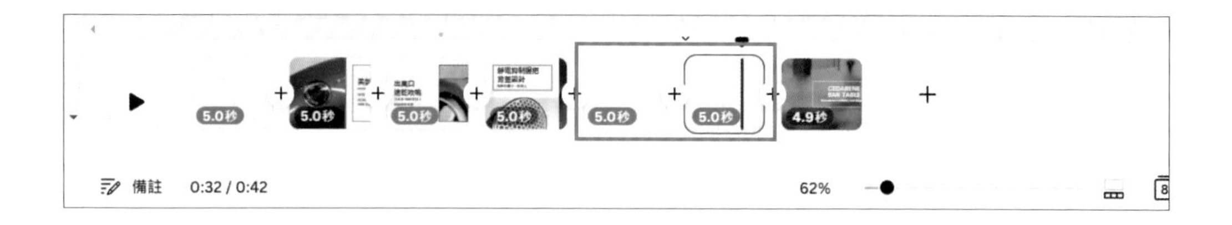

> **小提示** 頁面管理
>
> 頁面鎖定、新增、複製與刪除...等操作，可以在時間軸頁面縮圖右上角選按 ⋯，於清單中設定；另外也可以藉由選按工具列右側 🔒、⊕、⧉、🗑 鈕管理。

利用照片佈置頁面背景

STEP 01 時間軸第 1 頁空白縮圖上按一下，側邊欄選按 **背景** (或於 **顯示更多** 找尋)，輸入關鍵字「blue body」，按 Enter 鍵開始搜尋，選按如圖照片套用至背景。

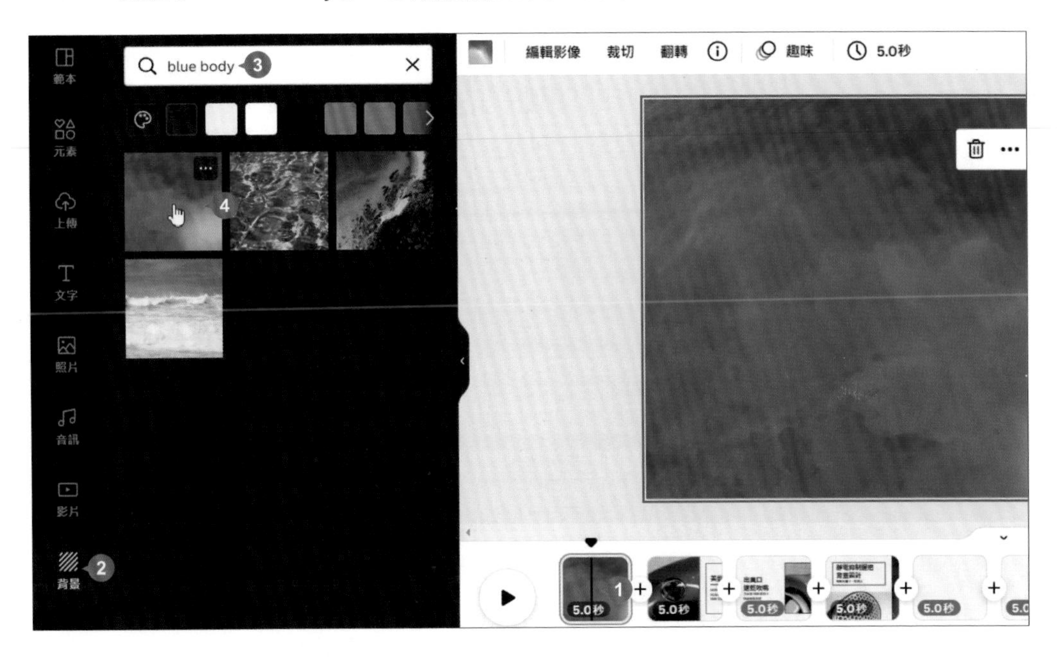

STEP 02 工具列選按 **編輯影像**，側邊欄會看到所有可用的編輯項目，選按 **Photogenic \ 查看全部** 瀏覽該項目的所有效果，選按預設效果則會直接套用。 (此範例套用 **Warm \ Capri**)

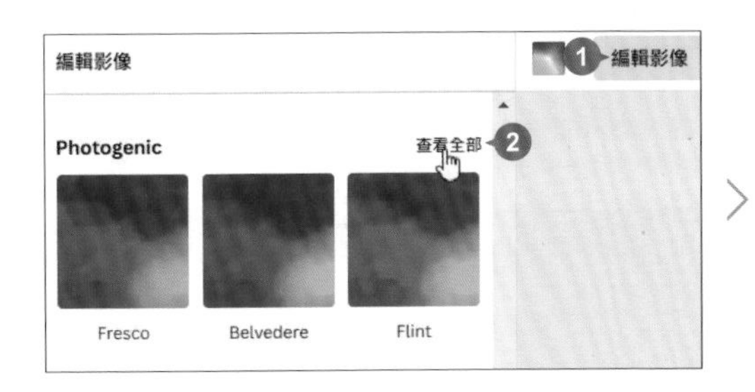

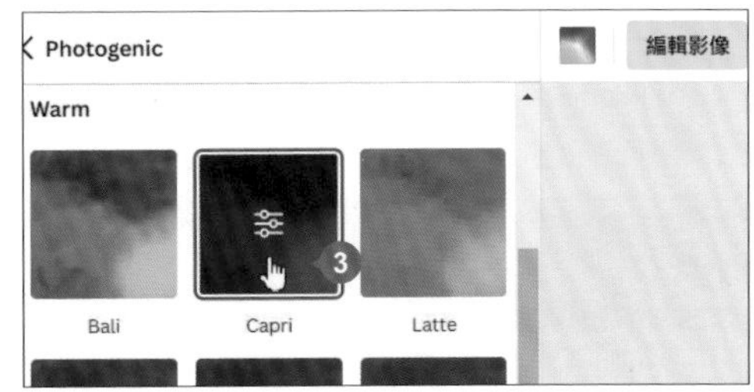

> **小提示** 調整或取消效果
>
> 若想調整效果預設值，可選按效果項目上 ☰，手動調整 **強度** 或其他設定，再選按下方 **套用** 鈕；若想移除效果，則選按 **取消** 鈕。

加入字型組合範本

Canva 文字設計，可新增標題、副標題、內文或使用字型組合範本，在此要藉由合適的字型組合範本快速建立與編輯商品的形象文案。

STEP 01 時間軸第 1 頁縮圖上按一下，側邊欄選按 **文字 \ Certificate of Completion** 字型組合範本 (關鍵字「Certificate」) 產生在頁面，參考右下圖輸入相關文字 (或開啟範例原始檔 <商品宣傳文案.txt> 複製與貼上)。

STEP 02 字型組合中選取上方的文字方塊，工具列設定字型 (可輸入「日文」關鍵字尋找相關字型)、尺寸，接著將滑鼠指標移至文字方塊右側控點呈 ↔ 狀，往右拖曳，讓文字以二行呈現。

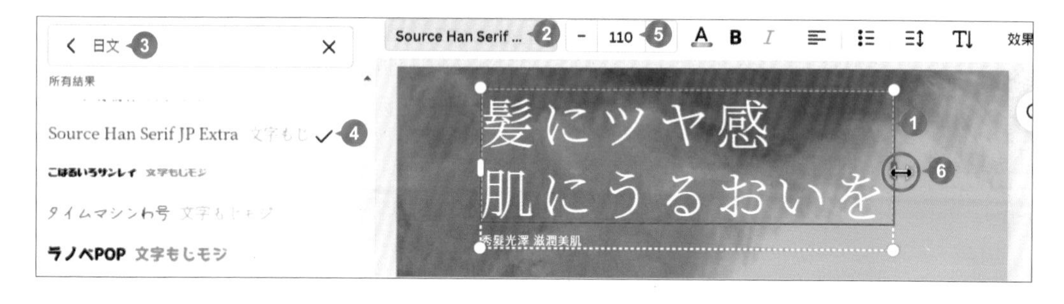

STEP 03 選取文字方塊狀態下，工具列選按 ☰↕，設定合適 **字母間距**、**行距** (輸入需按 Enter 鍵才會生效)，空白處按一下關閉清單。

STEP 04 依相同方法，字型組合中選取下方的文字方塊，參考下圖設定字型、尺寸、字母間距與行距。

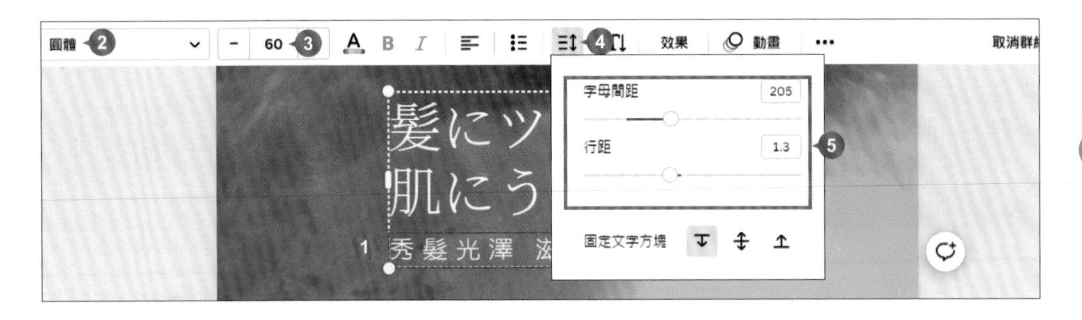

文字內容對齊、文字群組與頁面對齊

STEP 01 文字內容的對齊方式：前面加入的字型組合是由二個文字方塊群組而成，於任一文字上按一下，於其白色虛線框右下角控點上再按一下，選取整個文字群組(紫色框線)，工具列選按多次 ☰ 指定群組中的文字均靠右對齊。

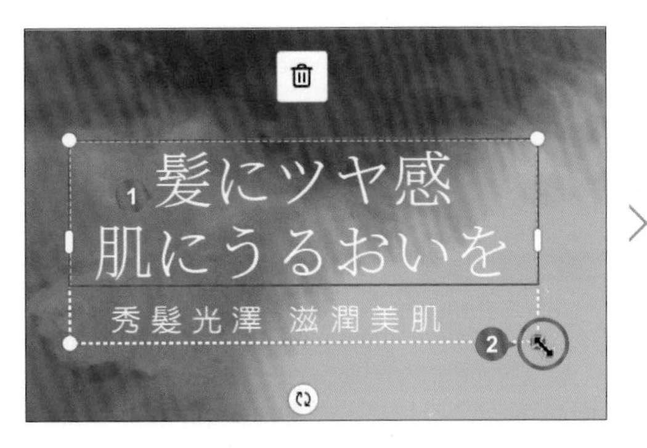

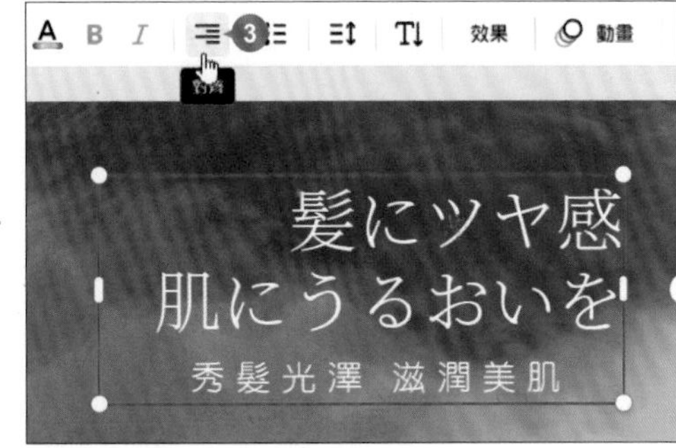

STEP 02 選取文字群組狀態下，工具列選按 **取消群組**。

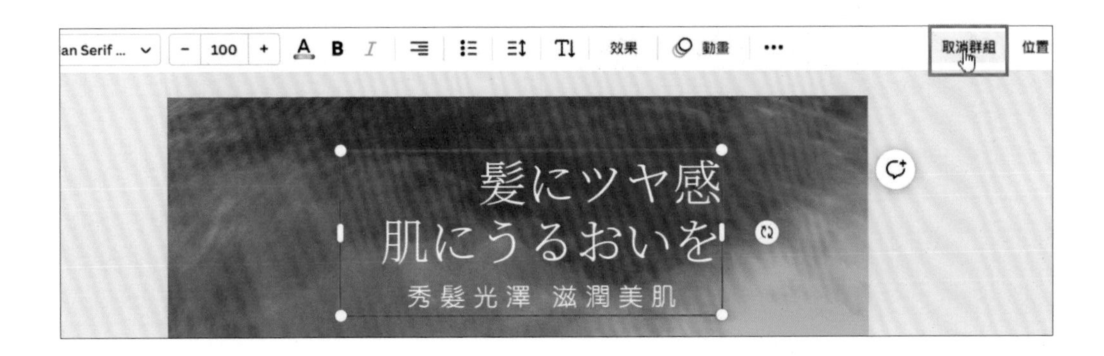

STEP 03 選取下方文字方塊，將滑鼠指標移至右側控點呈 ↔ 狀，往右拖曳至對齊上方文字方塊 (會顯示紫色輔助線)。

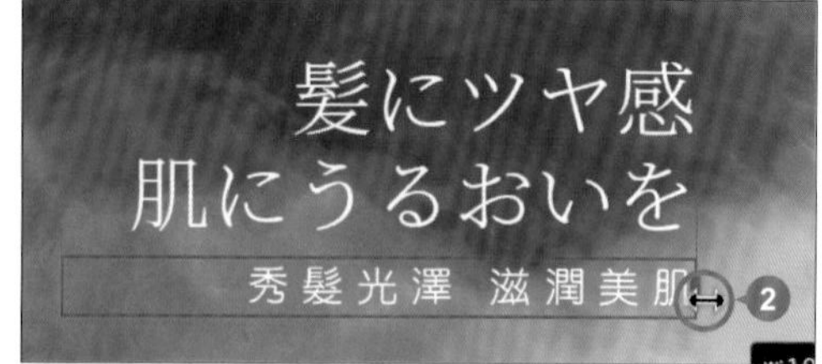

STEP 04 按 Shift 鍵不放，選取二個文字方塊，工具列選按 **建立群組**。拖曳文字群組往右水平拖曳，移動至頁面邊距附近時，會出現紫色實線方框，同時選取的元素會被吸引自動對齊，如下圖對齊右側邊距。

同時再將文字群組稍往下拖曳，會出現紫色頁面水平置中輔助線，如下圖讓文字群組水平置中對齊頁面。

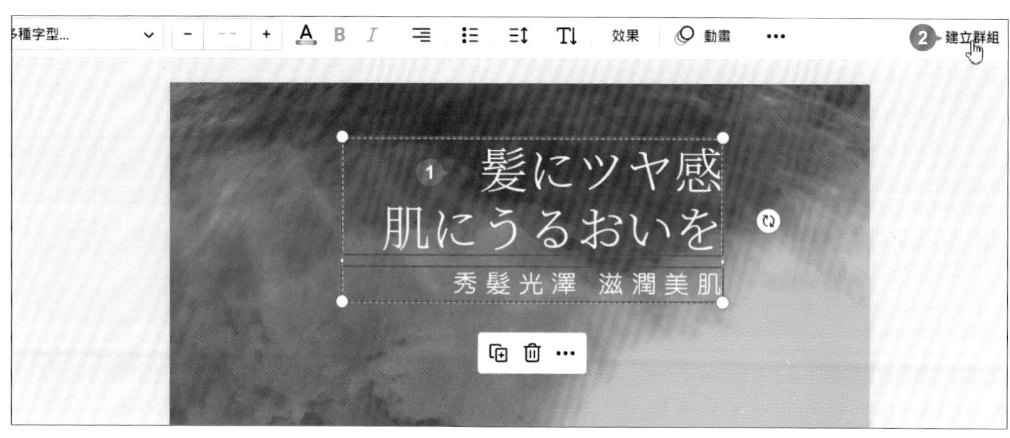

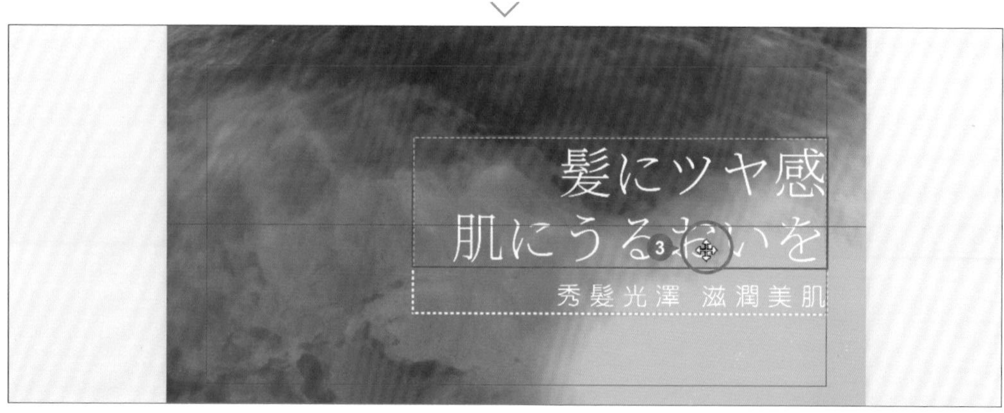

調整頁面動畫與時長

前面的佈置，完成以文案串連商品情境的設計頁面，接著要移除頁面動畫並調整播放時間長度，讓此頁面播放時節奏快速，清楚聚焦在文案上的呈現。

STEP 01 時間軸第 1 頁縮圖上按一下，工具列選按 開啟側邊欄，選按 **移除所有動畫** 鈕。

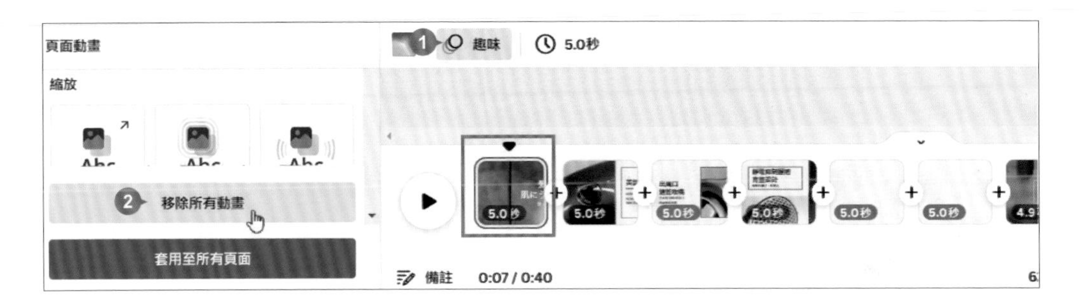

STEP 02 工具列選按 ，清單中縮短 **時間選擇** (即縮短該頁播放時間，此範例設定「2.5」秒)，空白處按一下關閉清單。

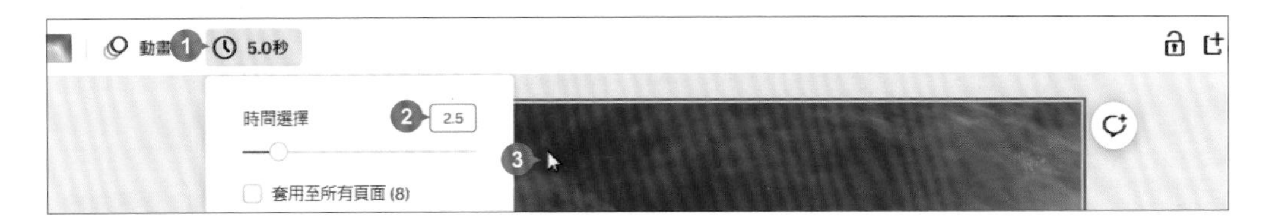

複製頁面快速完成佈置

複製產生另外二頁文案串連商品情境的設計頁面，並分別移動至二個商品頁面前方。

STEP 01 時間軸第 1 頁縮圖右上角選按 \ **複製 1 頁**，選取複製的頁面縮圖，往右拖曳至第 4 頁縮圖前方。

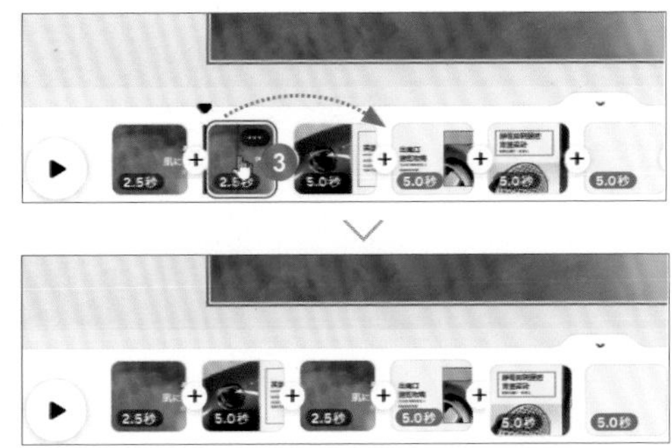

STEP 02 依相同方法，參考右圖在第 6 頁縮圖前方佈置相同頁面。

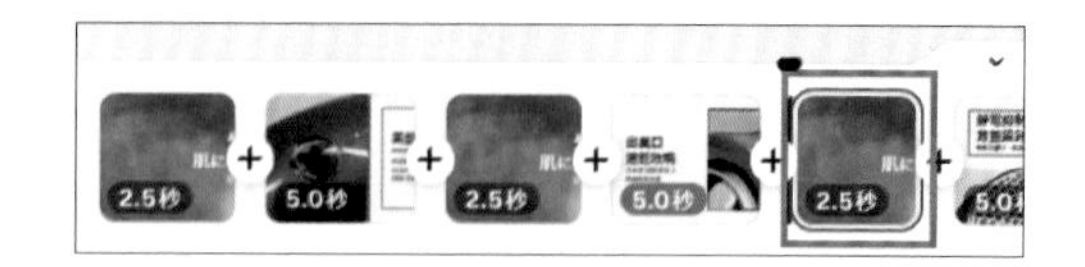

STEP 03 在時間軸分別選取複製的 2 頁縮圖，依 P4-16~P4-18 操作，參考下圖輸入 (或開啟範例原始檔 <商品宣傳文案.txt> 複製與貼上) 與編輯相關文案。

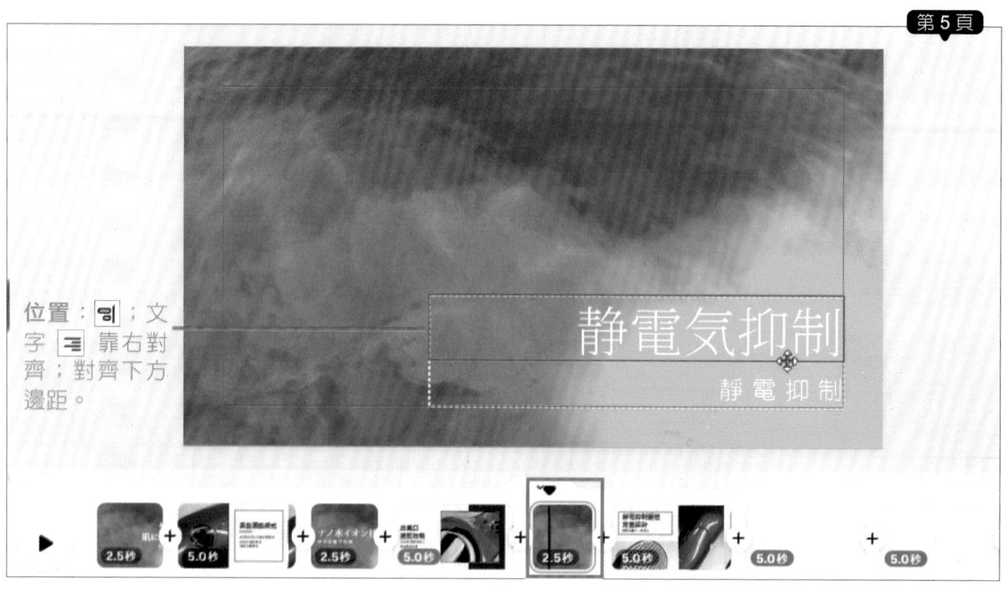

4-7 前後呼應的商品宣告

一部成功的商品影片，結尾和開頭一樣重要，完成前面的正片宣傳後，結尾可以透過特色強調、上市宣告...等加深消費者印象並達到前後呼應。

利用影片佈置頁面背景

影片結束前，以影片搭配簡約的文字設計，將商品特色、上市時程、新商品預告資訊...等再次強調，增強整體購買動機。

STEP 01 時間軸第 7 頁空白縮圖上按一下，側邊欄選按 **元素**，輸入關鍵字「Beauty blond hair」，按 Enter 鍵開始搜尋，**影片** 標籤選按如圖影片，產生在頁面。選取影片狀態下，選按 ⋯ \ **更換背景**，以背景方式填滿頁面。

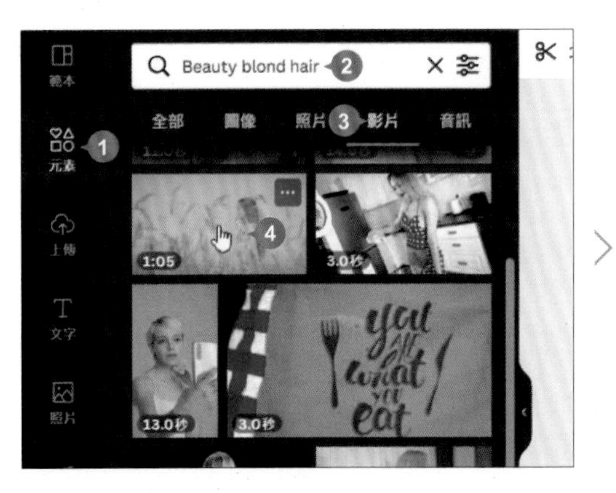

STEP 02 因為影片整段皆為女孩緩慢移動畫面，並無太大變化，在此預計僅保留 3.5 秒做為背景，將滑鼠指標移至時間軸頁面縮圖左右二側，按住剪輯控點不放往左水平拖曳，縮短時間至 3.5 秒。

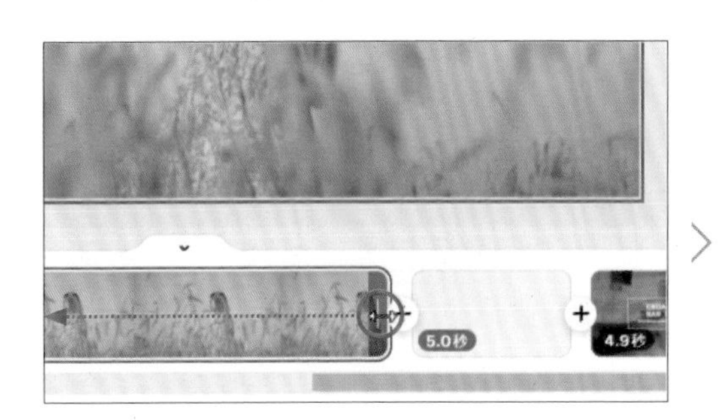

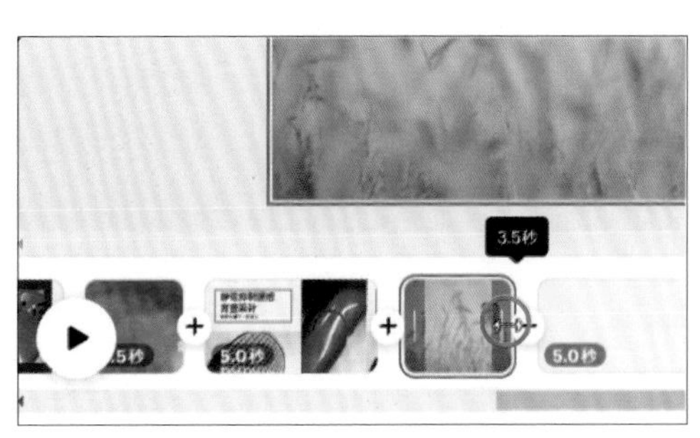

套用更多文字效果

STEP 01 側邊欄選按 **文字 \ 新增標題** 產生在頁面，參考下圖輸入相關文字 (或開啟範例原始檔 <商品宣傳文案.txt> 複製與貼上)，工具列設定字型、顏色。

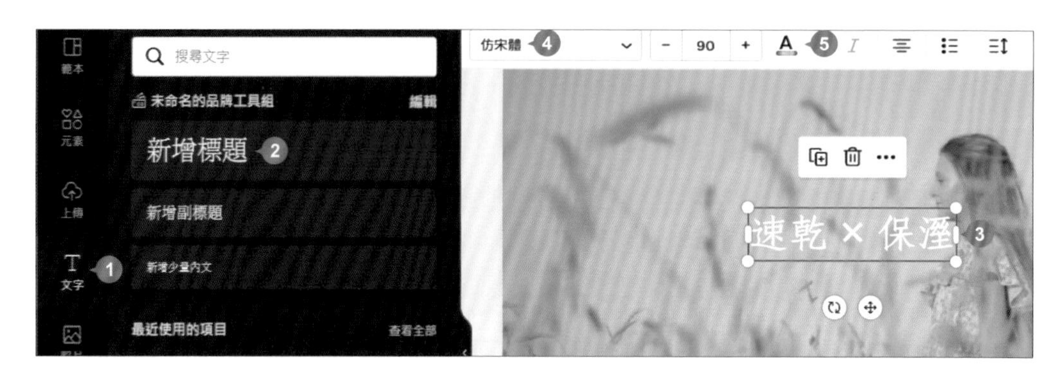

STEP 02 選取文字方塊，先拖曳至頁面右上角擺放，工具列選按 **效果** 開啟側邊欄，選按 **風格 \ 模糊陰影**，設定 **強度**：**27**。

STEP 03 工具列選按 **動畫** 開啟側邊欄，選按 **頁面動畫** 標籤 \ **基本** \ **淡化**。

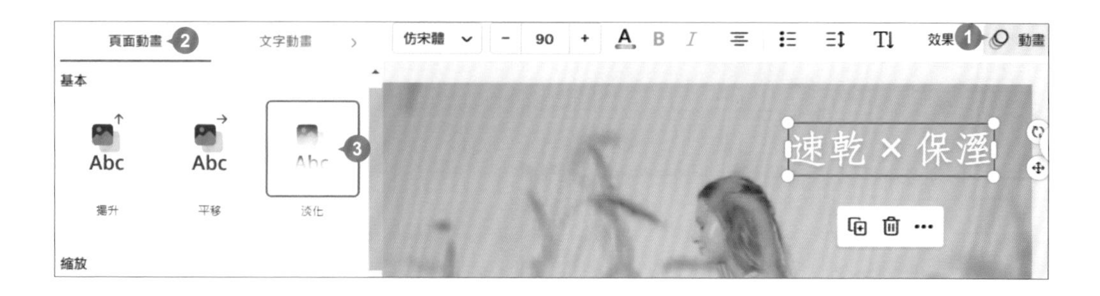

依相同方法，參考下圖完成第 8 頁空白頁面佈置。

影片 元素：關鍵字「forent」；時間長度：3.5 秒。

效果：風格 \ 背景、圓弧：0、擴張：0、透明度100；建立群組；頁面動畫：基本 \ 淡化。

依相同方法，參考下圖調整第 9 頁範本頁面佈置。

照片 元素：關鍵字「brown hair」；時間長度：3.5 秒；**編輯影像：Photogenic \ vivid \ Aria**

解散群組、刪除白色框；**思源宋体-粗体、111；效果：風格 \ 模糊陰影、強度：25；cwTeXMing、51；頁面動畫：揚升。**

4-8 提升影片質感與形象

增添生活化元素，並加入企業商標、片頭與片尾設計，最後利用轉場與背景音訊，添加流暢、輕鬆感，提升商品影片整體完整度。

加入指定關鍵字影片元素

範例有三頁文案串連頁面，在此尋找符合相關文案且生活化的影片，穿插在這三個頁面前，營造有溫度的氛圍與體驗。

STEP 01 時間軸第 1 頁縮圖後方選按 + \ + 新增空白頁面，然後按住頁面縮圖不放，往前拖曳至第 1 頁縮圖前方後放開。

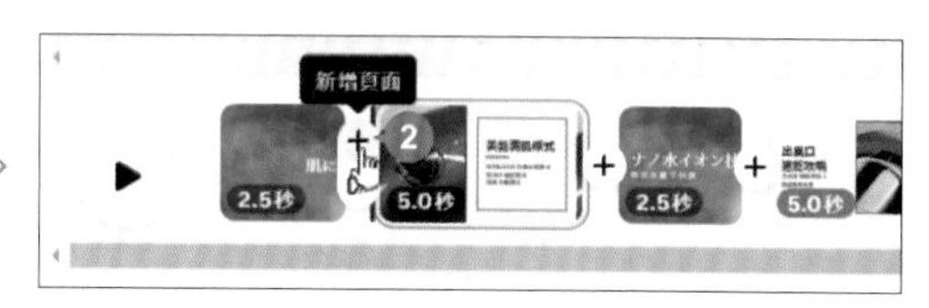

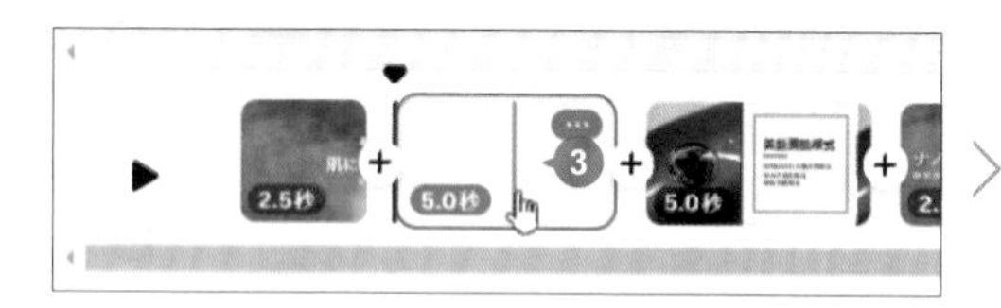

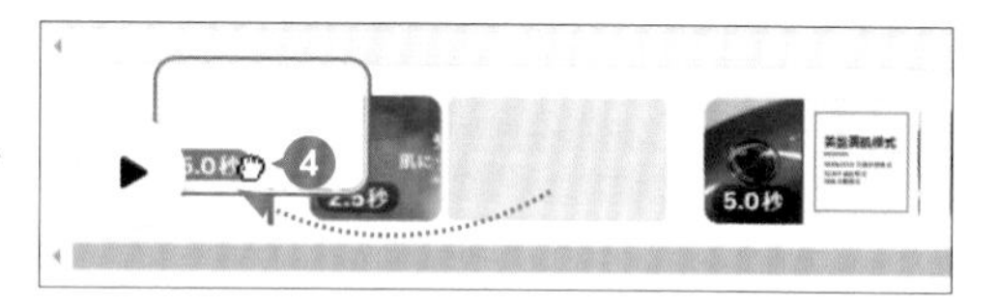

STEP 02 側邊欄選按 **元素**，輸入關鍵字「Alone black view blond hair」，按 Enter 鍵開始搜尋，於 **影片** 標籤找到並選按如圖影片，產生在頁面。選取影片狀態下，選按 ··· \ **更換背景**，以背景方式填滿頁面。

STEP 03 縮短影片時間 (調整為 4 秒；可參考 P4-21 STEP02)，並利用 **裁切** 功能微調影片顯示範圍 (可參考 P3-6)。

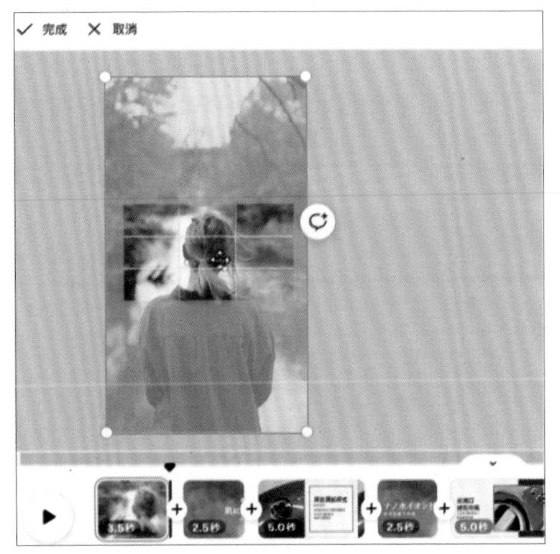

STEP 04 依相同方法，參考下圖於時間軸文案串連頁面前新增空白頁面，並完成第 4、7 頁佈置。

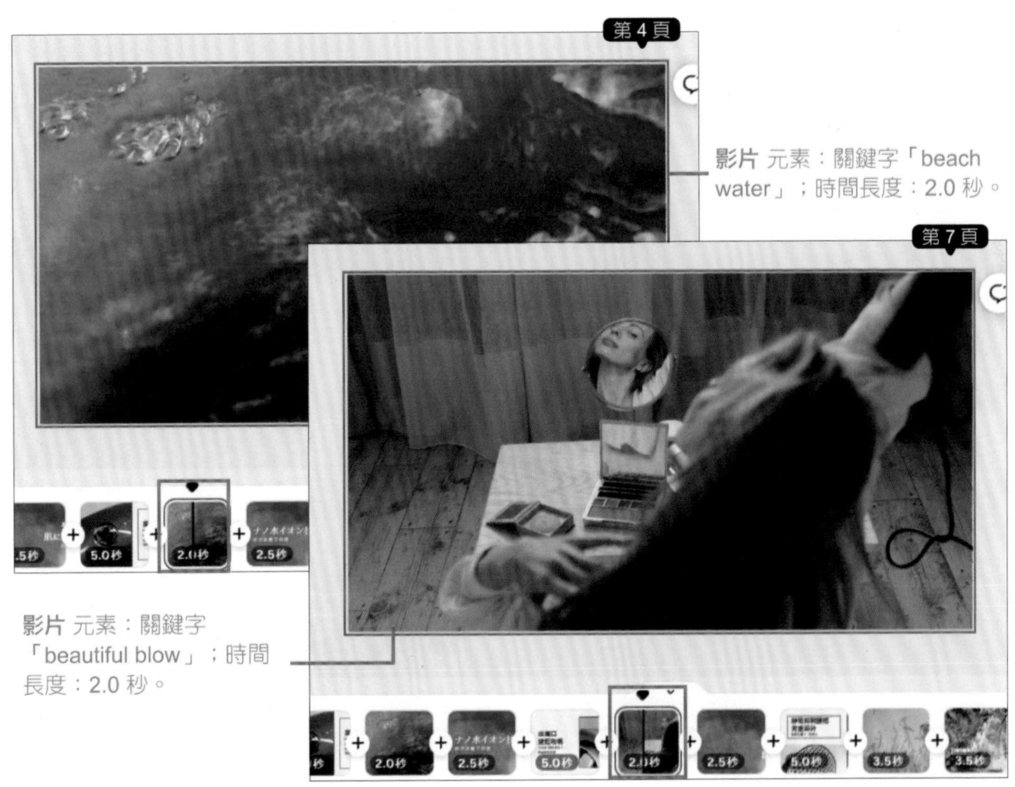

影片 元素：關鍵字「beach water」；時間長度：2.0 秒。

影片 元素：關鍵字「beautiful blow」；時間長度：2.0 秒。

加入企業商標

一個代表企業精神的商標，可以為商品塑造不同的價值與形象。

STEP 01

時間軸第 2 頁縮圖上按一下，側邊欄選按 **上傳** \ ⋯ \ **上傳** 開啟對話方塊，選取範例原始檔 <4-02.mp4>，選按 **開啟** 鈕上傳至 Canva 雲端空間。

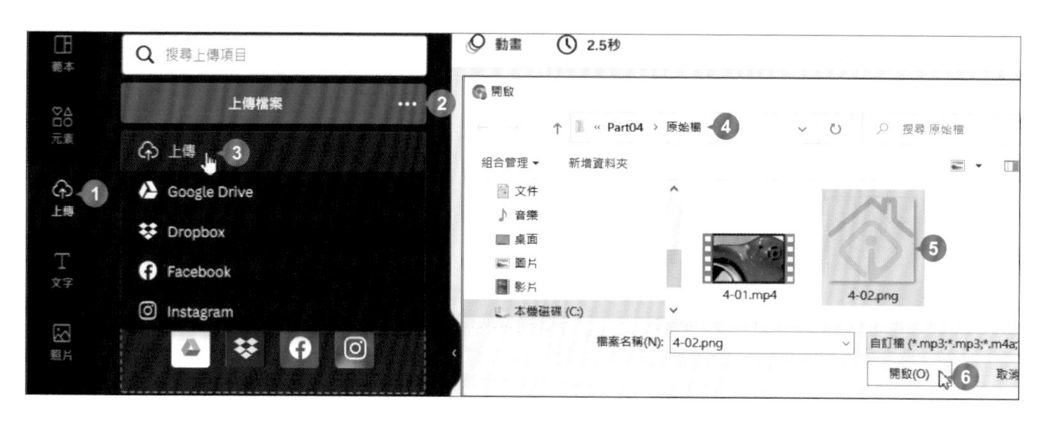

STEP 02

影像 標籤選按商標素材，產生在頁面。拖曳至頁面左上角如圖位置，並利用控點縮小尺寸 (實際數值可參考 **w**、**h** 資訊)，然後工具列選按 **編輯影像**。

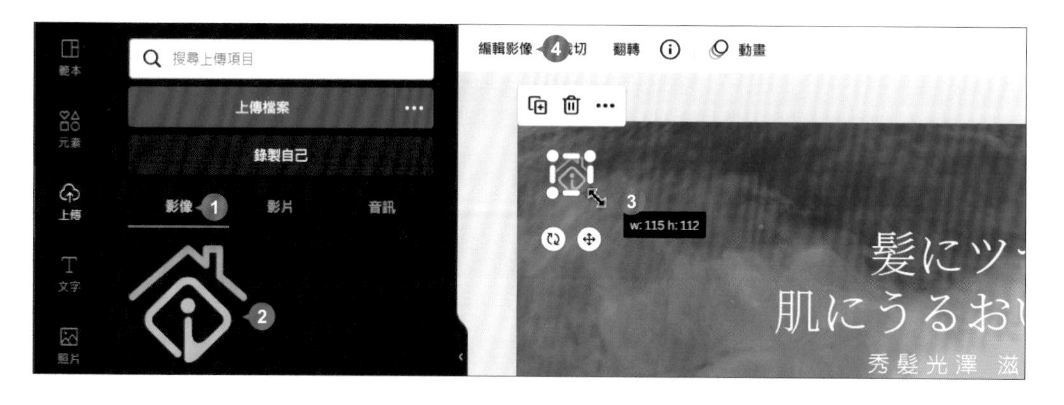

STEP 03

清單中，於 **Photogenic** 選按 **查看全部**，再套用 **Mono \ Film** 影像效果，將商標以單色呈現。

STEP 04 側邊欄選按 **文字 \ 新增少量內文** 產生在頁面。

參考下圖輸入相關文字 (或開啟範例原始檔 <商品宣傳文字.txt> 複製與貼上)，工具列設定字型、尺寸、顏色。接著選取商標與文字 **建立群組** (需調整相互位置)，並設定 **透明度**。

STEP 05 選取商標的群組物件，按滑鼠右鍵選按 **複製**，時間軸第 5 頁縮圖上按一下，在頁面上按滑鼠右鍵選按 **貼上**。

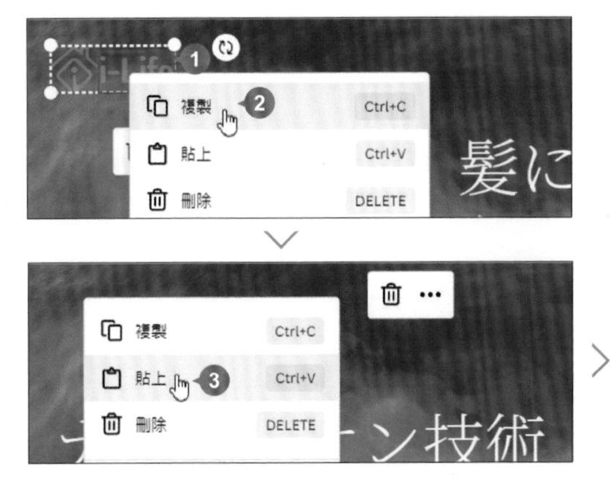

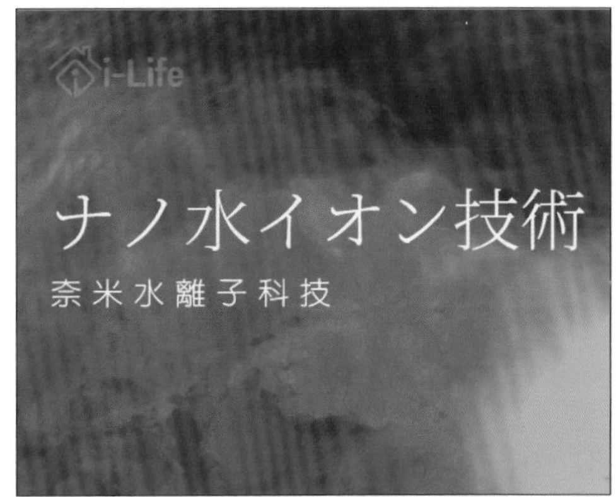

STEP 06 時間軸第 8 頁縮圖上按一下，在頁面上按滑鼠右鍵選按 **貼上**，即可完成這三頁的商標佈置。

片頭與片尾設計

利用片頭帶出影片主題，到片尾商標與企業名稱的展現，達到商品宣傳的一致性。

STEP **01** 在時間軸開始與結束處，分別新增空白頁面做為片頭與片尾 (可參考 P4-14)。

STEP **02** 參考下圖輸入片頭、片尾相關文字 (或開啟範例原始檔 <商品宣傳文案.txt> 複製與貼上) 與佈置頁面。

字型組合：關鍵字「Gertificate Signee Left」

照片 元素：關鍵字「Silhouette of a Woman」；時間長度：5.0 秒；編輯影像：**Photogenic \ 自然 \ Myst**；頁面動畫：淡化。

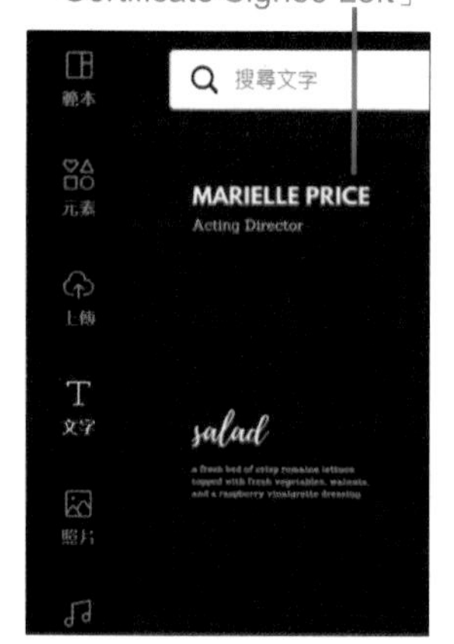

文字顏色：綠松色 #5ce1e6；效果：風格 \ 霓紅燈；文字動畫：揚升

文字動畫：方塊閃現

字型組合：關鍵字「Perfume Label Center」

背景顏色：淺灰色 **#f6f6f6**；時間長度：4.0 秒；頁面動畫：簡約。

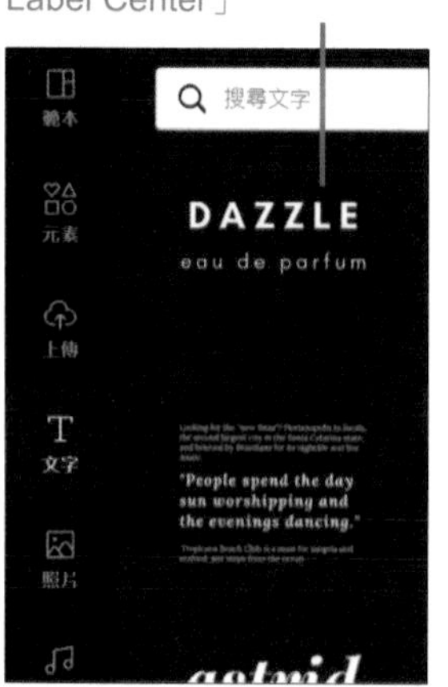

第 14 頁

BEAUTY

By i-Life

照片動畫：移除動畫

套用轉場與背景音訊

利用轉場特效，讓前後頁面可以順利銜接，切換自然。

時間軸任一縮圖後方選按 + \ ⋈ 開啟側邊欄轉場設定清單，若要預覽，可以將滑鼠指標移到轉場項目上；若要套用，請按一下轉場項目；若選按 **套用至所有頁面** 鈕則是將該轉場套用至全部頁面。(此範例套用 **溶解**)

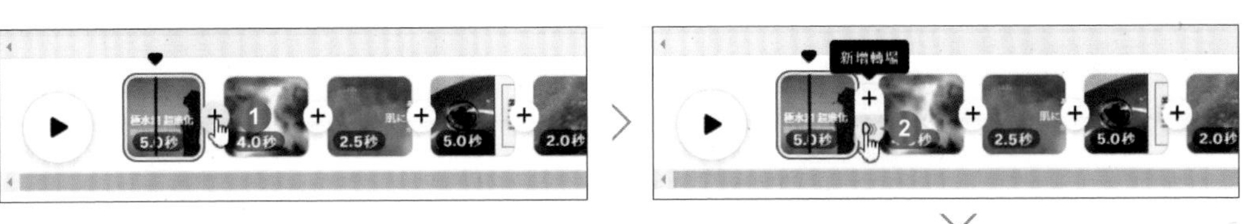

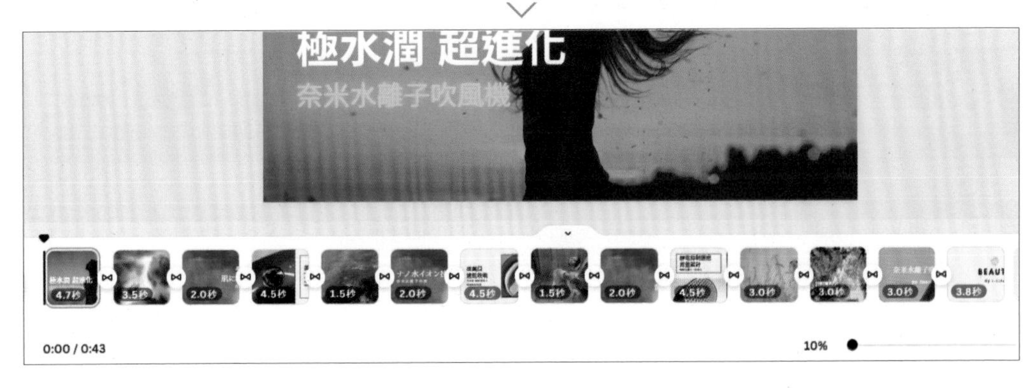

最後利用背景音訊為影片增添畫龍點睛的效果。

STEP 01 將 ▼ 拖曳至時間軸最前方，側邊欄選按 **音訊**，輸入關鍵字「Advertising」，按 Enter 鍵開始搜尋，找到並選按如圖音訊，產生在時間軸。

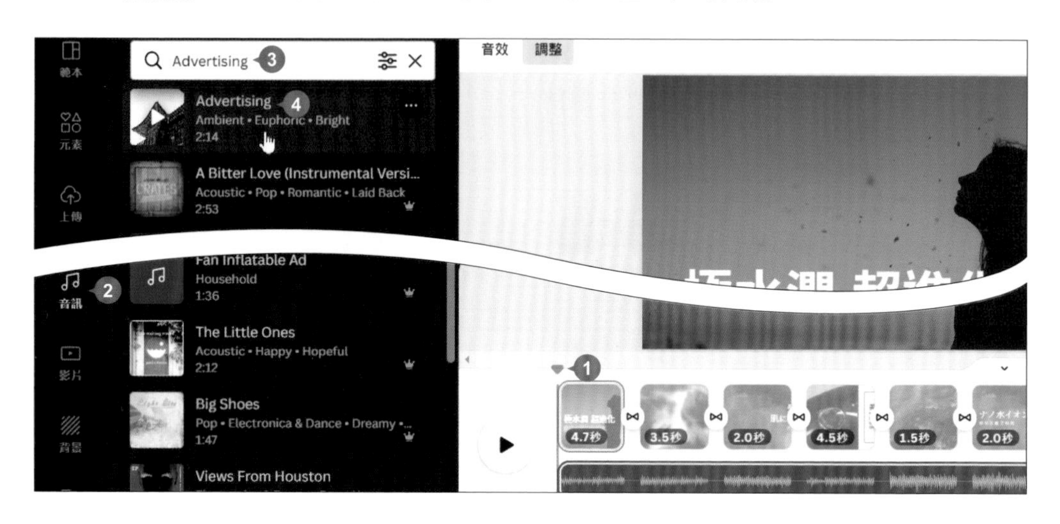

STEP 02 工具列選按 **音效** 開啟側邊欄，設定 **淡出**：**1.5 秒**，讓音訊在最後 1.5 秒，慢慢變小聲至結束。

到此即完成商品宣傳影片製作，相關輸出與上傳社群的方法可參考 Part 11。

用影片打造品牌影響力

形象廣告

形象廣告影片是傳遞公司價值與展現品牌獨特性的重要項目，所以如何結合影像畫面、文字及音訊，即是本章要說明的重點。

- ☑ 品牌形象影片的重要性
- ☑ 設計片頭、片尾
- ☑ 加入品牌專屬素材
- ☑ 套用指定配色的範本
- ☑ 修改範本文字
- ☑ 剪輯影片長度並靜音
- ☑ 將影片設為頁面背景
- ☑ 應用免費照片、影片元素
- ☑ 調整影片白平衡、亮度與更多
- ☑ 加入預設文字元素與組合
- ☑ 自製指定字型文字元素
- ☑ 加入預設轉場效果
- ☑ 設計組合式轉場效果
- ☑ 背景音訊加強影片特色
- ☑ 貼圖與動畫提升層次感

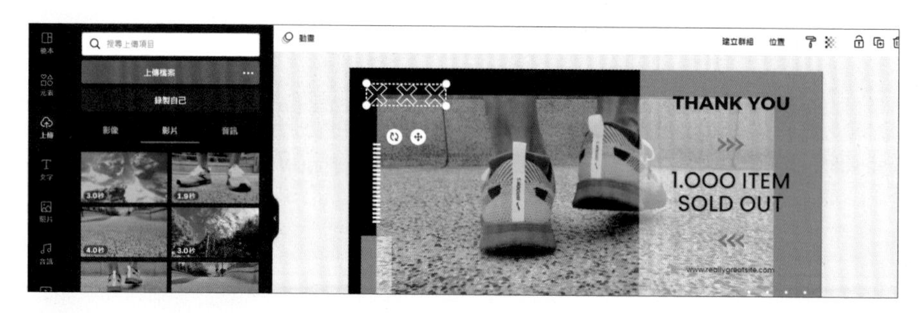

原始檔：<本書範例 \ Part05 \ 原始檔>

完成檔：<本書範例 \ Part05 \ 完成檔 \ 形象廣告影片.mp4>

5-1 品牌形象影片的重要性

開始製作品牌形象影片前，先了解什麼是品牌形象，和影片行銷所帶來的優勢與影響力。

關於品牌形象

什麼是品牌形象？舉凡品牌名稱、品牌 Logo、官方網站、社群...等，甚至文字用語或服務流程都是品牌形象的一部分，像是知名超商那句 "全家就是你家" 的口號，想表達的精神即是 "我們可以滿足消費者的任何需求，讓人人有賓至如歸的感覺"，傳遞 "以客為尊" 的品牌形象。

整體而言，品牌形象比較像是消費者在接收品牌釋出的各種資訊後，所產生的一種整體印象，因此一個好的品牌形象，不僅可以讓更多人記得，還可以創造知名度。

品牌形象影片的行銷優勢

品牌形象影片行銷的優勢包含以下幾點：

- **與傳統廣告比較，影片更能吸引大眾目光**：現代人幾乎每天滑手機的時間超過四個小時，透過手機傳播，影片行銷內容會像病毒般的快速散播，讓品牌形象深深烙印在客群心中。
- **透過影片具體傳遞品牌觸動人心的價值：**網路世代的行銷宣傳，不再僅是投入平面廣告，商業影片比圖片、文字更吸睛，一起跳脫框架，透過影片行銷的方式，將冗長文案濃縮成一段 30 秒的影片呈現，帶動品牌曝光及銷售效果。

- **品牌形象影片成功創造話題**：要快速抓住受眾目光，影片行銷儼然已成為各社群平台、媒體的主流，趕緊抓住這波風潮，才能發揮最大效果。

5-2 腳本構思

先結合活動的動態記錄，再帶入品牌宣傳與商品或服務內容，塑造出專業形象廣告。

作品搶先看

設計重點：

使用範本快速建立影片的片頭、片尾，接著加入 Canva 免費的照片、影片元素與自己準備的素材，最後再搭配文字、背景音訊、貼圖...等，完成品牌形象影片製作。

參考完成檔：

<本書範例 \ ch05 \ 完成檔 \ 形象廣告影片.mp4>

製作流程

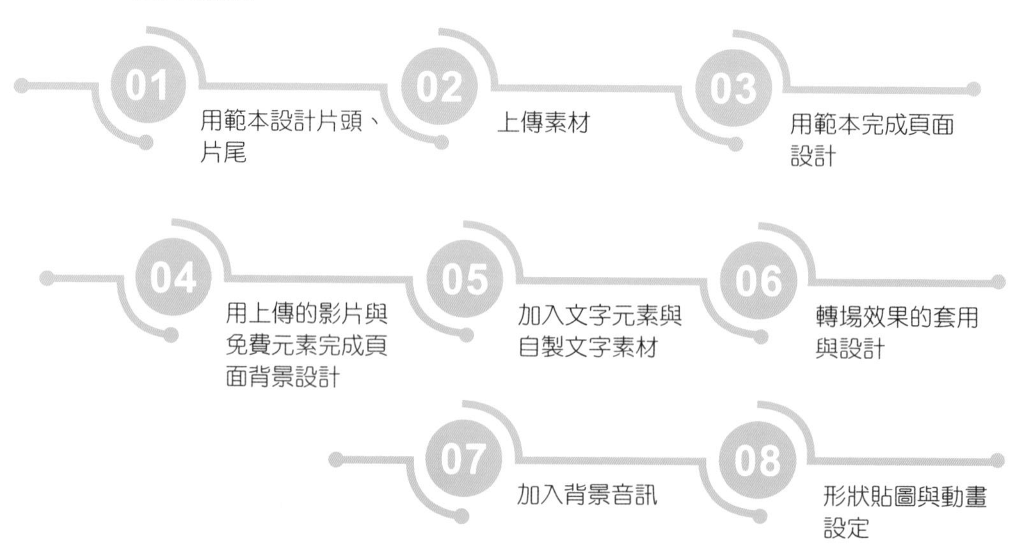

5-3 設計片頭、片尾提升品牌記憶度

片頭可以讓顧客一眼看出影片主題，也可加深對品牌的印象，再利用片尾強調關鍵重點，前後呼應的展現企業文化核心理念及企業形象。

建立新專案

有片頭與片尾設計的 YouTube 影片，能使整部影片更完整，能提升專業感。Canva 提供的 "YouTube 影片" 專案，除了標準的 16:9 影片尺寸外，還有其他片頭、片尾範本，很適合用於打造形象影片。

STEP 01 於 Canva 首頁上方，選按 **影片 \ YouTube 影片** (若無此項目可選按右側 > 展開更多)，建立一份新專案。

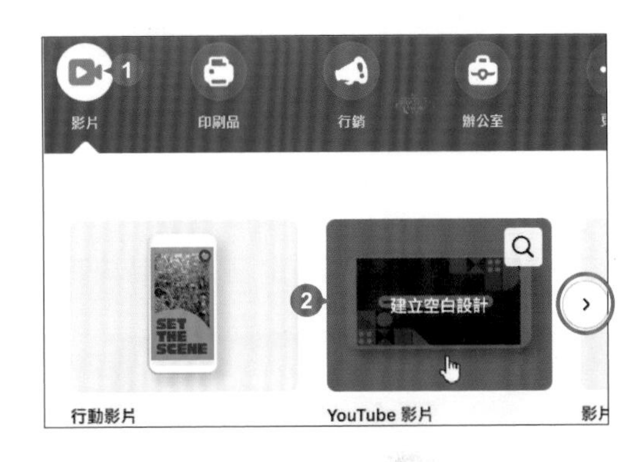

STEP 02 進入專案編輯畫面，於右上角 **未命名設計-影片** 欄位中按一下，將專案命名為「形象廣告影片」。

設計影片片頭

依以下步驟輸入關鍵字搜尋範本，若因 Canva 更新找不到相同範本，可開啟範例原始檔 <Part05 範本>，於瀏覽器開啟連結後，選按 **使用範本** 即可使用。

STEP 01 側邊欄會顯示 "YouTube 影片" 相關類型的範本清單，為了縮小搜尋範圍，輸入關鍵字「YouTube片頭 modern」，按 Enter 鍵開始搜尋，選按如圖範本。

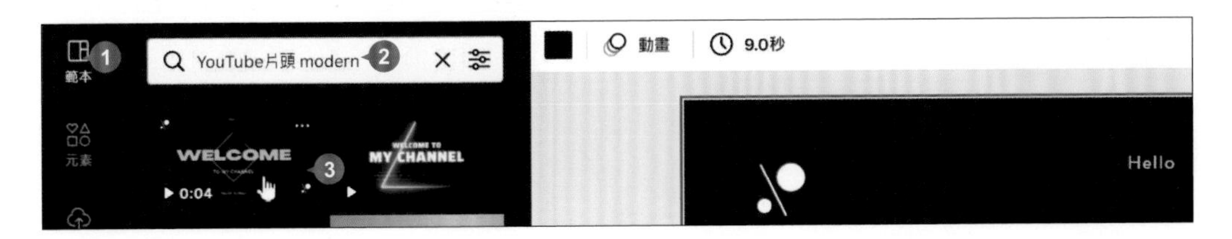

STEP 02 於頁面標題文字方塊上連按二下選取全部文字，輸入片頭標題文字。

STEP 03 選取標題文字方塊狀態下，工具列選按字型開啟側邊欄，清單中選按合適字型套用，此範例設定 **王漢宗特黑體**。

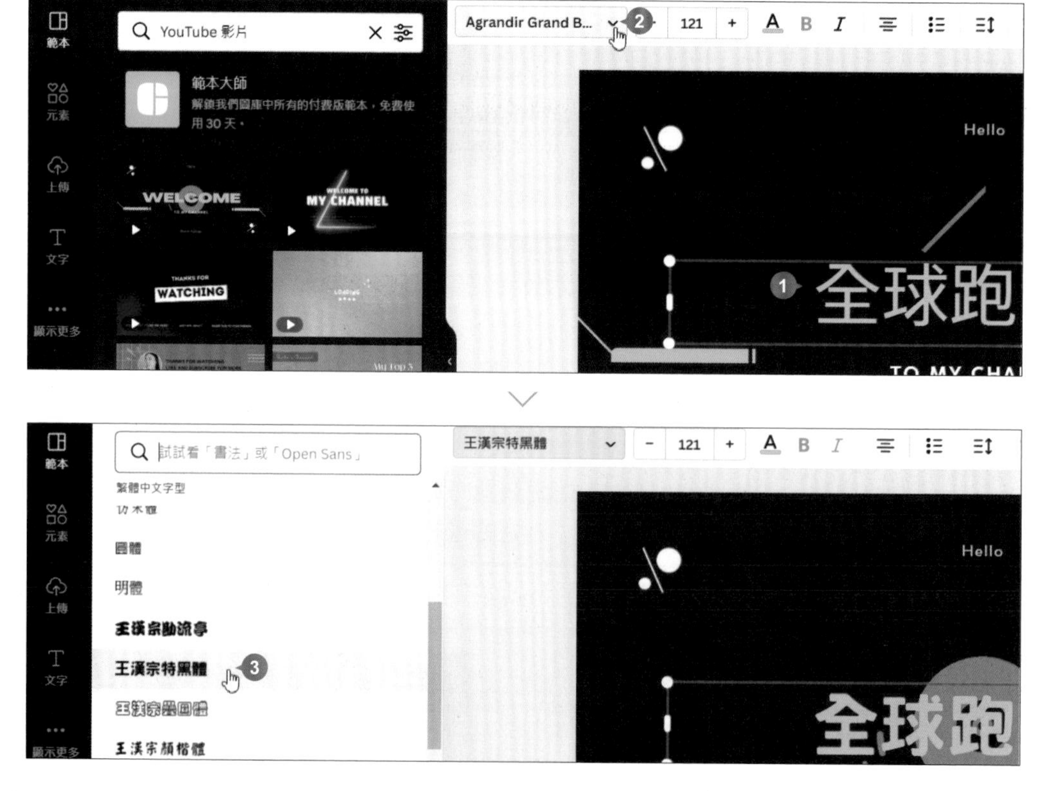

STEP 04 工具列選按 ☰↕，設定合適 **字母間距** (輸入需按 Enter 鍵才會生效)，空白處按一下關閉清單。

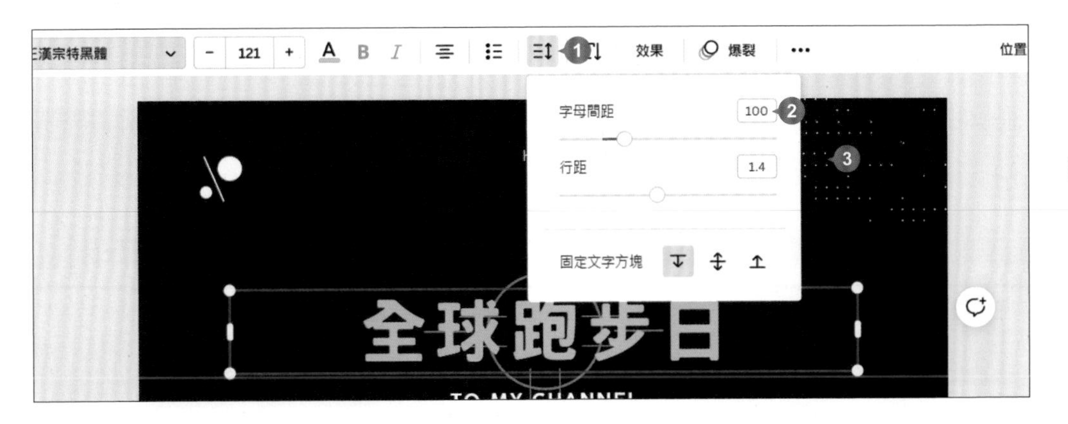

STEP 05 輸入副標題文字，再將滑鼠指標移至副標題文字方塊右側呈 ⟷ 狀，按 Alt 鍵不放，稍往右拖曳，會以文字方塊為中心點往左、往右同時調整，讓文字以一行呈現。

STEP 06 輸入下方小字，再於工具列選按 A 開啟側邊欄，選按 **白色** 為文字變更顏色，完成影片片頭文字編輯。

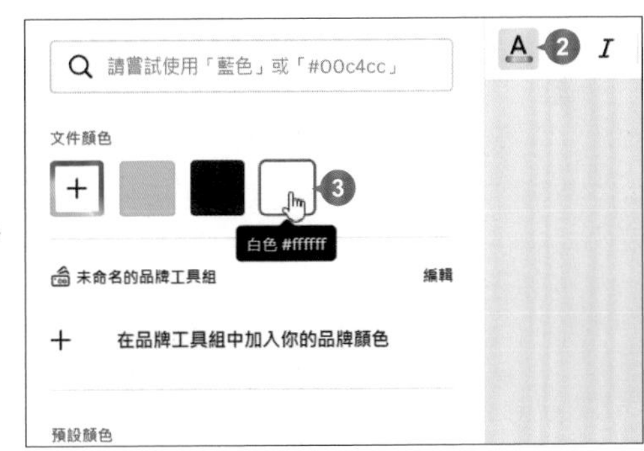

STEP 07 時間軸第 1 頁縮圖左下角選按秒數，工具列輸入 **時間選擇**：「5」，完成片頭影片長度設定。

設計影片片尾

STEP 01 側邊欄選按 **範本**，輸入關鍵字「YouTube片尾」，按 Enter 鍵開始搜尋，選按如圖範本。於對話方塊選按 **新增為新頁面** 鈕，會新增在時間軸並接續在第 1 頁右側。

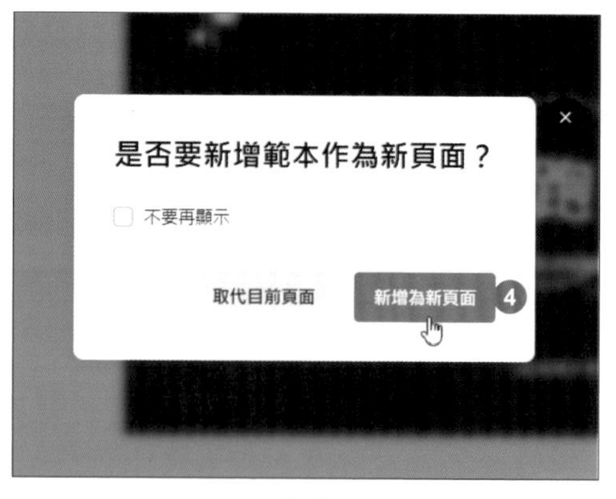

STEP 02 時間軸第 2 頁縮圖上按一下，輸入片尾標題與副標文字，並設定合適字型，此範例設定 **圓體**。

STEP 03 選取片尾標題文字方塊，工具列設定 **字型尺寸**。

STEP 04 選取標題文字方塊狀態下，工具列選按 ☰↕，設定合適 **字母間距** (輸入需按 Enter 鍵才會生效)，完成影片片尾文字編輯。

5-4 加入品牌專屬素材

形象影片可以加入：活動記錄、商品介紹、企業商標...等影片或照片素材，藉此傳遞企業理念，建立品牌價值。

上傳素材

STEP 01 側邊欄選按 **上傳** \ **⋯** \ **上傳** 開啟對話方塊，在範例原始檔資料夾，按 Ctrl + A 鍵選取所有檔案後，選按 **開啟** 鈕上傳至 Canva 雲端空間。

STEP 02 完成後，即可看到 **影像**、**影片**、**音訊** 三個標籤，上傳的項目就會依其性質分別儲存在各標籤當中。

套用指定配色的範本

STEP 01 時間軸第 1 頁與第 2 頁縮圖之間選按 + \ +，新增一空白頁面。

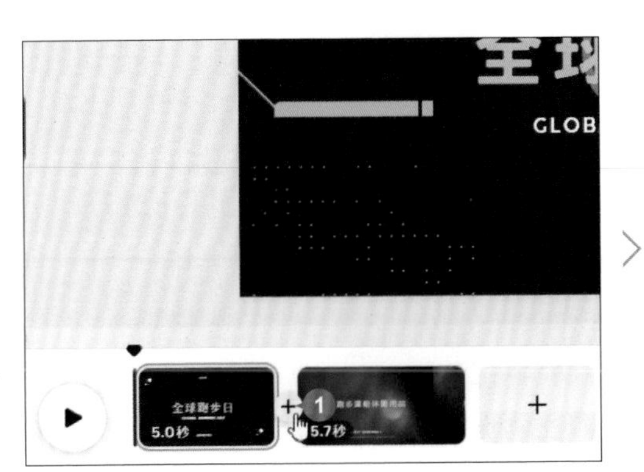

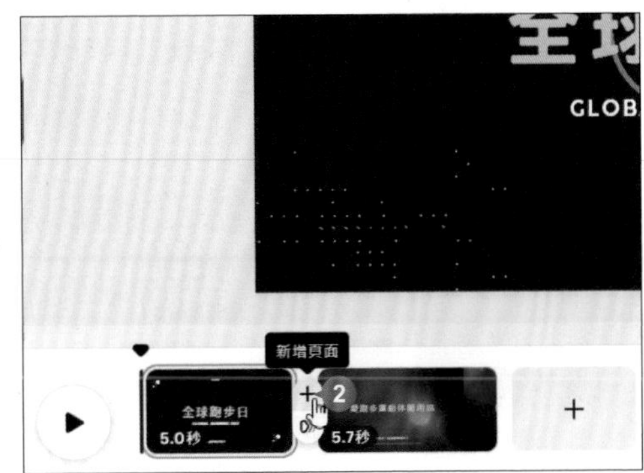

STEP 02 側邊欄選按 **範本**，輸入關鍵字「sport store」，按 Enter 鍵開始搜尋，選按如圖範本套用至第 2 頁。

STEP 03 滑鼠指標移至範本縮圖上，選按右上角 ··· 開啟資訊面板，捲動到最下方可以看到另一個配色表，選按 **僅套用樣式** 鈕即可改變範本配色。

小提示 隨機配色

如果不喜歡該配色樣式，可將滑鼠指標移至配色表上，選按 **隨機配色**，會以這 5 種色彩隨機搭配，透過選按找到合適的色彩組合。

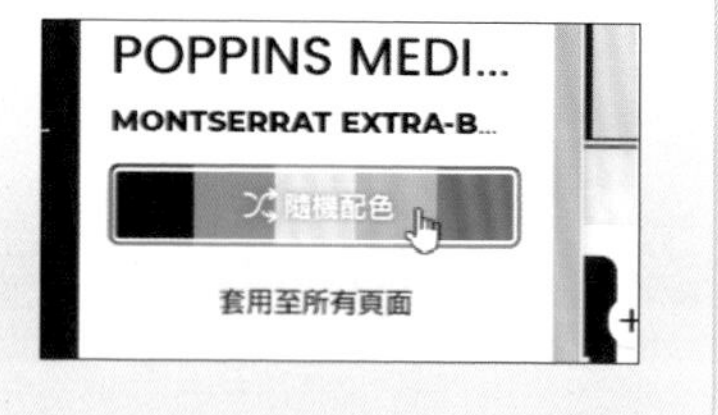

替換範本中的影片並調整版面

STEP 01 時間軸第 2 頁縮圖上按一下，側邊欄選按 **上傳 \ 影片** 標籤，參考下圖，於影片素材上按住滑鼠左鍵不放，拖曳至範本影本上放開，完成替換。

STEP 02 選取影片狀態下，工具列選按 **裁切**，將滑鼠指標移至左下角控點呈 ⤢ 狀，拖曳放大至如圖尺寸，凸顯影片主題並更接近畫面中央，然後選按 **完成**。

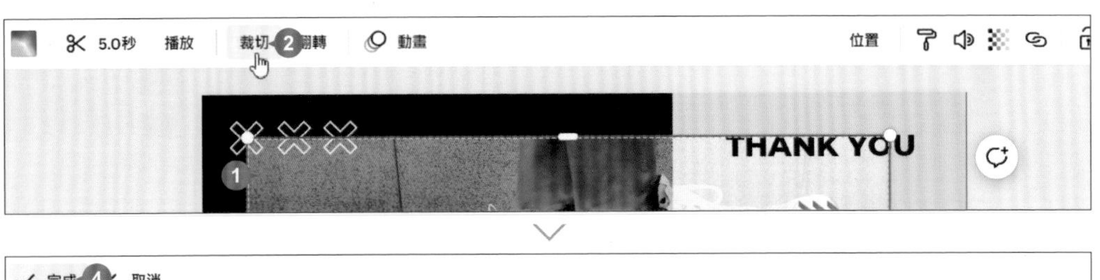

STEP 03 選取頁面右側矩形元素，工具列選按 ▒，設定 **透明度：50**，再依相同方法，分別將頁面左下角二個矩形元素設定 **透明度：50**。

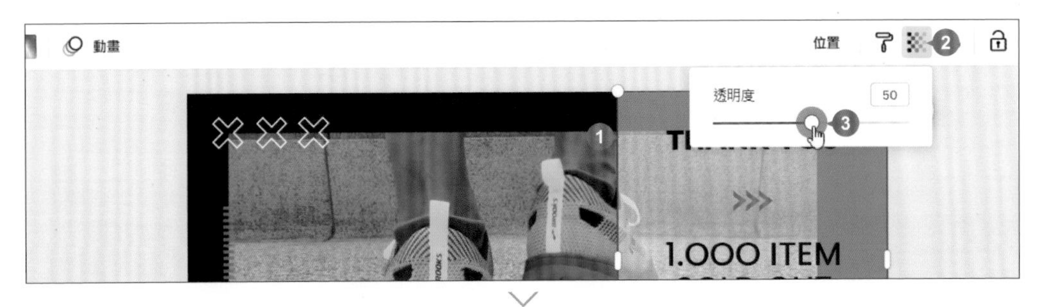

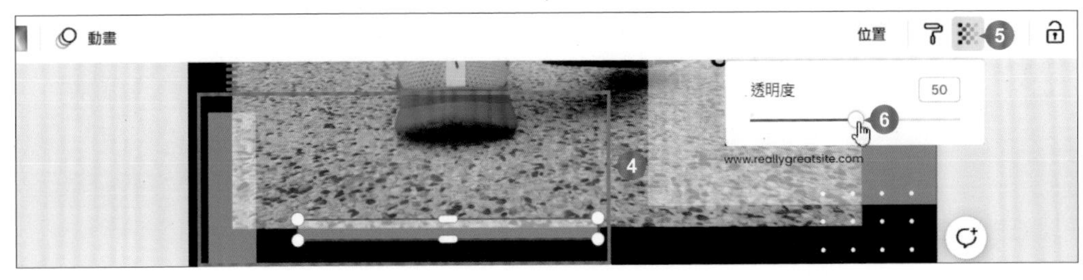

STEP 04 選取頁面左側如圖元素，工具列選按 開啟側邊欄，**文件顏色** 中選按合適顏色，此範例選按 **白色**。

STEP 05 最後選取頁面左上角如圖元素，再按 Del 鍵刪除 (這三個元素為付費項目，此範例設計中不需呈現)。

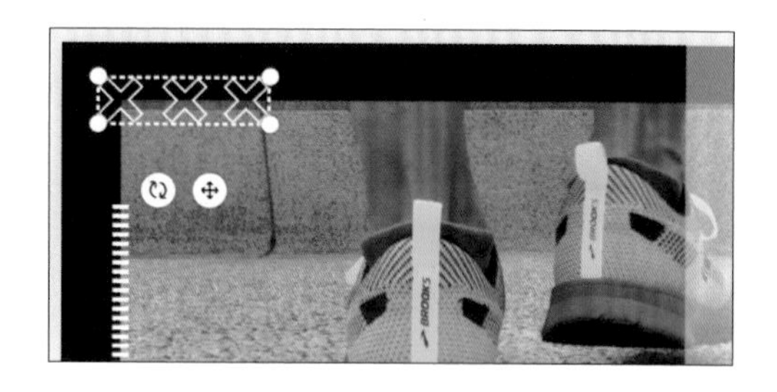

小提示 為什麼免費範本還需要付費？

Canva 部分免費範本會夾帶一些畫質較佳的影片、照片或其他元素，選取時若顯示 **移除浮水印** 字樣，代表此元素需付費。(專案中若含有付費元素，分享與輸出時需購買才能完成。)

修改範本文字

STEP 01 時間軸第 2 頁縮圖上按一下，分別替換標題、標語以及最下方的網址文字內容，再分別選取 "RUN"、"YOUR" 文字，設定 **字型尺寸**：**100**、**粗體**。

STEP 02 拖曳箭頭元素，會出現紫色置中對齊輔助線，調整擺放位置，再依相同方法完成其他文字方塊的移動。之後再分別選取文字方塊與箭頭元素，工具列選按 A 和 ，設定白色。

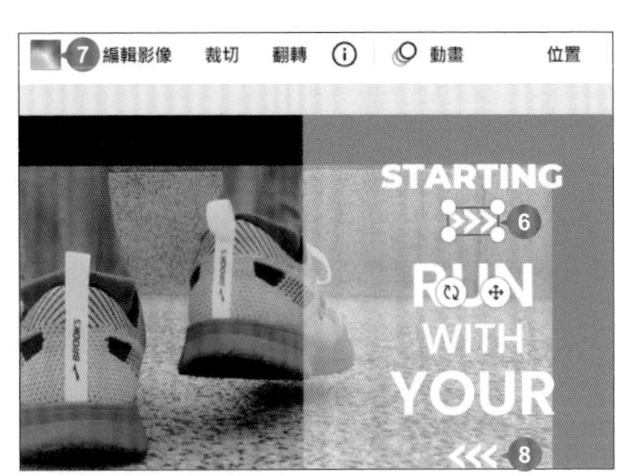

剪輯影片長度並靜音

STEP 01 時間軸第 2 頁縮圖上按一下，選取影片，工具列選按 。

STEP 02 影片左右二側顯示滑桿，透過拖曳設定影片開始與結束時間，左側滑桿調整影片開始時間 1.2 秒。(拖曳時可以看到影片即時預覽畫面)

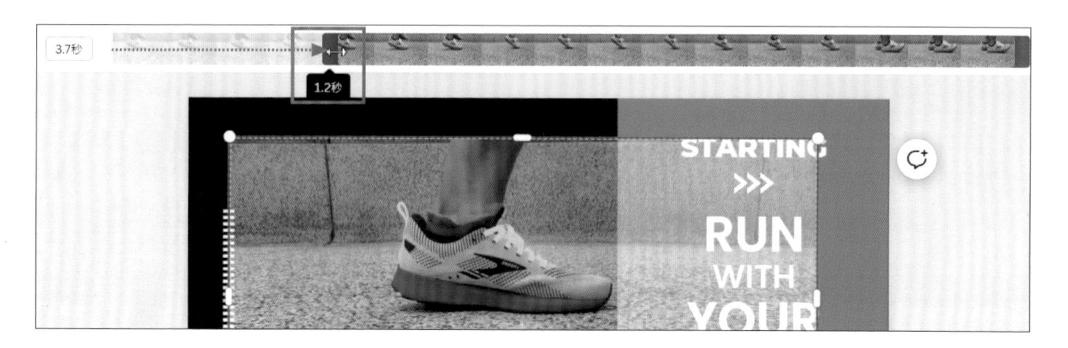

STEP 03 拖曳右側滑桿調整影片結束時間 4.3 秒，影片片長為 3 秒，選按 **完成**。(影片剪輯後，可以利用 ▶ 和 ❚❚ 預覽播放。)

STEP 04 最後工具列選按 🔈 \ 🔇，將影片設定為靜音。

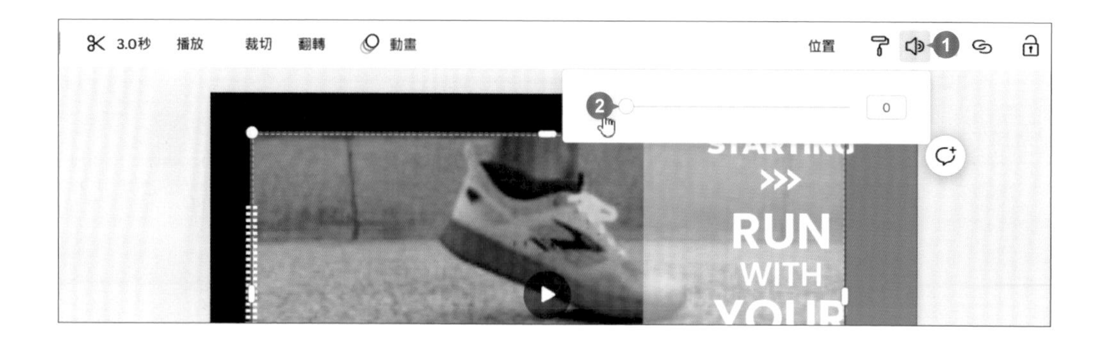

5-5 簡約又有質感的影片背景

除了使用範本完成影片設計，也可以直接將影片素材設定為頁面背景，讓形象影片看起來簡約，卻更具渲染力。

將影片設為頁面背景

STEP 01 時間軸第 2 頁縮圖上按一下，選按 + \ +，新增一空白頁面。

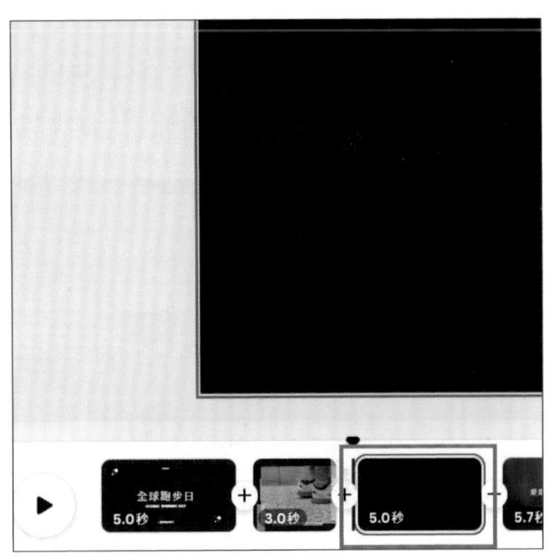

STEP 02 側邊欄選按 **上傳 \ 影片** 標籤，參考下圖，拖曳影片至頁面邊緣處放開，即可將影片放置於頁面背景。(如果拖曳放開的位置離頁面邊緣太遠，會變成一般插入動作。)

STEP 03 依相同方法，新增第 4 ~ 7 頁，參考下圖分別將 **影片** 標籤中的素材拖曳放置於各頁頁面背景，再將各影片靜音。

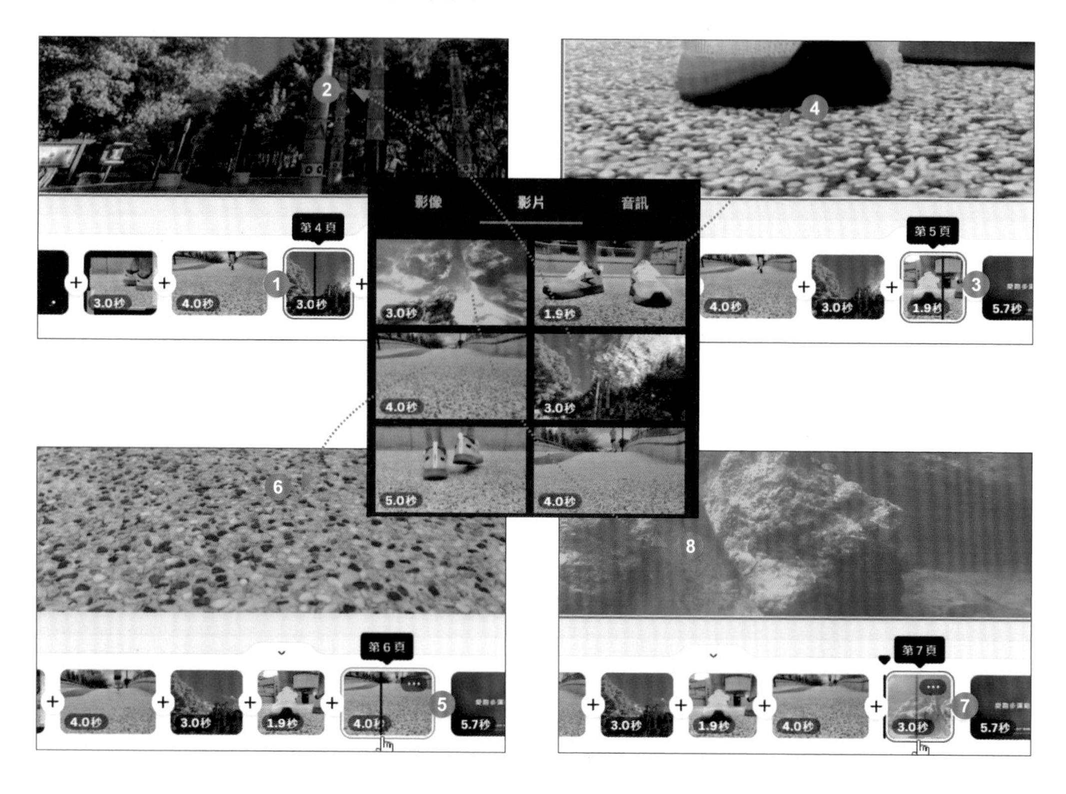

營造影片回放效果

第 5 頁是一段由右往左運鏡的短影片，為模擬影片回放效果，會將影片水平翻轉呈現。

STEP 01 時間軸第 5 頁縮圖上按一下滑鼠右鍵，選按 **複製 1 頁**，將此頁面複製產生第 6 頁。

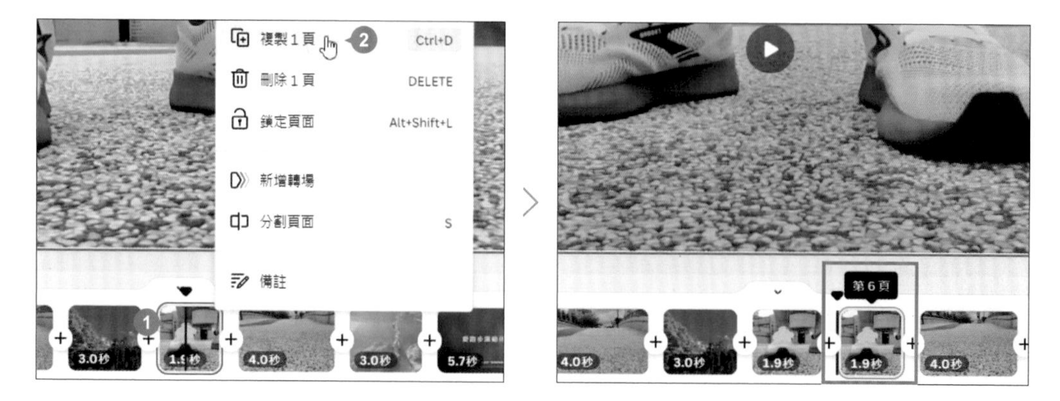

STEP 02 時間軸第 6 頁縮圖上按一下，先於空白處按一下取消選取，再於影片上按一下，工具列選按 **翻轉 \ 水平翻轉**，營造影片回放效果。

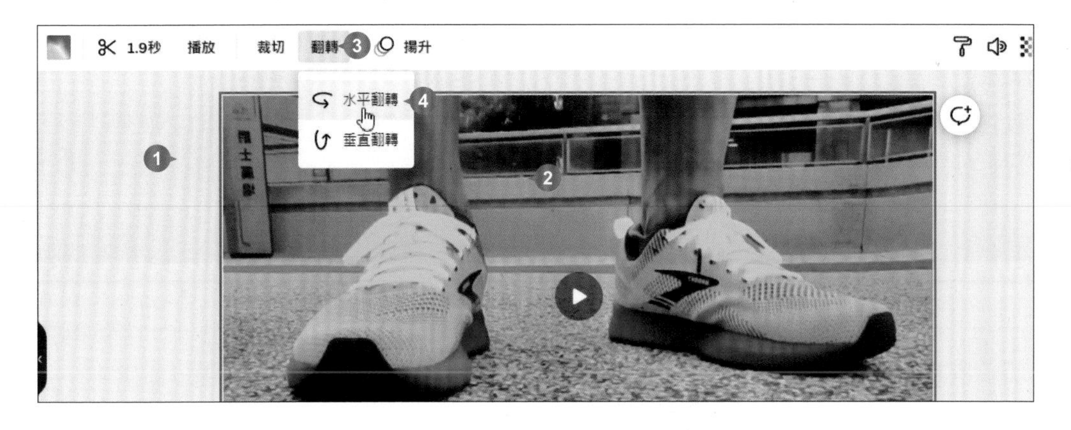

應用免費照片、影片元素

如果準備的照片、影片素材不足以撐起整部影片內容，可以利用 Canva 所提供的免費元素，加強影片豐富度。

STEP 01 時間軸第 6 頁縮圖上按一下，選按 + \ +，新增一空白頁面 (第 7 頁)。

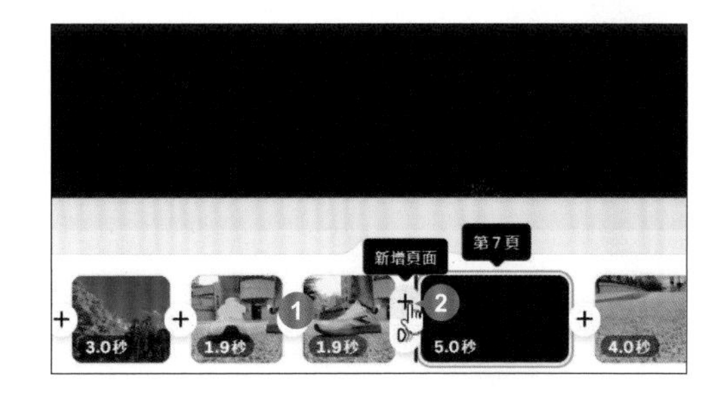

STEP 02 側邊欄選按 **照片**，輸入關鍵字「空拍道路」，按 Enter 鍵開始搜尋，參考下圖，拖曳該照片至頁面邊緣處放開，將照片放置於頁面背景。

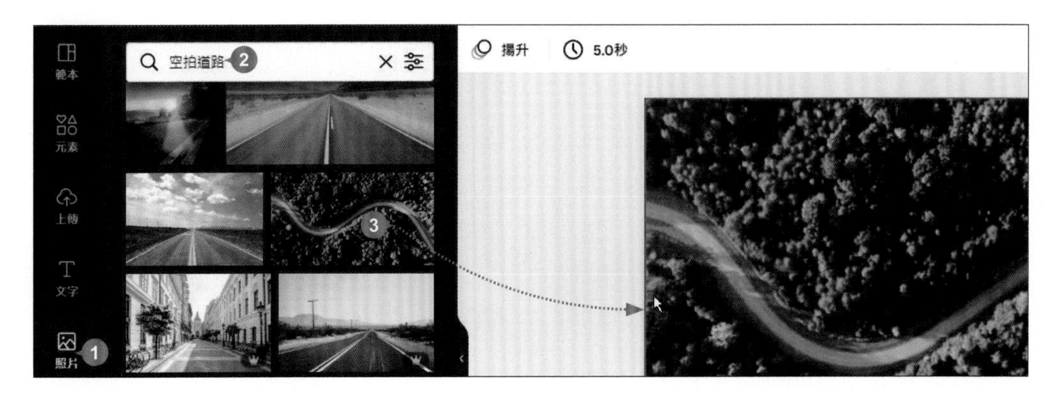

STEP 03 選取照片，工具列選按 **編輯影像** 開啟側邊欄。

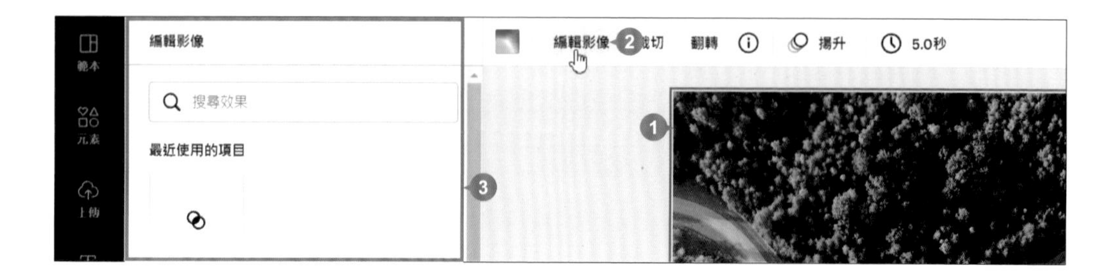

STEP 04 選按 **篩選器 \ 查看全部**，此範例選按 **Whimsical** 效果套用。(也可以利用 **調整** 項目設定照片 **亮度**、**對比度**...等細節，選按 **查看全部** 可以展開更多設定。)

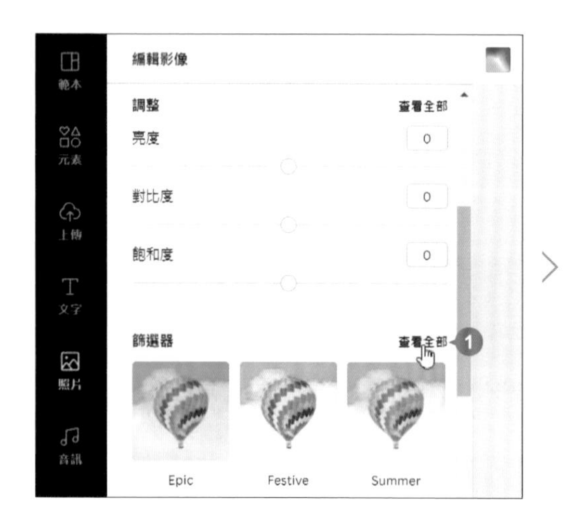

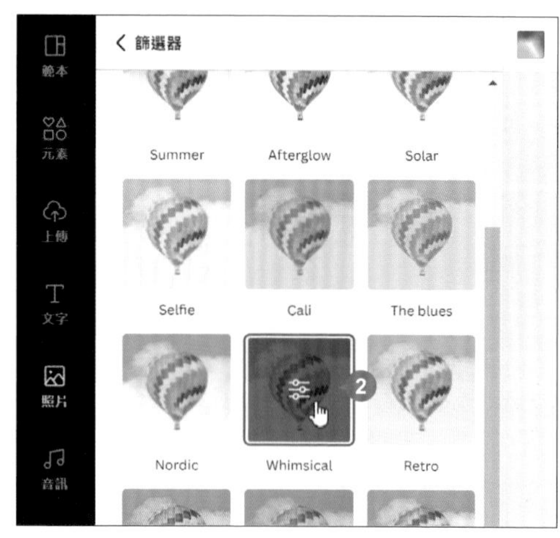

STEP 05 時間軸第 9 頁後新增第 10 頁、第 11 頁及第 12 頁，側邊欄選按 **影片**，參考下圖加入指定影片元素為頁面背景。

影片 元素：關鍵字「羽球」

影片 元素：關鍵字「單車」

影片 元素：關鍵字「boxer」

STEP 06 依 P5-16 相同方法，參考下圖，剪輯第 9 ~ 11 頁的背景影片時間長度 2.2 秒，第 12 頁時間長度 5.2 秒。

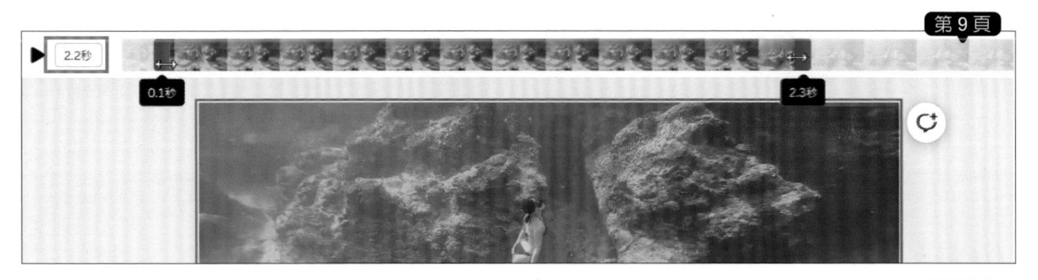

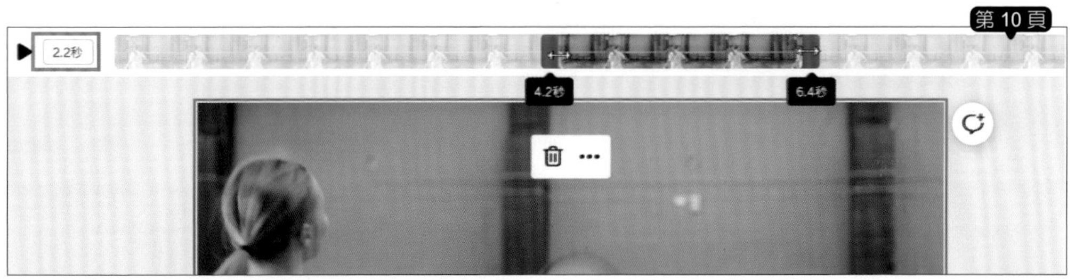

5-6 調整影片白平衡、亮度與更多視覺感受

利用 **編輯影片** 功能，不只能改變影片的色彩溫度，也能針對亮度、對比、暈影...等細節，做出最好的優化效果。

STEP 01 時間軸第 12 頁，先於空白處按一下取消選取，再於影片上按一下選取影片，工具列選按 **編輯影片** 開啟側邊欄，選按 **調整** 標籤。

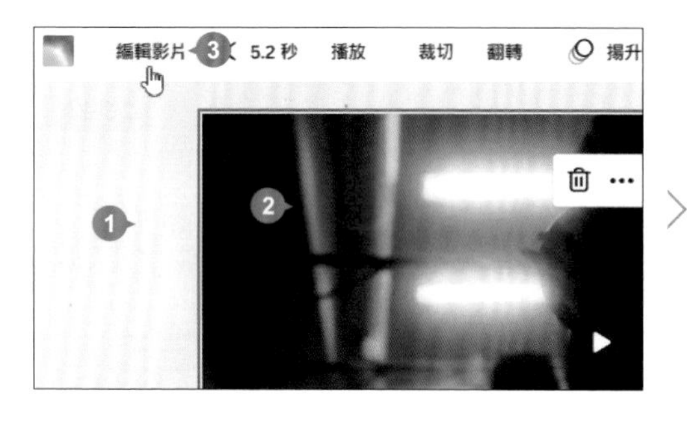

STEP 02 拖曳 **白平衡**：**溫暖** 滑桿可以改變影片色溫；拖曳 **淺色** 中的項目可以調整影片 **亮度**、**對比度**、**亮部**...等。

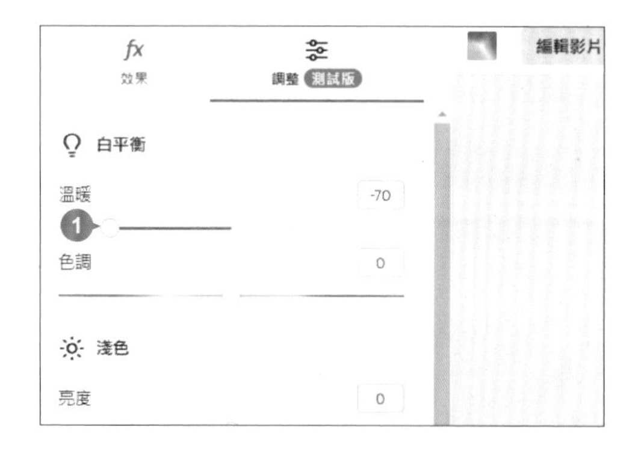

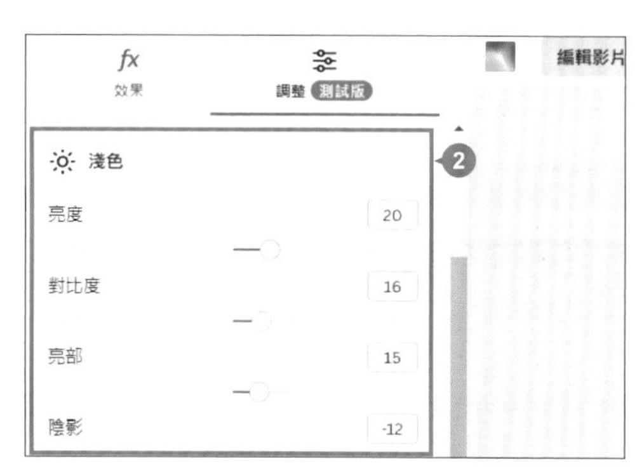

STEP 03 拖曳 **材質**：**暈影**，可以讓影片邊緣有一圈暗色漸層，形成一種特殊的濾鏡效果。

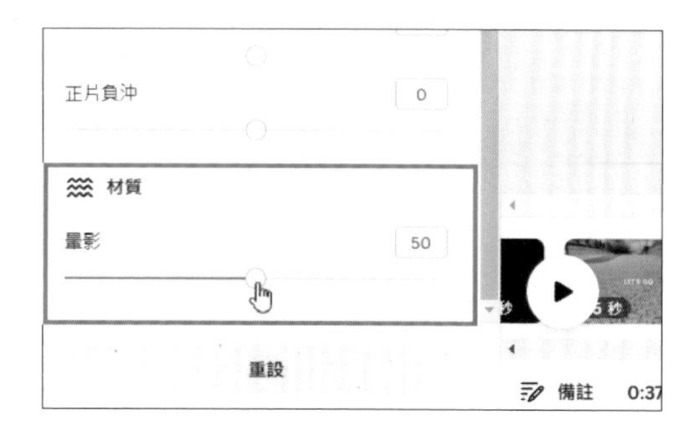

5-7 增添標題強調影片關鍵重點

影片是最強而有力的訊息傳播媒介，適當的加入文字，不僅可以緊緊抓住觀眾的注意力，也不會讓影片過於單調。

加入預設文字元素與組合

基本影片放置完成後，可點綴文字讓主題更加明顯。

STEP 01 時間軸第 3 頁縮圖上按一下，側邊欄選按 **文字**，此範例選擇如下圖字型組合 (關鍵字 cold)。

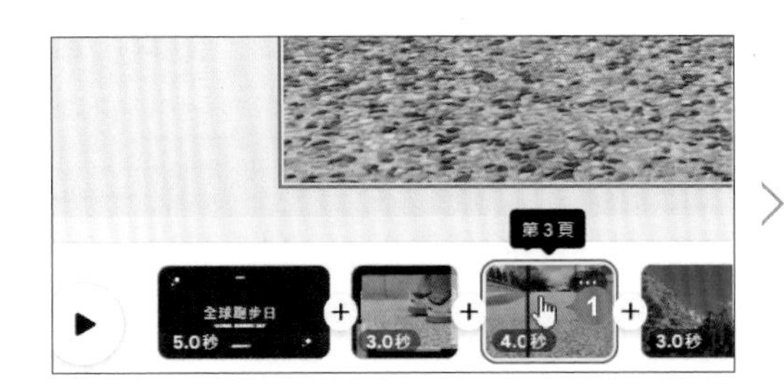

STEP 02 將插入的字型組合拖曳至頁面左下角如圖位置，按一下滑鼠右鍵，選按 **取消群組**。

STEP 03 輸入文字內容「Are you Ready, Now」(利用 Enter 鍵分段)，接著將另一個較小的文字方塊拖曳至如圖位置，輸入「你，準備好了嗎？」，並設定 **字型**：**圓體**、**字型尺寸**：**36**、**字母間距**：**350**。

STEP 04 時間軸第 7 頁縮圖上按一下，參考下圖，於頁面插入字型組合 (關鍵字 price)。

輸入文字內容「JUST RUNNING」與「跑，就對了...」，分別設定 **字型尺寸：120**、**對齊：置中**、**字母間距：50**；**字型：圓體**、**字型尺寸：64**、**對齊：置中**，調整文字方塊寬度，並拖曳字型組合擺放至頁面正中央。

STEP 05 時間軸第 8 頁縮圖上按一下，側邊欄選按 **文字 \ 新增副標題**，於頁面插入文字方塊。

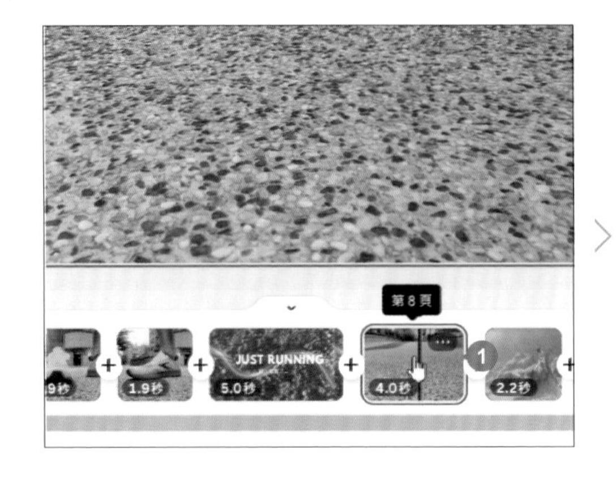

輸入文字內容「LET'S GO」，設定 **字型**、**字型尺寸**：**64**、**白色**、**粗體**、**對齊**：**置中**、**字母間距**：**50**，再拖曳文字方塊擺放至頁面正中央。

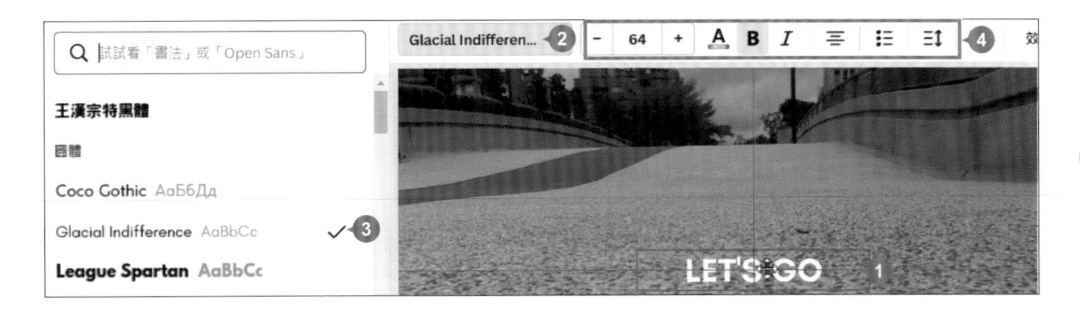

STEP 06 時間軸第 6 頁縮圖上按一下，參考下圖，於頁面插入字型組合。

輸入標題與副標題文字內容，並設定 **字型**：**圓體**、**字型尺寸**：**100** 與 **40**、**白色**，調整文字方塊寬度後，再拖曳擺放至如圖位置，接著於文字方塊上按一下滑鼠右鍵，選按 **複製**。

STEP 07

時間軸第 5 頁縮圖上按一下，於頁面上按一下滑鼠右鍵，選按 **貼上**，貼上剛剛複製的文字方塊，再選取下方的標題文字方塊，選按 🗑 刪除該元素，設計出 5、6 二頁文字方塊接續出現的動畫效果。

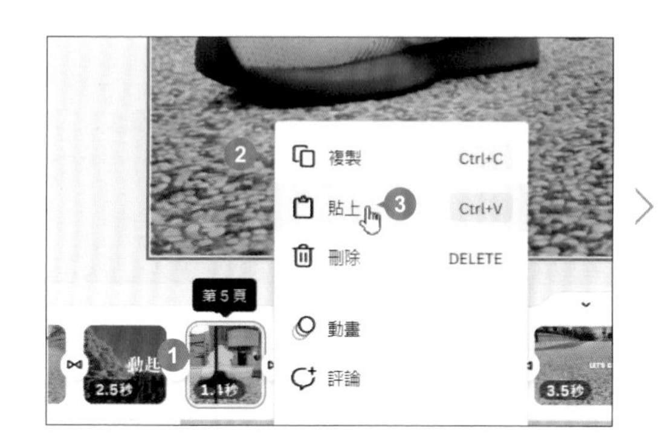

STEP 08

時間軸第 9 頁縮圖上按一下，參考下圖，於頁面插入文字組合，輸入標題與副標題文字內容，並設定 **字型**：**圓體**、**字型尺寸**：**96** 與 **30**、**白色**，調整文字方塊寬度後，再拖曳擺放至頁面左下角。

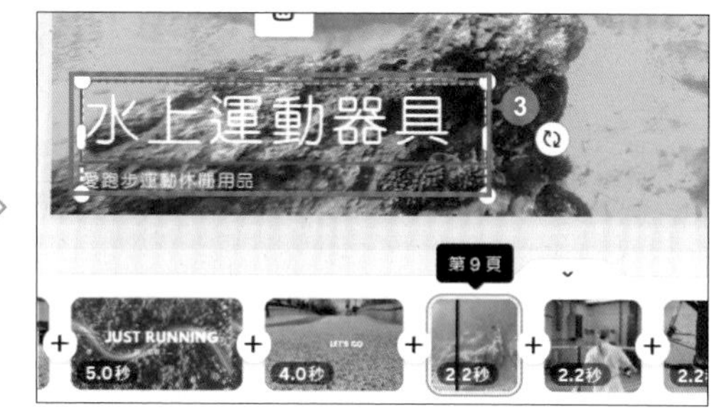

STEP 09

複製第 9 頁的文字方塊，分別在第 10、11 頁貼上，再參考下圖，輸入相關文字與調整。(或開啟範例原始檔 <形象廣告影片.txt> 進行複製與貼上)。

自製指定字型文字元素

Canva 雖然有許多字型可以運用，但在免費版本下中文字型資源較少，在此示範搭配 Office 軟體製作文字元素，方便影片中更靈活的呈現合適字型。

STEP 01 開啟 Office PowerPoint 軟體，建立一個空白簡報，於文字方塊中輸入欲使用文字內容，設定好字型大小與色彩後，於文字方塊上按一下滑鼠右鍵，選按 **另存成圖片** 開啟對話方塊，選擇存檔的資料夾，輸入 **檔案名稱** 並設定 **存檔類型**：**PNG 可攜式網路圖形 (*.png)**，選按 **儲存** 鈕。

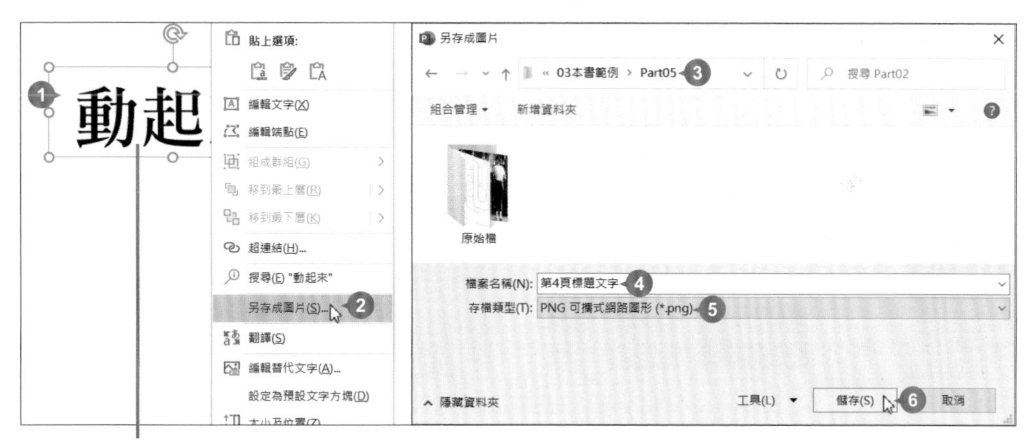

此範例輸入「動起來」，設定 **字型大小**：**60**，色彩為 **白色**。建議先把文字方塊調整到符合內容寬度再存成圖片，可以避免輸出後，圖檔留白的部分太多。(輸出會以文字方塊的大小為主)

STEP 02 回到 Canva 專案編輯畫面，時間軸第 4 頁縮圖上按一下，依 P5-10 相同方法，上傳自製文字素材，側邊欄 **影像** 標籤會看到縮圖，選按即可插入頁面中，再縮放大小並拖曳至頁面正中央，完成自製文字元素使用。

5-8 轉場效果讓影片播放更流暢

轉場可以在影片片段轉換時，讓畫面之間的關聯更加緊密與流暢，賦予影片另一種鮮明的動感。

加入預設轉場效果

Canva 預設提供幾種基本轉場，如 **溶解**、**滑動**、**圓形擦除**...等，以下將示範如何快速套用。

STEP 01 時間軸第 1 頁縮圖右側選按 + \ ⊳ 開啟側邊欄。

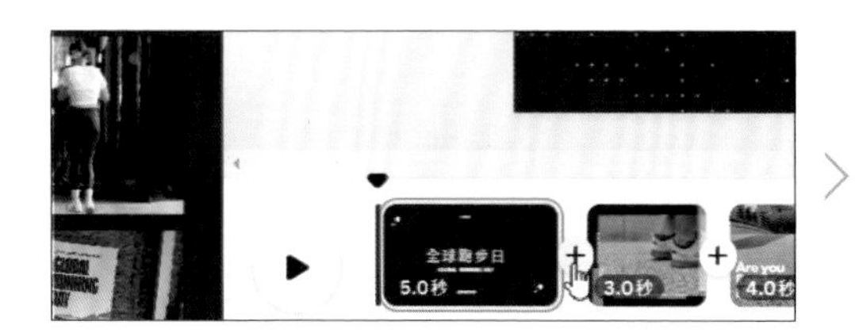

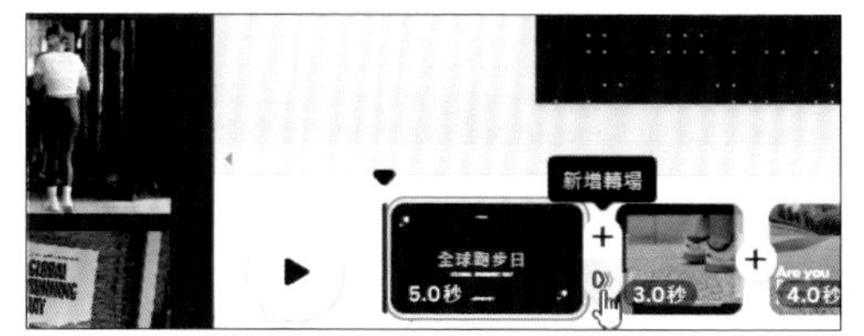

STEP 02 將滑鼠指標移至轉場縮圖上可預覽效果，選按合適的效果即可套用 (此範例套用 **溶解**)，再選按 **套用至所有頁面** 鈕，即可將該轉場套用至全部頁面。

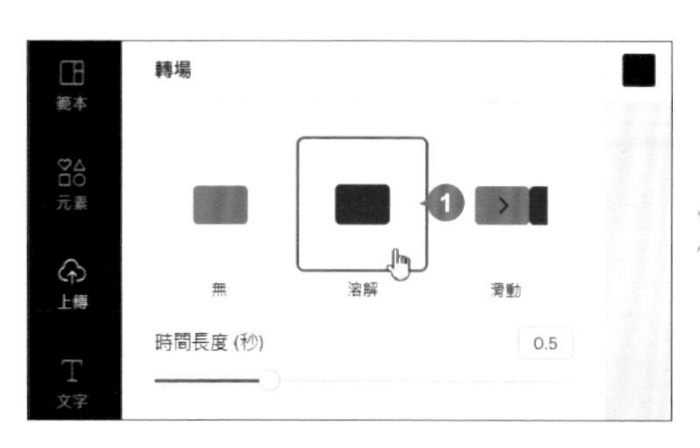

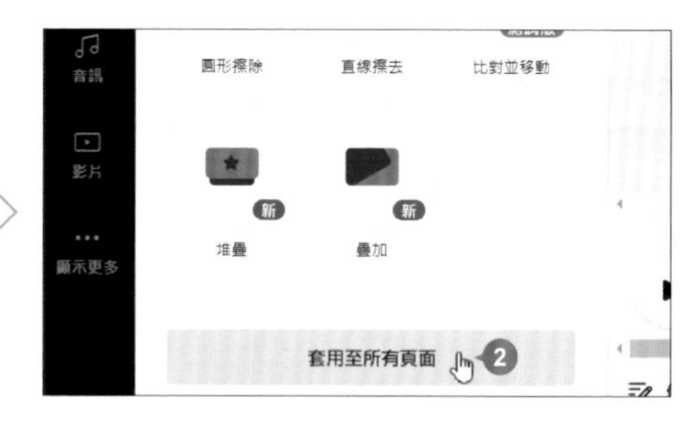

完成後，在時間軸每個縮圖之間看到 ⋈，表示所有頁面均已經套用了轉場效果。

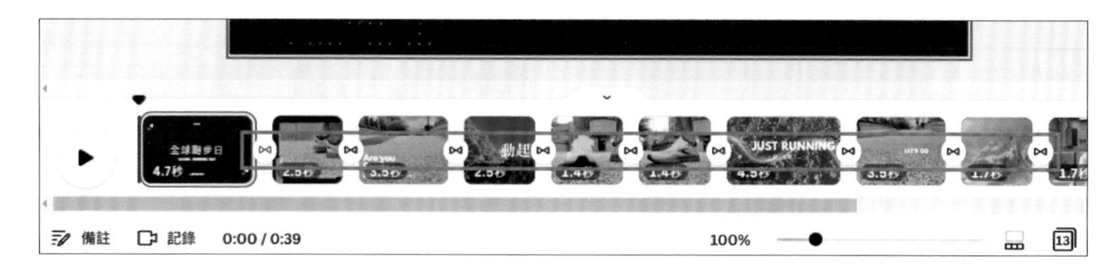

小提示 轉場的變更與編輯

變更轉場效果：時間軸縮圖之間選按 ⋈ \ ⋈ 開啟側邊欄，清單中再選按其他轉場效果即可變更。

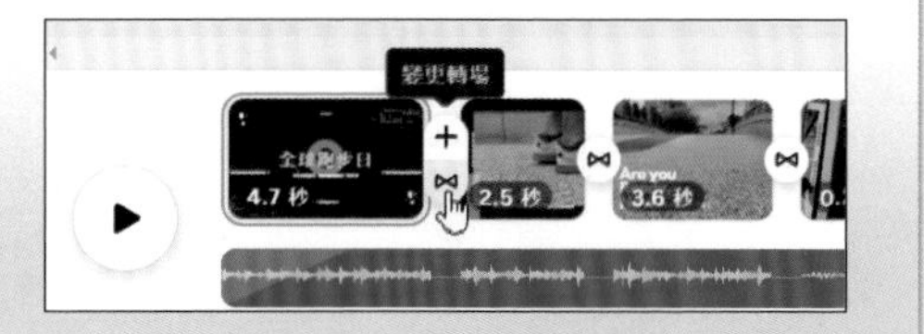

編輯轉場時間或效果：拖曳轉場效果下方 **時間長度 (秒)** 的滑桿可以設定時間長度；依不同的轉場效果還會有 **方向**、**顏色**、**起始點**...等其他調整項目可以設定。

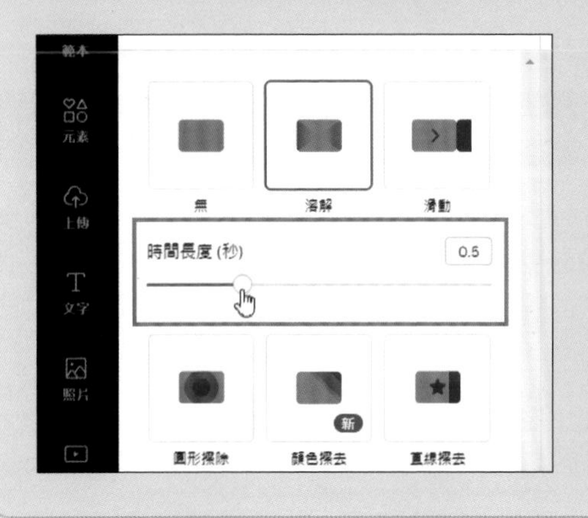

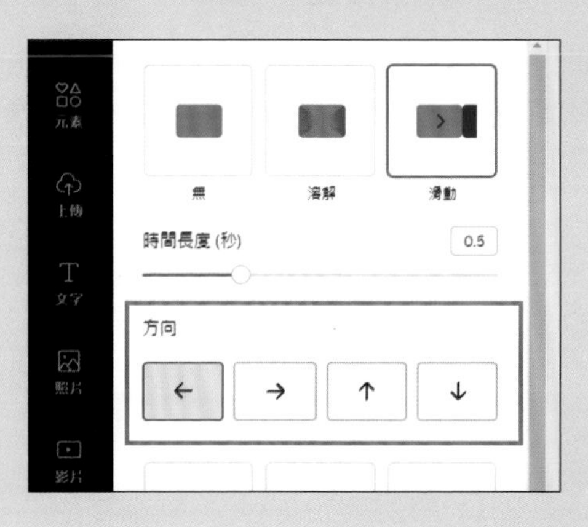

設計畫面疊加轉場效果

除了預設的轉場效果，也可運用照片設計簡單的畫面疊加轉場效果，以下將示範二組，分別運用相似的設計方式結合照片呈現別具特色的轉場。

STEP 01 時間軸第 3 頁縮圖後方新增三頁空白頁面，三頁空白頁面前、後轉場 (共四處) 均設定為 **溶解**。

STEP 02 側邊欄選按 **上傳 \ 影像** 標籤，參考下圖，分別將照片素材拖曳至第 4 頁、第 5 頁，放置於頁面背景。

STEP 03 側邊欄選按 **照片**，輸入關鍵字「空拍城市」，按 Enter 鍵開始搜尋，參考下圖，將照片拖曳至第 6 頁，放置於頁面背景。

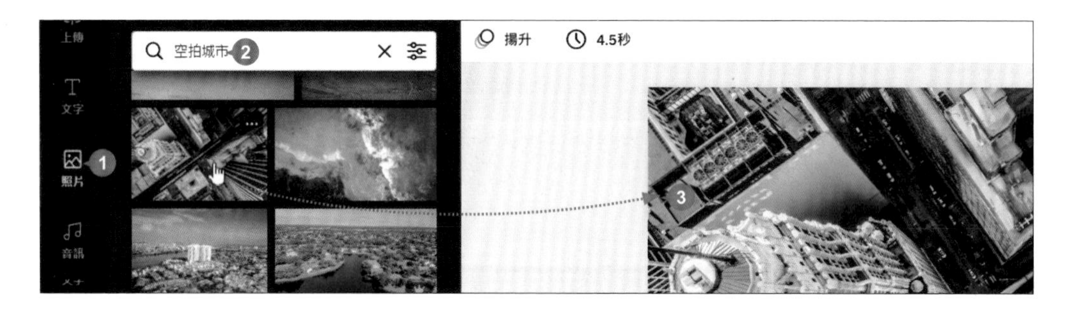

STEP 04 參考 P5-8 相同方法，分別為第 4 ~ 6 頁設定 0.3 秒的時間長度，完成第一組組合式轉場效果設計。播放時這三個頁面會轉瞬間一一帶入，形成類似畫面疊加的效果。

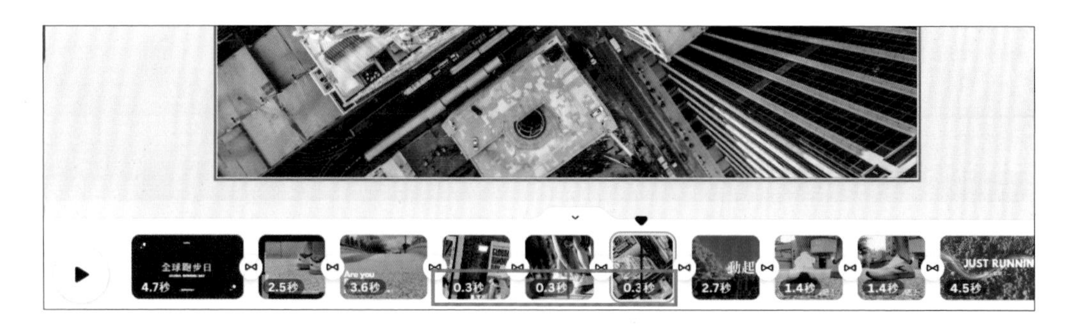

STEP 05 依相同方法，參考下圖新增第 10 ~ 15 頁面，先佈置頁面背景與轉場效果。

第 10 頁

照片 元素：關鍵字「朋友」，轉場：**溶解**

第 11 頁

照片 元素：關鍵字「people cheering」，轉場：**溶解**

第 12 頁

照片 元素：關鍵字「silhouette of people」，轉場：**溶解**

第 13 頁

照片 元素：關鍵字「topless man」，轉場：**溶解**

第 14 頁

選按 **上傳 \ 影像** 標籤，轉場：**溶解**

第 15 頁

照片 元素：關鍵字「跑步女孩」，轉場：**溶解**

STEP 06 參考下圖，為這幾頁組合式轉場設計分別加入文字方塊並設定標題、副標題如圖設計與擺放，另外使用 **裁切** 功能為照片裁切出合適的影像內容。

字型：League Sartan，字型尺寸：120

第 10 頁

第 11 頁

第 12 頁

第 13 頁

第 14 頁

第 15 頁

字型：圓體，字型尺寸：48

此頁只裁切，不插入文字

STEP 07 最後為第 10~15 頁設定 0.2 秒的時間長度，完成第二組組合式轉場效果設計。播放時這六個頁面會轉瞬間一一帶入，形成類似畫面疊加轉場效果。

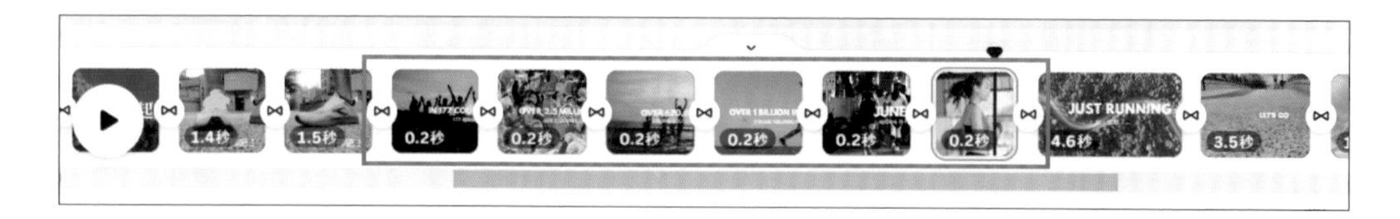

延遲轉場效果

由於 Canva 的轉場效果無法設定時間長度，頁面轉場時都是前一頁緊臨著下一頁出現，這樣的視覺效果顯得有點緊湊；這時如果在頁面之間加入一或多頁單色頁面，可產生延遲轉場的效果。

STEP 01 依相同方法，時間軸上新增第 17、19、20、25、26 空白頁面，設定轉場效果為 **溶解** 以及各頁的時間長度。

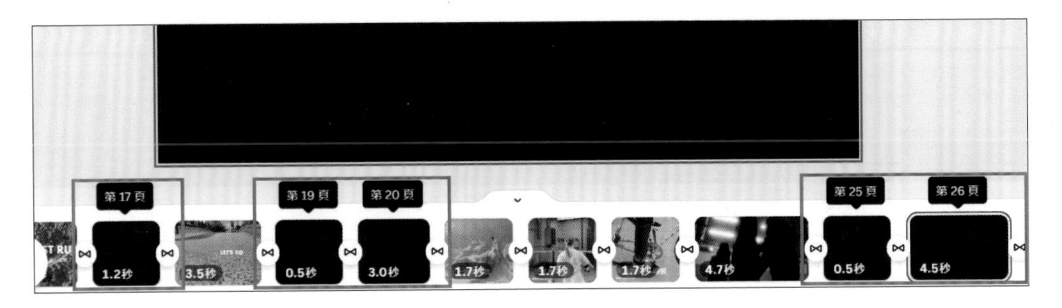

STEP 02 參考下圖，分別在第 20、26 頁加入文字方塊，設定 **字型**、**字型尺寸**、**字母間距**...等效果，完成延遲轉場效果的設計。

字型：王漢宗特黑體，字型尺寸：68
字母間距：200

字型：Glacial Indifference，字型尺寸：38
字母間距：34、透明度：60

字型：圓體，字型尺寸：48
字母間距：800

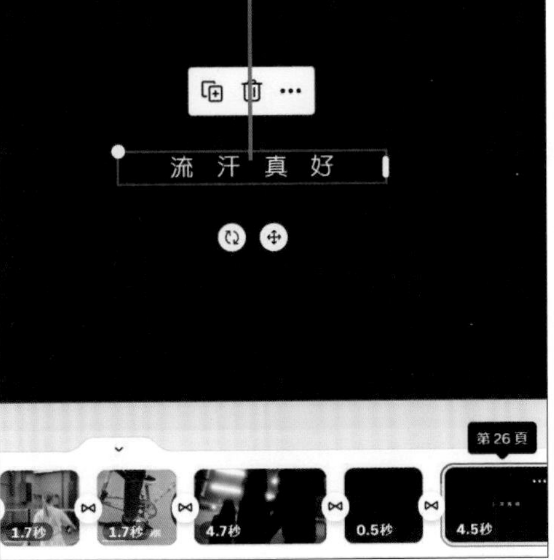

Part 05 用影片打造品牌影響力

套用凸顯轉場張力的頁面動畫

前面設計的二組畫面疊加轉場效果以及延遲轉場效果，為了讓播放感受更為流暢且更具張力，以下稍加調整頁面動畫效果的搭配。

STEP 01 時間軸第 4 頁縮圖上按一下，選取背景照片，於工具列選按 (如有套用動畫右側會出現動畫名稱) 開啟側邊欄，選按 **照片動向 \ 照片縮小**。

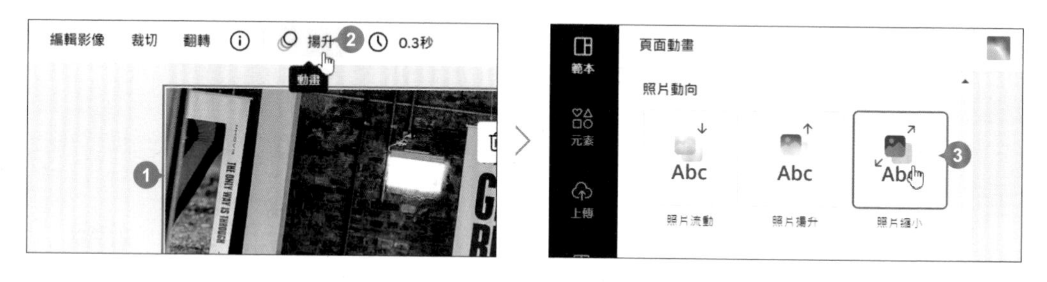

STEP 02 依相同方法，分別在第 5、6 頁設定 **照片縮小** 動畫。

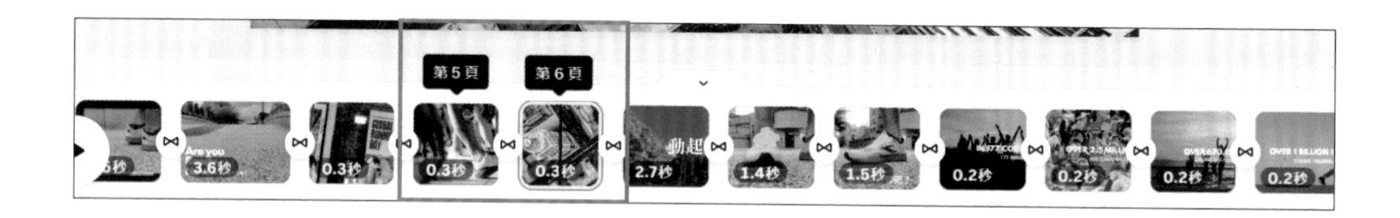

STEP 03 依相同方法，分別設定第 10~15 頁 **頁面動畫** 為 **照片縮小**，第 20 及 26 頁 **頁面動畫** 為 **淡化**。

5-9 用背景音訊加強影片特色

背景音訊絕對是影片中一個重要的構成元素，挑選適合品牌或與影片特色、風格一致的音訊，增強形象行銷記憶點。

STEP 01 將 ▼ 拖曳至時間軸最前方，側邊欄選按 **音訊**，輸入關鍵字「ukulele song」，找到並選按如圖音訊，產生在時間軸。

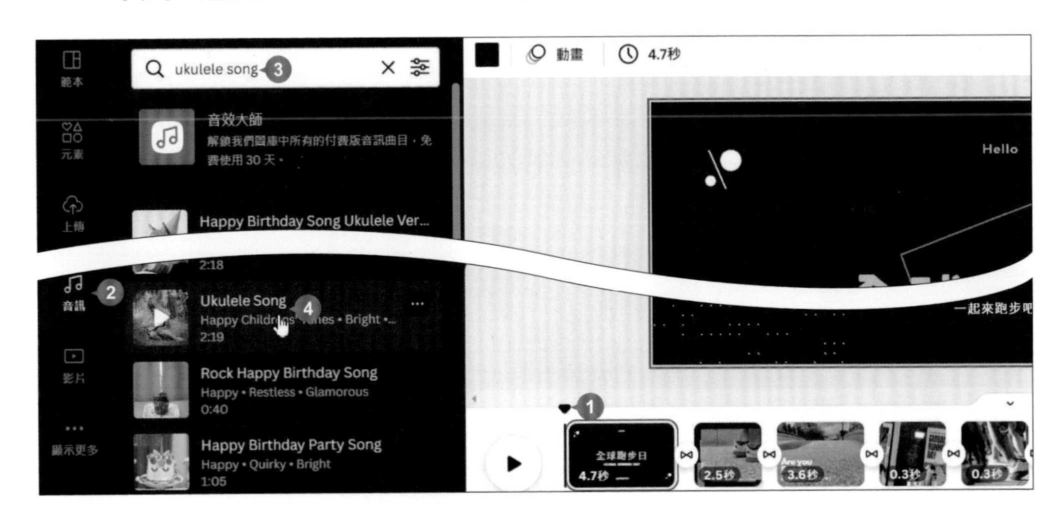

STEP 02 工具列選按 **音效** 開啟側邊欄，設定 **淡入：3.0 秒**、**淡出：3.0 秒**，讓背景音訊呈現慢慢大聲開始播放、慢慢小聲結束播放的效果。

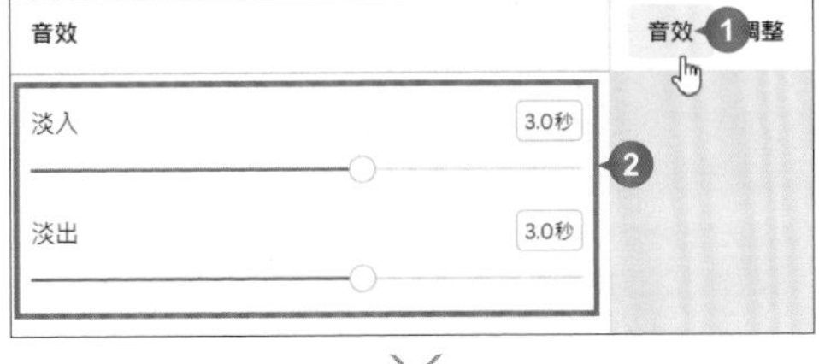

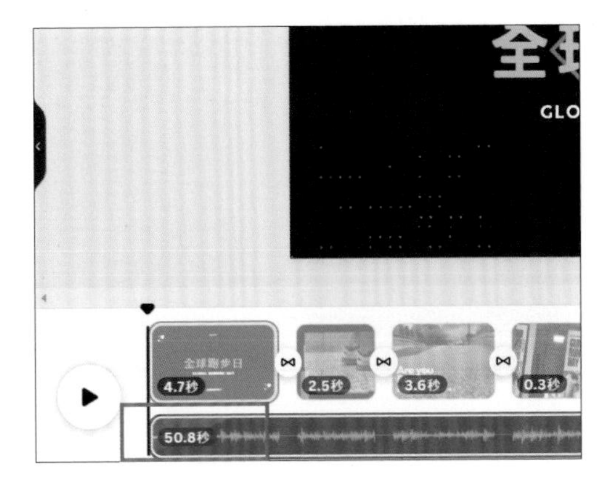

5-10 貼圖與動畫提升層次感

最後利用 **元素** 中的貼圖點綴頁面，讓視覺觀感能有更好的表現，完成整部影片的製作。

STEP 01 時間軸第 7 頁縮圖上按一下，側邊欄選按 **元素 \ 貼圖 \ 形狀貼圖**。

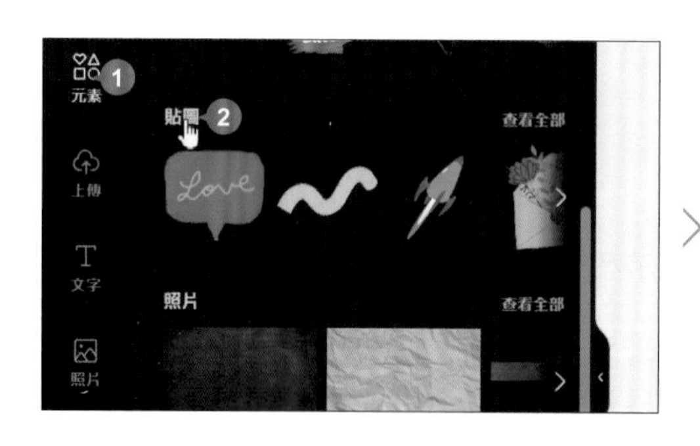

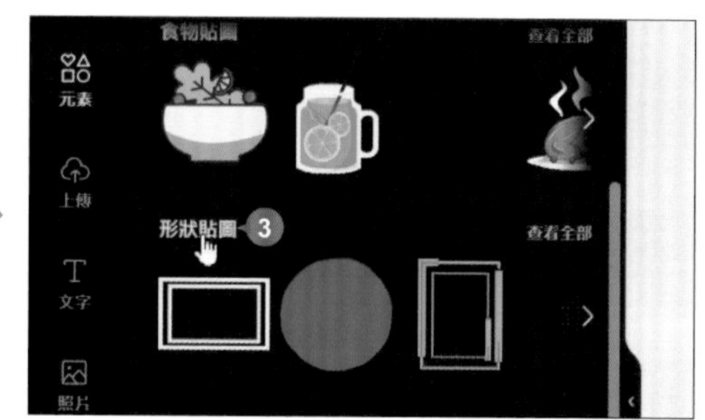

選按合適的貼圖插入，再依 P5-34 相同方法，設定 **元素動畫** 為 **基本 \ 淡化**，**動畫**：**進入時**。

STEP 02 依相同方法，在第 27 頁插入一個 **形狀貼圖**，設定 **元素動畫** 為 **基本 \ 淡化**，**動畫**：**進入時**；再插入一個 **社交媒體貼圖**，縮放大小並調整至如圖位置擺放，如此一來片尾呈現更具層次感。

到此即完成形象廣告影片製作，相關輸出與上傳社群的方法可參考 Part 11。

媒體平台橫幅設計

推廣活動

學習重點

"推廣活動影片" 主要學習自訂尺寸、修改範本配色、編輯文字與照片、套用動畫、形狀的建立與編輯、複製頁面...等功能。

- ☑ 讓商品影片發揮最佳宣傳力
- ☑ 建立新專案
- ☑ 套用範本頁面與變更配色
- ☑ 活動訊息的輸入、對齊與群組
- ☑ 替換照片
- ☑ 複製產生多個元素
- ☑ 設定文字動畫
- ☑ 設定照片動畫與對齊
- ☑ 形狀建立與調整
- ☑ 文字輸入與調整
- ☑ 形狀複製與調整
- ☑ 複製頁面
- ☑ 文字佈置重點
- ☑ 照片佈置重點

原始檔：<本書範例 \ Part06 \ 原始檔>

完成檔：<本書範例 \ Part06 \ 完成檔 \ 推廣活動影片.mp4>

6-1 打造吸睛又高效的橫幅廣告

成功的橫幅設計，除了需注意放置的平台與尺寸，文字設計、視覺配色、整體層次結構...等重點，也是吸引人瀏覽和參加的關鍵性要素。

正確尺寸與檔案格式

設計橫幅廣告時，除了考量內容，尺寸也要注意。先確定放置的媒體平台，再使用符合規定的尺寸製作，透過正確比例，讓圖像或影片的品質與內容獲得最佳展示。原則上每個平台有其建議的橫幅廣告尺寸，需注意 Facebook 在電腦及行動裝置的顯示大小：

- Facebook 個人或粉絲專頁封面照片，電腦需求為 820 × 312 像素；行動裝置需求為 640 × 360 像素。
- YouTube 頻道橫幅，電腦和行動裝置需求為 2048 × 1152 像素。
- Twitter 橫幅廣告為 1500 x 500 像素；Tumblr 橫幅廣告為 3000 x 1055 像素。

此外建議根據橫幅廣告設計元素，輸出合適檔案格式：如只有插圖，可以選擇 PNG 檔；若包含照片，則 JPG 檔效果最佳；動態的橫幅廣告則是 GIF 或 MP4，藉此取得高品質呈現。

設計重點

設計橫幅時注意以下重點，不僅可以得到很好的宣傳效果，還可以讓消費者迅速了解內容，加深第一印象：

- **容易閱讀的標題文字**：直覺的標題命名，再加上清晰的文字設計，不僅閱讀容易，也能準確呈現活動主軸。
- **清楚傳達活動性質或消費者想關心的訊息**：隨著不同的活動性質，如：新品上市、活動促銷、大型展覽...等，利用橫幅搭配相關元素，將活動重點、氛圍或訊息有效傳遞。
- **安排資訊的優先順序**：藉由層級式的排版，將主要與次要資訊明確表現。
- **運用色彩與照片提升視覺質感**：透過橫幅欲傳達的資訊與感覺，選擇符合的色調，色彩鮮明、飽和度高的設計可以加強注意力；使用商品照或拍攝的活動照片，也有助於提高吸引力。

6-2 腳本構思

根據媒體平台自訂橫幅尺寸，思考活動主題與合適範本，之後搭配推廣文字與高質感照片、形狀與邊框元素豐富整體設計，最後複製頁面快速完成。

作品搶先看

設計重點：

自訂專案尺寸、套用範本與變更配色，接著加入活動文字、照片並搭配動畫，再利用形狀、邊框元素豐富設計，最後用複製頁面快速產生延續風格。

參考完成檔：

<本書範例 \ Part06 \ 完成檔 \ 推廣活動影片.mp4>

製作流程

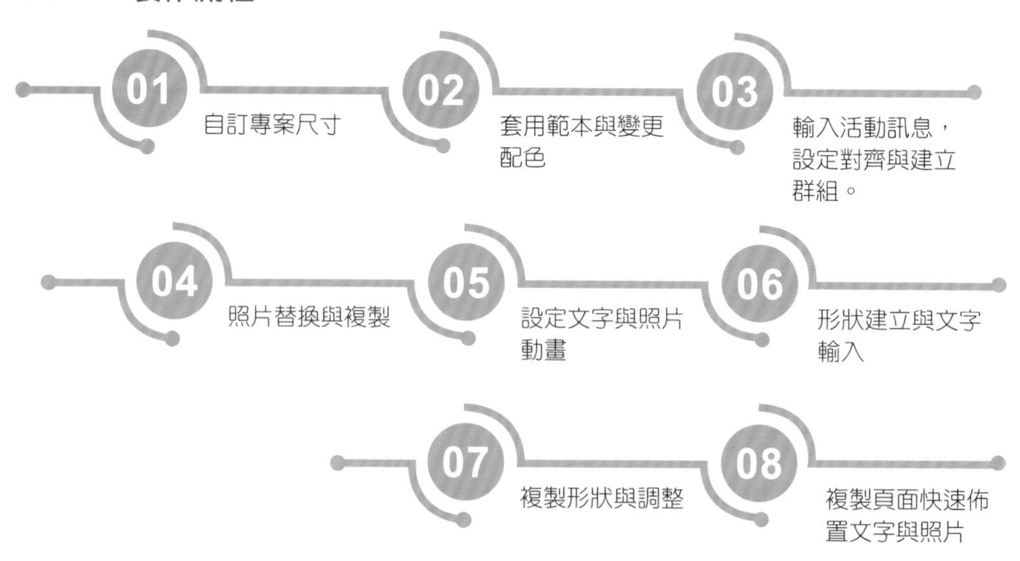

6-3 自訂橫幅尺寸

因應各個社群平台的封面、廣告、限時動態...等官方規格隨時變動，透過自訂建立符合平台的尺寸，以呈現最好、最完整的效果。

建立新專案

STEP 01 於 Canva 首頁上方，選按 **自訂尺寸**，清單中自訂單位、**寬度** 與 **高度**，選按 **建立新設計**，建立一份新專案。

STEP 02 進入專案編輯畫面，於右上角 **未命名設計-820 像素 × 312 像素** 欄位中按一下，將專案命名為「推廣活動影片」。

套用範本頁面

依以下步驟輸入關鍵字搜尋範本，若因 Canva 更新找不到相同範本，可開啟範例原始檔 <Part06 範本>，於瀏覽器開啟連結後，選按 **使用範本** 即可使用。

側邊欄選按 **範本**，輸入關鍵字「donuts」，按 Enter 鍵開始搜尋，選按如圖範本 (Canva 會依設定的尺寸，顯示符合的範本清單)。

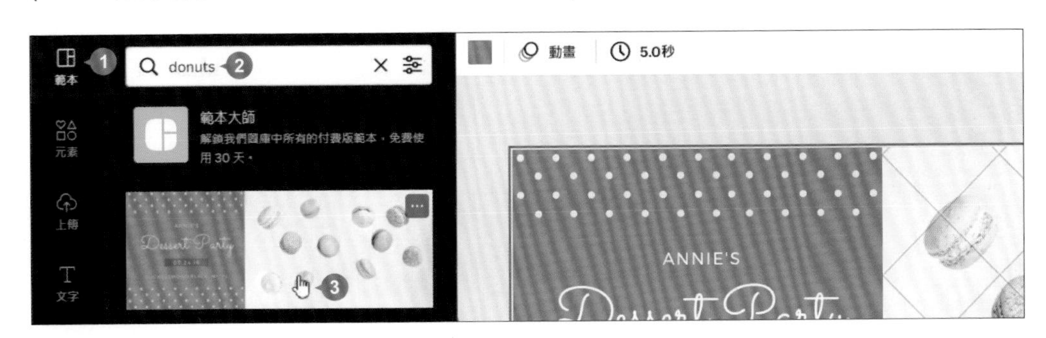

變更範本配色

Canva 的品牌調色盤，可以幫助你快速搭配好看的色彩組合，讓整體設計更出色！

側邊欄選按 **樣式** (或於 **顯示更多** 找尋)，清單中選按任一預設調色盤，即可更換原有配色組合；若是重複選按，系統會根據該調色盤的六種基礎色彩，隨機組合與套用。

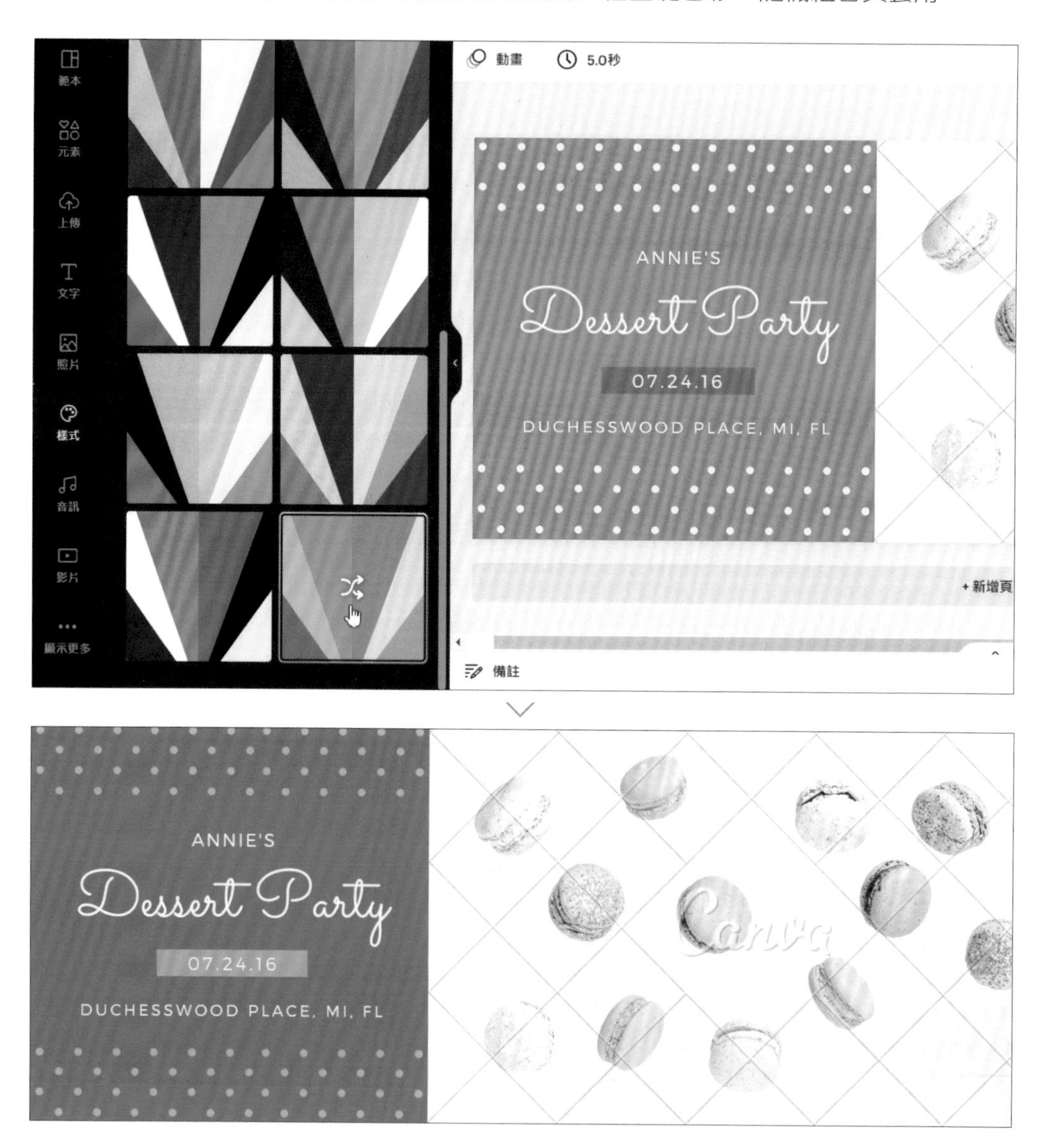

6-4 精簡活動訊息讓傳播更聚焦

活動橫幅不需要展示所有細節，精簡文字表達重點與主軸，不僅可維持簡潔的排版，又可同時傳遞訊息。

輸入活動訊息

STEP 01 在如圖頁面的文字方塊上連按二下選取全部文字 (顯示輸入線)，參考下圖輸入相關文字 (或開啟範例原始檔 <推廣活動文案.txt> 複製與貼上)。

STEP 02 選取文字方塊狀態下 (藍色框線)，工具列設定字型與尺寸，將滑鼠指標移至文字方塊左右二側控點上呈 ↔ 狀，連按二下，文字方塊會水平縮小至符合文字範圍。

STEP 03 依相同方法，參考右圖完成其他文字方塊編輯。

字型：More Sugar、字型尺寸：27

字型尺寸：16

刪除此處預設文字方塊

設定對齊與群組

STEP 01 選取矩形元素，將滑鼠指標移至下方控點上呈 ↕ 狀，往下拖曳調整合適大小。

STEP 02 將滑鼠指標移至如圖文字方塊左上角，往右下角拖曳一次選取矩形與文字方塊，工具列選按 ⋯ \ **位置** \ **置中** 和 **置中**，空白處按一下關閉清單。

STEP 03 選取矩形與文字方塊狀態下，選按 ⋯ \ **建立群組**。依相同方法，參考右下圖完成另外二個文字方塊的群組。

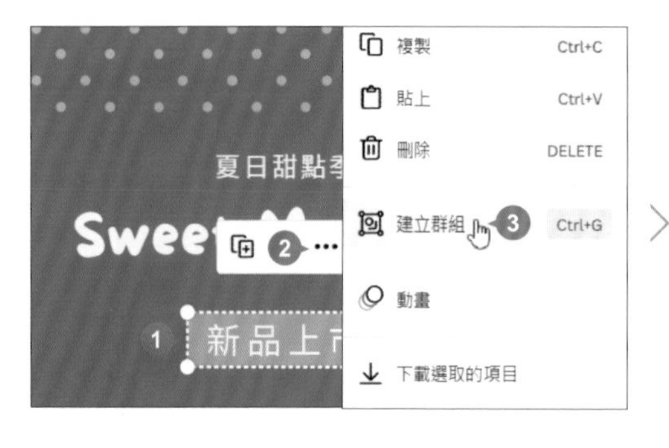

6-5 高質感照片提升視覺注意力

橫幅上符合主題的精美照片，可以快速吸引顧客目光，傳遞商品質感，有效帶動活動宣傳。

替換照片

側邊欄選按 **元素**，輸入關鍵字「macaron」，按 Enter 鍵開始搜尋，選按 **照片** 標籤，如圖照片上按住滑鼠左鍵不放，拖曳至範本照片上放開，完成替換。

複製產生多個元素

複製產生另外二個相同元素並替換照片，方便下一節設定動畫。

STEP 01 照片元素上按一下，按 Ctrl + C 鍵複製，再按 Ctrl + V 鍵貼上。

STEP 02 依 P6-9 相同方法，參考左下圖完成第一個複製元素的照片替換，再按 Ctrl + V 鍵貼上，參考右下圖完成第二個複製元素的照片替換。(可參考 P3-7 利用 **裁切** 調整照片大小與顯示範圍)

照片替換過程中，可以移動二個複製元素，將二個元素間距拉開一些，方便下一個步驟的操作。

6-6 動態展示提高廣告成效

引人入勝的動態橫幅，可以吸引大眾目光，達到最佳曝光效果；如果再搭配互動式元素，則可以提高點擊率。

設定文字動畫

STEP 01 文字群組上按一下 (白色虛線框)，再於右下角控點上按一下 (藍色框線)，工具列選按 動畫 開啟側邊欄。

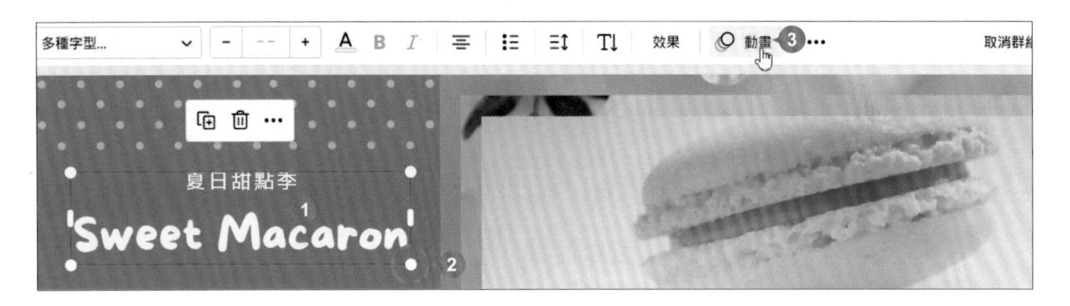

STEP 02 選按 **元素動畫** 標籤 \ **基本** \ **淡化**，設定 **動畫**：**進入時**。

STEP 03 依相同方法，選取下方 "新品上市" 群組，側邊欄選按 **元素動畫** 標籤 \ **基本** \ **線條出現**，設定 **動畫**：**進入時**。

設定照片動畫與對齊

STEP 01 第二層照片上按一下，工具列選按 開啟側邊欄，選按 **照片動畫** 標籤 \ **照片動向 \ 照片縮小**。

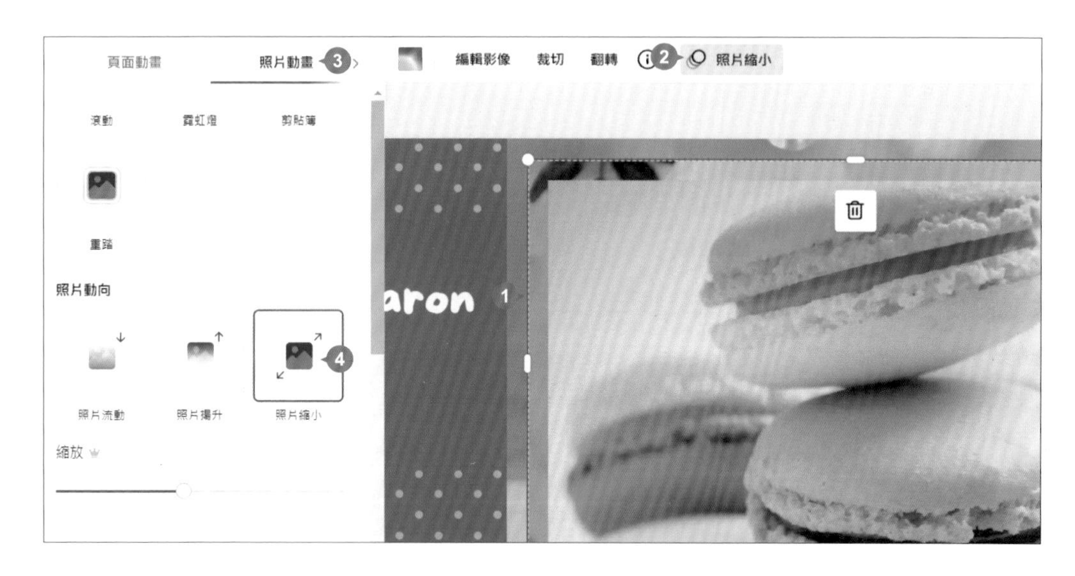

STEP 02 依相同方法，參考下圖完成最上層照片的動畫設定。

STEP 03 最下層照片上按一下，按 Shift 鍵不放，再分別選取第二層與最上層照片。

STEP 04 工具列選按 **位置**\ **靠上**和 **靠左**，對齊三張照片後，空白處按一下關閉清單。

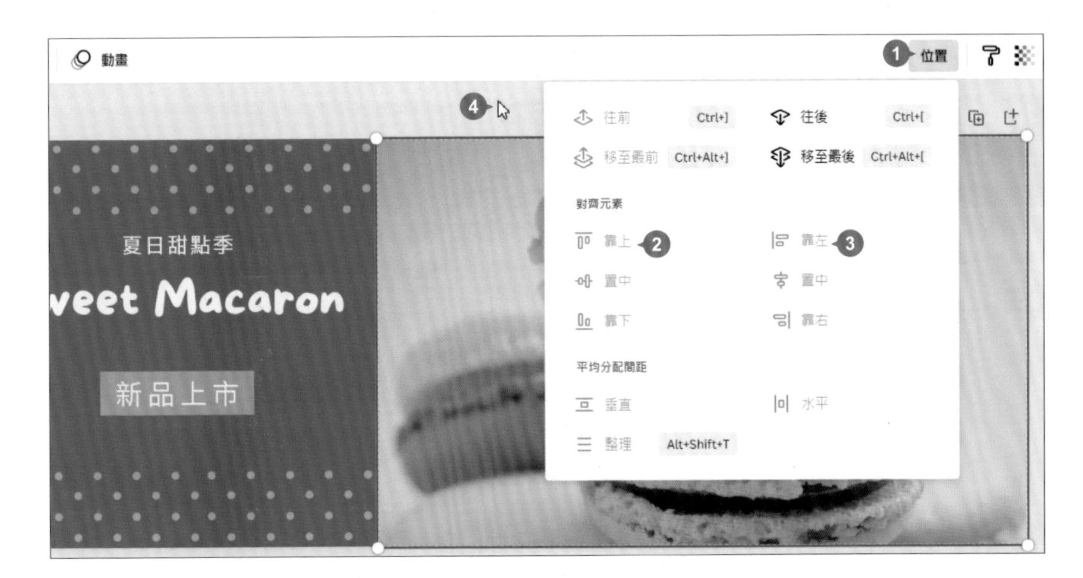

STEP 05 灰色頁面按一下，取消選取狀態，工具列選按 ，清單中延長 **時間選擇：7.0 秒**。

6-7 不規則形狀的創意設計

利用形狀元素製作橫幅廣告上的宣傳物件或商標 Logo，藉此展示推廣重點、價值或品牌知名度。

形狀建立與調整

設計 "限量販售" 徽章元素，放置在廣告橫幅上，加強活動印象。

STEP 01 側邊欄選按 **元素 \ 線條和形狀 \ 查看全部 \ Start Burst 3**，產生在頁面。

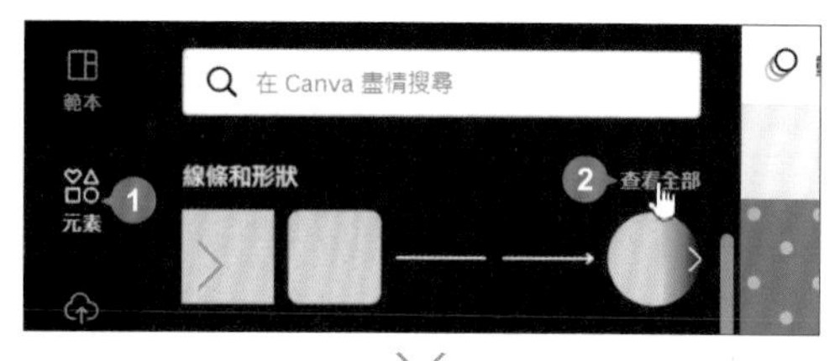

STEP 02 選取形狀元素狀態下，工具列選按 開啟側邊欄，輸入色碼「#eb3752」，選按搜尋到的顏色套用，之後將滑鼠指標移至形狀元素右下角控點呈 ↘ 狀，拖曳縮放至合適大小。

文字輸入與調整

STEP 01 在形狀元素上連按二下，出現輸入線，輸入如圖文字，並利用 Enter 鍵分行 (或開啟範例原始檔 <推廣活動文案.txt> 複製與貼上)。

STEP 02 選取文字，工具列先設定字型、尺寸，再選按 ☰ 設定合適 **行距** (輸入需按 Enter 鍵才會生效)，空白處按一下關閉清單。

形狀複製與調整

利用複製產生元素，調整框線與填色樣式。

STEP 01 選取形狀元素，選按 ⧉ 產生另一個相同元素，刪除文字，並將滑鼠指標移至形狀元素右下角控點呈 ↘ 狀，拖曳縮放至合適大小 (需比原元素小)。

STEP 02 選取複製形狀元素狀態下，工具列選按 ☰ 設定框線樣式、框線粗細，再分別選按 ▨，設定框線顏色與不填色。

STEP 03 利用 Shift 鍵選取二個形狀元素，工具列選按 ⋯ \ **位置** \ **置中** 和 **置中**，然後拖曳至橫幅右下角，如圖位置擺放。

STEP 04 最後工具列選按 ⋯ \ 🔒 鎖定元素，讓它固定在位置上。

6-8 複製橫幅頁面快速佈置

利用複製頁面，快速產生架構、元素...等相同的橫幅，再根據活動重點，調整細部內容，延續整體的設計風格。

複製頁面

於灰色區域按一下，再選按 複製產生相同內容的第 2 頁。

文字佈置重點

依相同方法，參考下圖完成第 2 頁文字佈置 (或開啟範例原始檔 <推廣活動文案.txt> 複製與貼上)。編輯時需注意：

- 先取消文字群組，才可以各別輸入與調整文字方塊的寬高。
- "$135" 套用 **文字動畫：縮放 \ 重踏**、**動畫：進入時**；其餘文字方塊 (含 "hearts" 元素) 建立成一個群組，套用 **文字動畫：基本 \ 淡化**、**動畫：進入時**。

照片佈置重點

第 2 頁的三張照片依如下步驟全部刪除，更換新的邊框、照片元素與動畫效果。

STEP 01 選取最上層照片，選按 [刪除] \ **刪除網格**，依相同方法，再刪除另外二張照片。

STEP 02 側邊欄選按 **元素** \ **邊框** \ **查看全部** \ 如圖邊框，產生在頁面。

STEP 03 選取邊框元素狀態下，利用四個角落控點調整大小，並拖曳至合適位置 (大小與位置可參考右圖；縮小頁面顯示比例可方便操作)。

STEP 04 選取邊框元素狀態下，工具列選按 **位置** \ **往後** 二次，讓徽章元素移至上方 (空白處按一下關閉清單)。

STEP 05 依 6-5、6-6 節操作，參考下圖完成照片佈置 (順序由下而上堆疊)。

照片 元素：「macaron」關鍵字

Part 06 媒體平台橫幅設計

照片 元素：「macaron」關鍵字；照片動畫：滑入和滑出 \ 照片揚升

照片 元素：「macaron」關鍵字；照片動畫：滑入和滑出 \ 照片揚升

到此即完成推廣活動影片製作，你可以根據媒體平台屬性，選擇輸出靜態 (如：PNG) 或動態檔案格式 (如：GIF、MP4)；另外檔案輸出數量，也可以選擇輸出成一個檔案或二個頁面獨立輸出，相關輸出與上傳社群的方法可參考 Part 11。

提升粉絲黏著度與影響力

故事行銷

"故事行銷影片" 主要學習跨尺寸套用更多範本、影片音量調整或靜音、標題、內文文字設計編排、以及照片多種編輯與特效套用...等功能。

- ☑ 有說服力的故事行銷方式
- ☑ 跨尺寸套用更多範本
- ☑ 為範本標記星號
- ☑ 上傳照片、影片
- ☑ 替換範本中的照片、影片
- ☑ 調整版面設計
- ☑ 影片剪輯與音量調整
- ☑ 調整照片亮度、對比、飽合度
- ☑ 為照片套用各式濾鏡
- ☑ 為照片套用美顏、雙色、透明度...等效果
- ☑ 為照片套用實物模型設計
- ☑ 透過動畫讓照片動起來
- ☑ 替換標題與內文文案
- ☑ 佈置故事內文文案
- ☑ 動態元素加強設計與趣味性

原始檔：<本書範例 \ Part07 \ 原始檔>

完成檔：<本書範例 \ Part07 \ 完成檔 \ 故事行銷影片.mp4>

7-1 有說服力的故事行銷方式

故事行銷 (Story Marketing) 顧名思義是透過敘事方式向客群 (目標受眾) 傳遞訊息，但絕不只是單純說故事，而是要融合行銷目標以及互動參與。

好故事 3 秒打動人心

用一些小細節打動人心，提高客群的興趣！行銷照片、影片依主題為商品巧妙地搭配背景、燈光、擺設，再加入生活元素與品牌風格，並以故事性文案合理的鋪陳，讓客群留下深刻印象，達到推廣的效果也更能與客群互動、產生共鳴與感動。

故事行銷可分享服務或商品一開始的想法，過程中的轉折、努力、結果...等，也可藉由主題或角色專訪，以及品牌創立至今的心路歷程來吸引客群，產生強烈帶入感。

掌握要點，發揮影響力讓消費者記住你！

大多數的人都喜歡聽故事而非大道理，依據品牌定位、目標客群，抓準對的內容與時間發布貼文，才能發揮最大影響力。

- **目標客群**：男性或女性、學生、青少年、上班族、遊客或專業人士，依目標客群的需求挑選一些合適的文案主題、設計風格與活動...等推廣，如果預算足夠還可以找合適的網紅或部落客為商品開箱。
- **清楚自己的行銷目標**：任何行銷活動之前，都必須訂定一個明確的目標，像是希望增加營業額、提高品牌的曝光度、建立品牌形象，還是希望找一位網紅為你推廣新商品增加更多追蹤者...等，如此更能有效地產生預期結果。

7-2 腳本構思

擬定以 "說故事" 的方式呈現，因此除了商品行銷重點、開箱、特色、亮點說明，也加入角色專訪、以及能讓客群產生共鳴的文案訊息。

作品搶先看

設計重點：

以跨尺寸套用範本的方式開始，讓一份專案可以不限尺寸套用各式範本，並加入與設計專案中需要的影片、照片、文案內容以及動畫元素。

參考完成檔：

<本書範例 \ Part07 \ 完成檔 \ 故事行銷影片.mp4>

製作流程

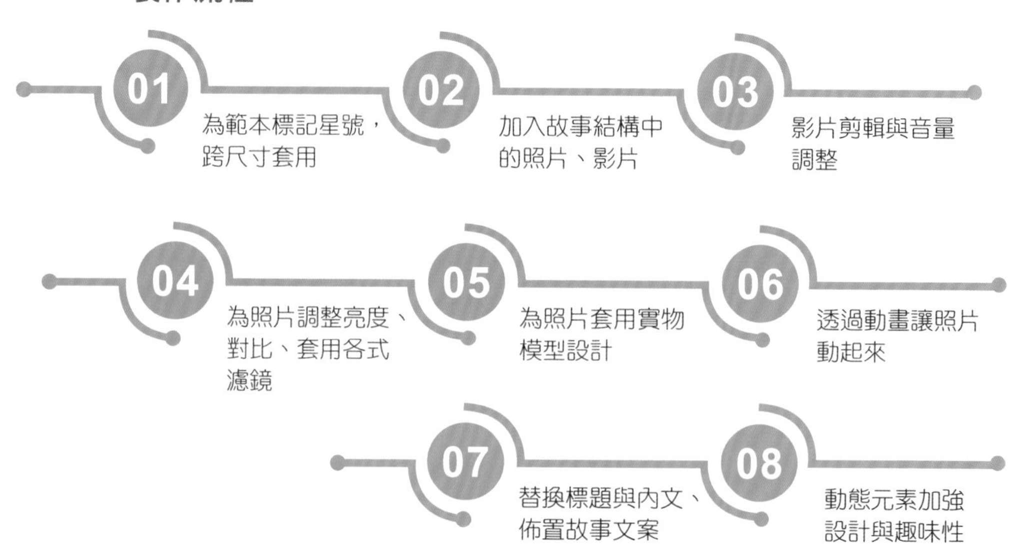

7-3 跨尺寸套用更多範本

Canva 提供了非常豐富的範本，然而若是進入專案編輯畫面才選擇範本套用，則僅會顯示該專案影片尺寸可使用的範本項目。

為範本標記星號

想要跨尺寸套用範本，可先於 Canva 藉由 **標記星號** 方式整理與收集範本。(依以下步驟輸入關鍵字搜尋範本，若因 Canva 更新找不到相同範本，可開啟範例原始檔 <Part07 範本>，於瀏覽器開啟連結後，選按 **使用範本** 即可取得基本架構。)

STEP 01 Canva 首頁左側選單選按 **範本**，後續將為合適的範本 (不侷限於相同尺寸) 標記星號，方便影片專案設計時套用。

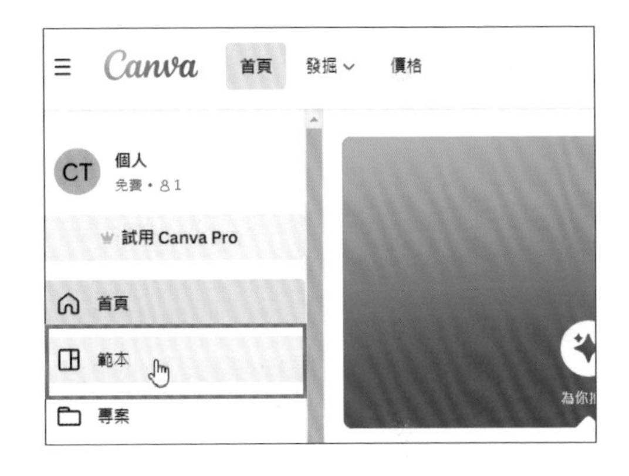

STEP 02 第一個範本：畫面上方搜尋列輸入關鍵字「property details」或「詳細資訊」，按 Enter 鍵開始搜尋，將滑鼠指標移至如圖範本上方，選按 ☆ 標記星號。

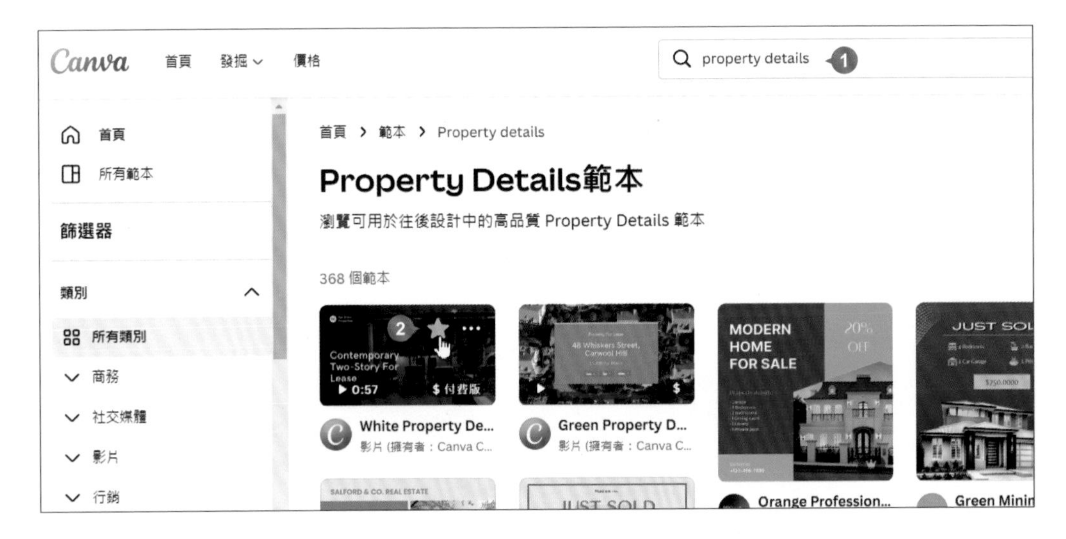

STEP 03 第二個範本：畫面上方搜尋列輸入關鍵字「scribbles」，按 Enter 鍵開始搜尋，側邊欄選按 **類別**：**影片 \ (16:9) 影片**、核選 **價格**：**免費版**，將滑鼠指標移至如圖範本上方，選按 ☆ 標記星號。

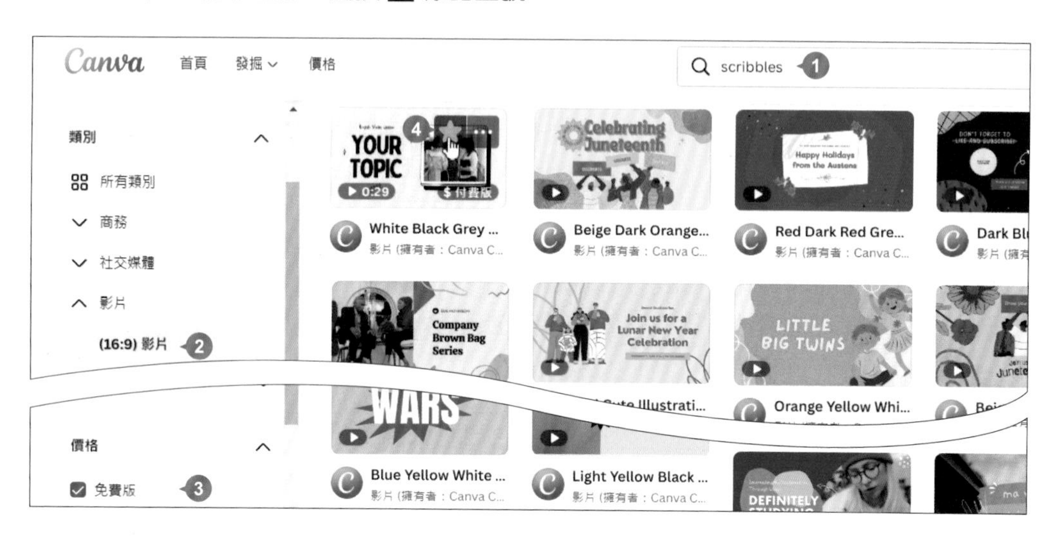

STEP 04 第三個範本：畫面上方搜尋列輸入關鍵字「moodboaard photo collage」，按 Enter 鍵開始搜尋，側邊欄核選 **風格**：**拼貼**、**照片**、**極簡主義**，右側會列項相關範本，將滑鼠指標移至如圖範本上方，選按 ☆ 標記星號。

建立新專案

STEP 01 於 Canva 首頁上方，選按 **影片 \ 影片**，建立一份新專案。

STEP 02 進入專案編輯畫面，於右上角 **未命名設計-影片** 欄位中按一下，將專案命名為「故事行銷影片」。

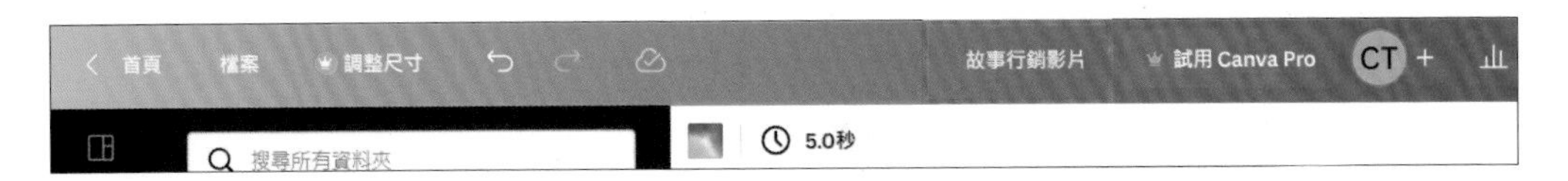

套用標記星號的範本頁面

已標記星號 清單中，包含多款不同尺寸與類型的範本，只要套用即會自動調整為目前的專案尺寸。

STEP 01 側邊欄選按 **資料夾** (或於 **顯示更多** 找尋) \ **已標記星號**。(部份帳號已更新介面：側邊欄選按 **專案 \ 資料夾 \ 已標記星號**)

STEP 02

已標記星號 清單中，如圖選按第一個要使用的範本，選按該範本第 1 款設計套用於第 1 頁 (會直接覆蓋時間軸空白頁面)，並在時間軸最右側選按 [+] 新增頁面。

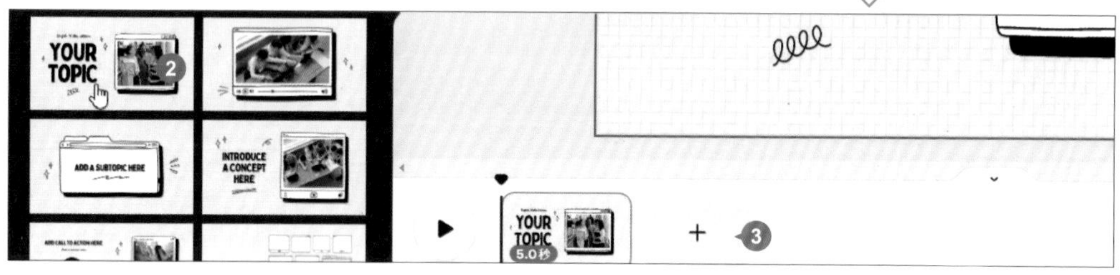

依相同方法，參考下圖套用指定設計於第 2 頁，並在時間軸最右側選按 [+] 新增頁面，套用指定設計於第 3 頁，並在時間軸最右側選按 [+] 新增頁面。

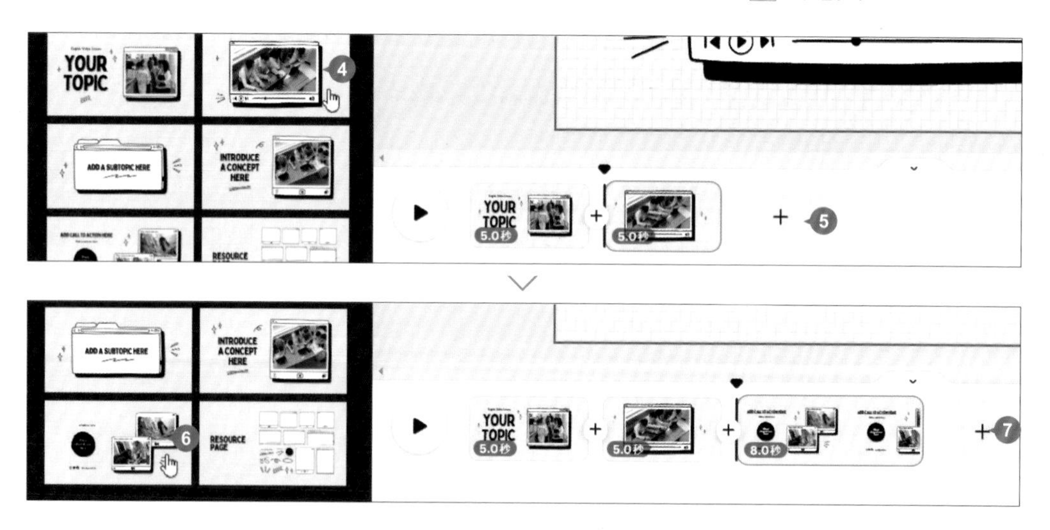

STEP 03

套用此範本指定的 3 款設計後，側邊欄關閉該範本回到 **已標記星號** 清單。

STEP 04 **已標記星號** 清單中，如圖選按第二個要使用的範本，再選按該範本第 1 款設計套用於第 4 頁，並選按時間軸最右側 + 新增頁面。

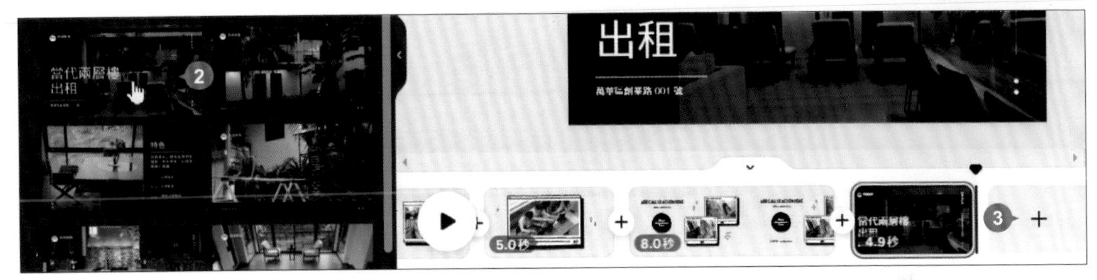

依相同方法，參考下圖套用指定設計於第 5 頁，並在時間軸最右側選按 + 新增頁面，套用指定設計於第 6 頁，並在時間軸最右側選按 + 新增頁面。

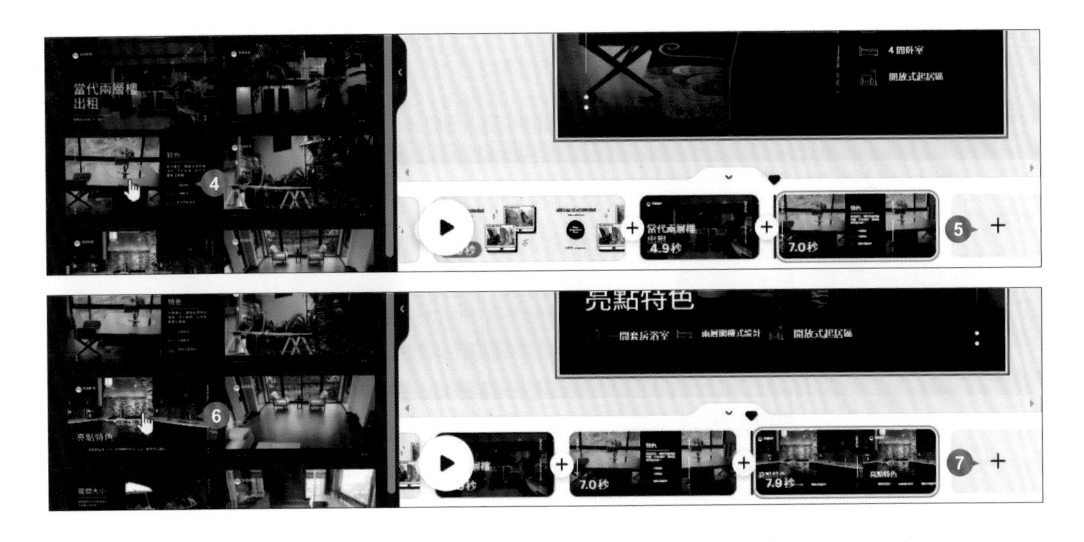

STEP 05 套用範本指定的 3 款設計後，側邊欄關閉該範本回到 **已標記星號** 清單。

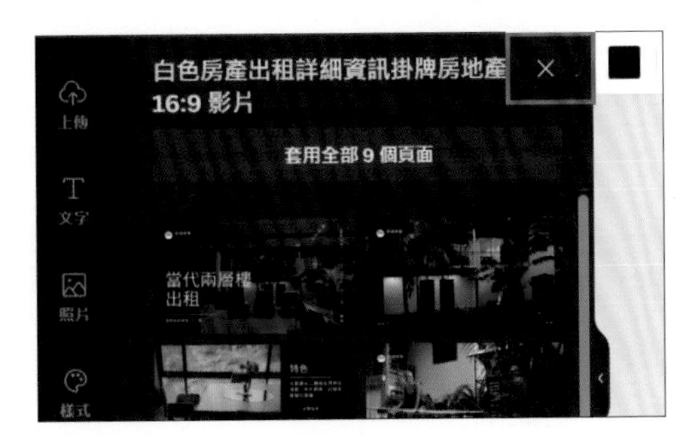

STEP 06 **已標記星號** 清單中，如圖選按第三個要使用的範本 (1:1 尺寸)，此範本因為只有一款頁面設計，因此會直接套用於目前時間軸空白頁面，且自動調整成符合目前專案的尺寸。

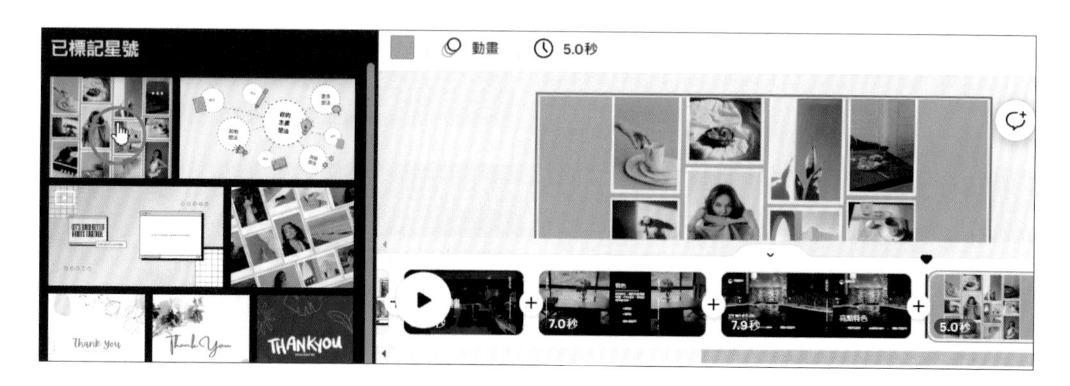

依結構調整頁面播放順序

前面完成專案頁面新增與指定範本款式套用後，接著依影片預計呈現的文案結構，調整各頁面在時間軸的前、後順序。

STEP 01 時間軸按住最後 1 頁縮圖不放，往前拖曳至第 4 頁縮圖後方後放開。

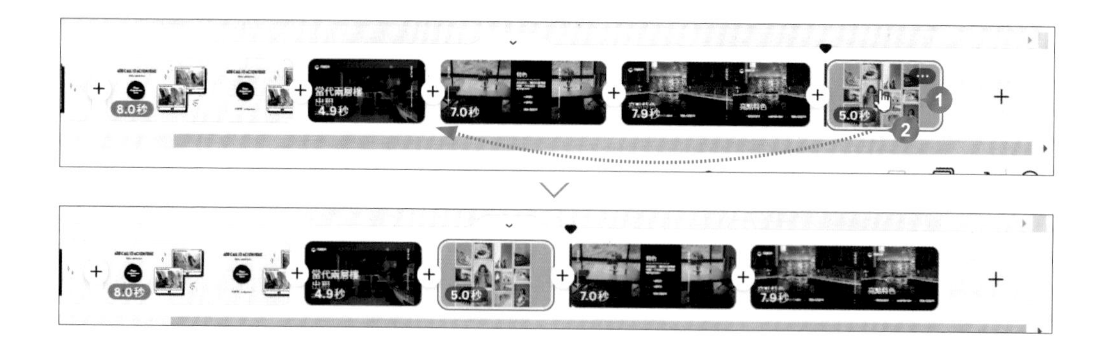

STEP 02 時間軸按住第 3 頁縮圖不放，拖曳至時間軸最右側後放開。

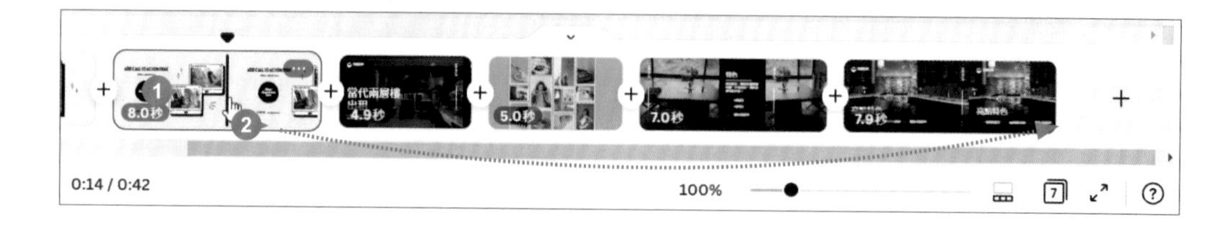

7-4 加入照片、影片素材豐富故事結構

手邊影片素材不足，別擔心！照片素材也能模仿影片拍攝運鏡的動態效果，更可提升拼貼畫面設計效果。

上傳照片、影片

側邊欄選按 **上傳 \ ··· \ 上傳** 開啟對話方塊，在範例原始檔資料夾按 Ctrl + A 鍵選取所有檔案後，選按 **開啟** 鈕上傳至 Canva 雲端空間。

完成後，可看到 **影像**、**影片** 標籤，上傳的項目就會依其性質分別儲存在各標籤當中。

替換範本中的照片、影片

STEP 01 時間軸欲替換影片的第 1 頁縮圖上按一下，側邊欄選按 **上傳 \ 影像** 標籤。

STEP 02 影像素材上按住滑鼠左鍵不放，拖曳至範本照片上放開，完成替換。

STEP 03 依相同方法，參考下圖替換時間軸第 2、3、5、6、7 頁的範本照片，側邊欄選按 **上傳 \ 影片** 標籤拖曳已準備好的開箱影片，替換時間軸第 4 頁拼貼範本中間的照片。

STEP 04 時間軸第 4 頁縮圖上按一下，前面已替換拼貼範本中間的照片為開箱影片，接著側邊欄選按 **照片**，使用關鍵字「video」、「YouTuber」搜尋相關照片，再一一拖曳至第 4 頁替換其他範本照片。

調整照片大小、位置與角度

STEP 01 時間軸第 4 頁縮圖上按一下，此頁首先調整拼貼設計頁面背景顏色，於背景處按一下滑鼠左鍵，工具列選按 ▇ 開啟側邊欄，選擇黑色套用。

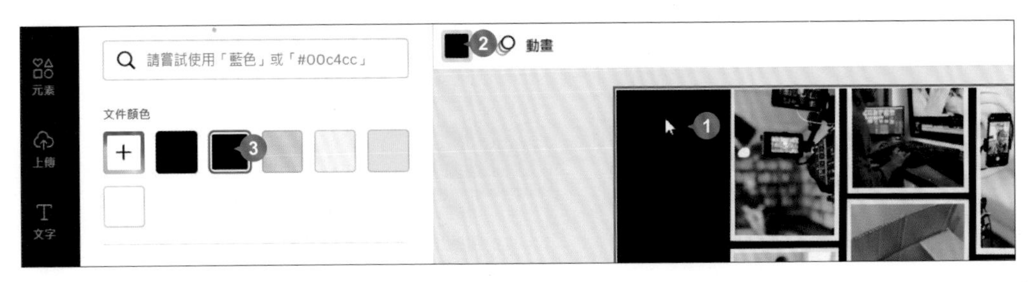

STEP 02 同樣在第 4 頁，參考下圖框選此頁所有拼貼影片與照片以及相關元素 (由 A 點拖曳至 B 點)。

STEP 03 同樣在第 4 頁，將滑鼠指標移至框選區四周控點呈 ↗ 狀，拖曳調整合適大小 (稍加放大)，再將滑鼠指標移到框選區上拖曳移動所有元素到合適位置。

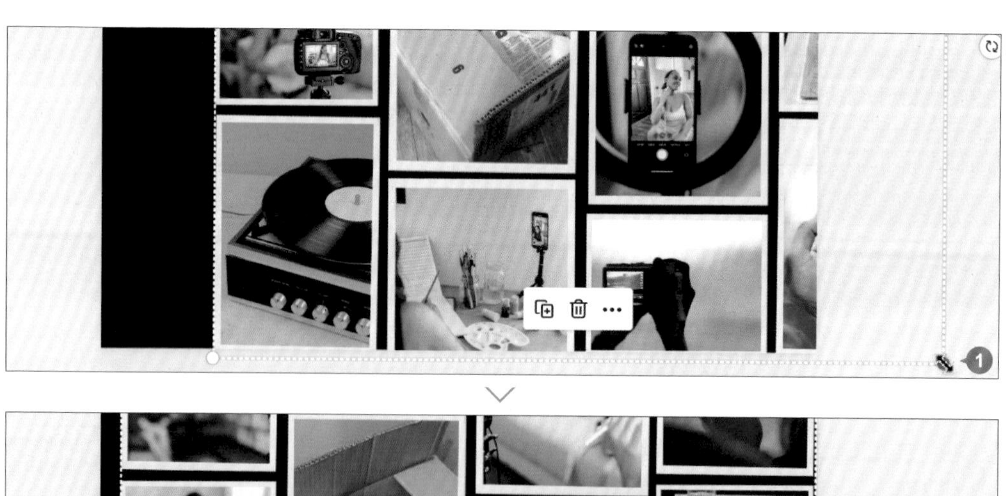

STEP 04 依相同方法，參考右圖調整時間軸第 2 頁的照片與元素大小、擺放位置；若想調整角度，可選按框選區外 ，拖曳即可旋轉。

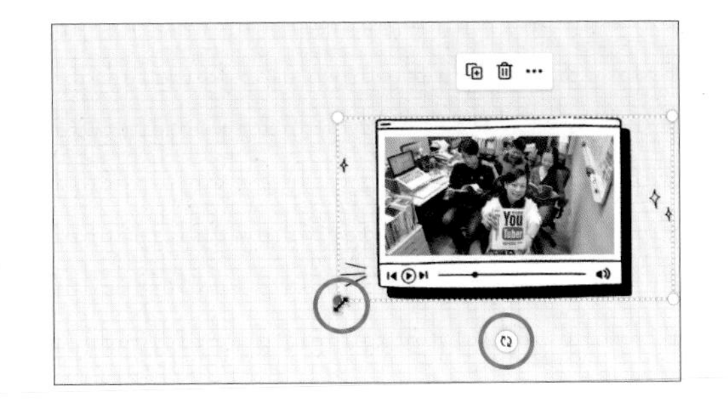

影片剪輯與音量調整

影片可依需求剪輯長度，以及考量背景音樂，調整音量大小或以靜音播放。

STEP 01 時間軸第 4 頁縮圖上按一下，於頁面選取如圖影片 (目前影片有 22 秒)，工具列選按 。

STEP 02 影片左右二側顯示滑桿，透過拖曳設定影片開始與結束時間，即可剪輯出需要片段 (此範例拖曳左、右側滑桿調整影片時間約 9 秒)，最後選按 **完成**。(影片剪輯後，可以利用 ▶ 和 ⏸ 預覽播放)

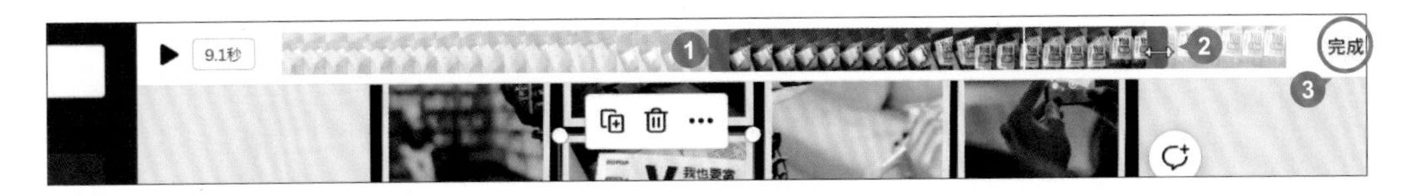

STEP 03 工具列選按 ，拖曳控點可調整此部影片音量，拖曳至最左側 即為靜音 (或直接選按)。

7-5 為照片增添氛圍、創造出色效果

無需專業的影像編輯器，Canva 支援多項照片編修功能，包括亮度、對比、飽合度、濾鏡、透明度以及各式濾鏡。

時間軸第 1 頁縮圖上按一下，於頁面選取照片，工具列選按 **編輯影像**，側邊欄會看到可用的編輯影像相關設定項目。

調整亮度、對比、飽合度

側邊欄 **調整** 區塊右側選按 **查看全部**，可調整 **亮度**、**對比度** 與 **飽合度**...等，在個別設定項目下拖曳其滑桿調整，向左拖曳會降低強度、向右拖曳會提高強度；調整後選按左上角 **調整** 儲存，並關閉調整面板。

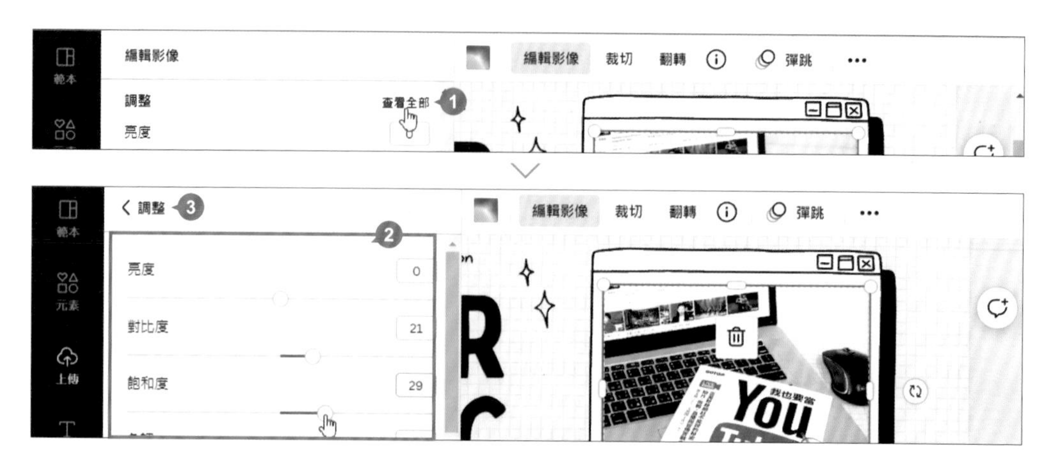

套用各式濾鏡

側邊欄 **篩選器** 區塊右側選按 **查看全部**，可看到所有濾鏡項目，選按合適的效果套用後，可再於該濾鏡項目縮圖選按 ，向左拖曳會降低強度、向右拖曳會提高強度，調整後選按左上角 **篩選器** 儲存並關閉濾鏡面板。

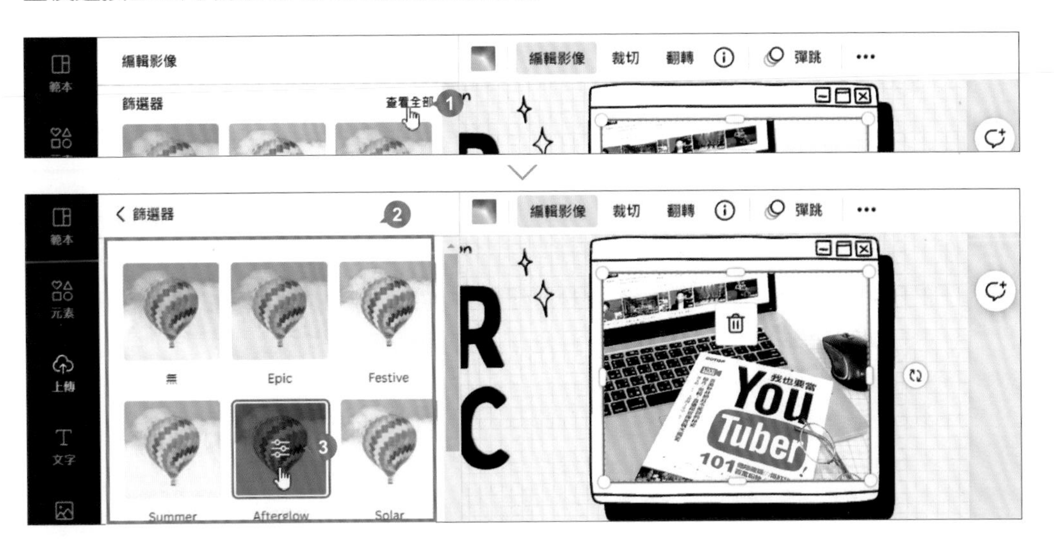

套用美顏、雙色...等特效

側邊欄還有更多照片可以套用的影像效果，如：面部修圖 (美顏)、自動對焦、自動增強、油漆效果、像素化、絲網印刷...等，編輯方式均相似，只要選按想套用的效果縮圖，於其設定版本調整強度或細節設定，再選按 **套用** 鈕即可。

- **面部修圖** (美顏)：針對人像照片可撫平皮膚、紅眼，與美白牙齒。
- **自動對焦**：為照片套用景深效果，無法指定模糊點，但可調整模糊強度。
- **自動增強**：為照片自動美化，增強對比、飽合度與清晰度、光線平衡...等。
- **油漆效果**：提供多組趣味藝術濾特效合影像呈現，增添色彩與邊緣效果。
- **Prisma**：提供多組手繪特效，有版畫、刺繡、磁磚拼貼、強調邊緣、強調色調...等。
- **雙色調**：提供多組雙色調特效，以色彩突顯照片亮點。
- **液化**：為影像變形，增添搖動、流動、抹糊、溶化...等氣圍效果。
- **絲網印刷**：模擬橡膠版畫，低精準度電腦螢幕風格，是複古效果的必備特效。

STEP 01 時間軸第 2 頁縮圖上按一下，於頁面選取照片，工具列選按 **編輯影像**，參考下圖為照片套用 **面部修圖 \ 自動** 特效。

STEP 02 時間軸第 4 頁縮圖上按一下，於頁面選取任一張照片，工具列選按 **編輯影像**，參考下圖為照片套用 **雙色調 \ 古典** 特效；再依相同方法為此頁其他照片均套用此特效。

套用透明度

時間軸第 6 頁縮圖上按一下，於頁面選取照片，工具列選按 ，參考下圖設定照片 **透明度**：50。

7-6 為照片套用實物模型設計

"Mockup" 實物模型設計方式，是藉由手邊的照片合成各式商品或設備實物模型，例如：服飾、手機、電腦、書本、卡片、馬克杯、邊框與海報...等。

照片、影片的呈現或許不如實際成品體驗來得真切，然而套用實物模型設計不僅能提升整體視覺果，還能有效幫助客戶想像設計的實際成品樣貌。

STEP 01 時間軸第 5 頁縮圖上按一下，於頁面選取如圖照片，工具列選按 **編輯影像**，參考下圖於 **Smartmockups** 右側選按 **查看全部**。

STEP 02 **Smartmockups** 模型清單中，此範例選按 **書本 \ Book 3**，照片會套用並呈現此實物模型設計。

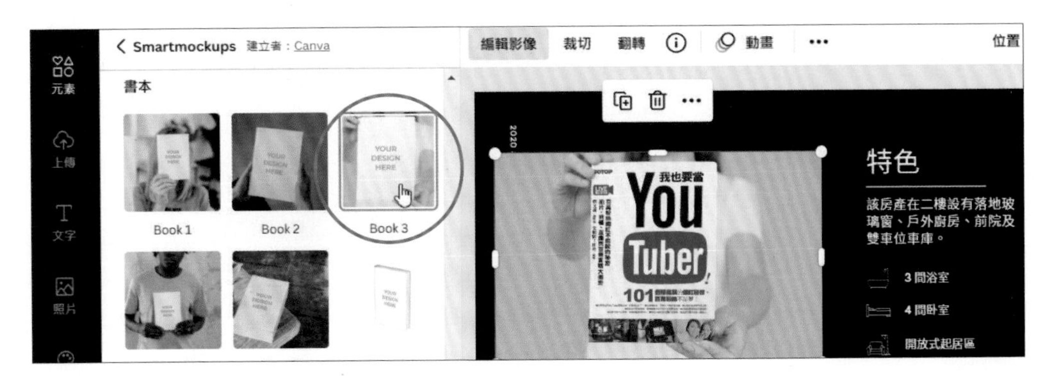

STEP 03 套用時，如果覺得照片尺寸可能與模型區塊不符，或是合成後的位置稍有落差，可以再次選按該模型項目，進入 **裁切** 面板，先設定為：**自訂**，即可調整水平、垂直位置或是大小，調整後選按 **套用**。

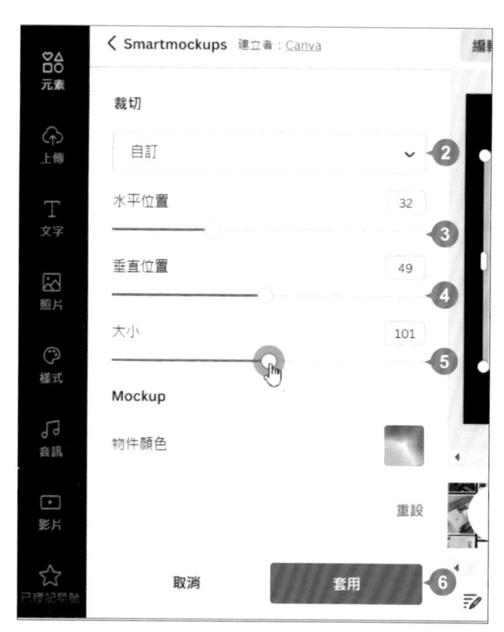

STEP 04 選取照片狀態下，將滑鼠指標移至四個角落控點呈 ⤢ 狀，拖曳調整合適大小(稍加放大)；再將滑鼠指標移分別至左側與右側控點呈 ↔ 狀，拖曳裁切左、右邊界，參考下圖拖曳照片到合適位置擺放。

7-7 套用動畫效果讓照片動起來

將模擬攝影機多方移動和鏡頭縮放的 **照片動畫** 效果套用到照片素材，靜態的照片素材也可以動起來！

STEP 01 時間軸第 1 頁縮圖上按一下，於頁面選取照片，工具列選按 **動畫** (該範本預設為彈跳效果)。

STEP 02 側邊欄 **照片動畫** 標籤中可為照片套用專屬的動畫效果，此範例選按 **照片動向 \ 照片縮小**，下方可設定縮放效果 (需付費) 與縮放方向。

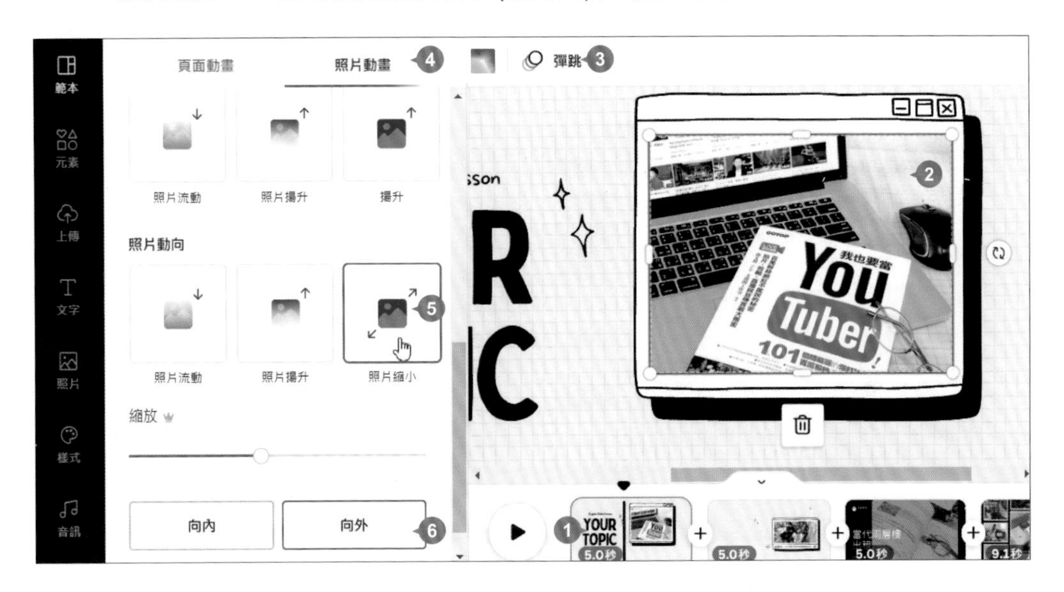

STEP 03 依相同方法，為時間軸第 2 頁照片套用 **照片動向 \ 照片揚升** 動畫效果。

7-8 用文案掌握故事行銷！抓住受眾的心

好的故事可以讓目標受眾 (TA) 快速進入情境當中，文案內容是故事行銷很重要的一環，發揮最大影響力，品牌能更有效達到行銷目標。

替換標題與內文

加入了相關影片、照片，接下來先替換範本中原有的標題文字，後續加入的故事文案才不會有與主題不符的違和感。

STEP 01 時間軸第 1 頁縮圖上按一下，於頁面標題文字方塊上連按二下選取所有文字，參考下圖輸入相關文字。

STEP 02 選取 "我也要當" 文字，工具列設定 **字型尺寸：100**；選取 "YOUTUBER" 文字，工具列設定 **字型尺寸：150**，最後拖曳文字方塊至如圖合適位置。

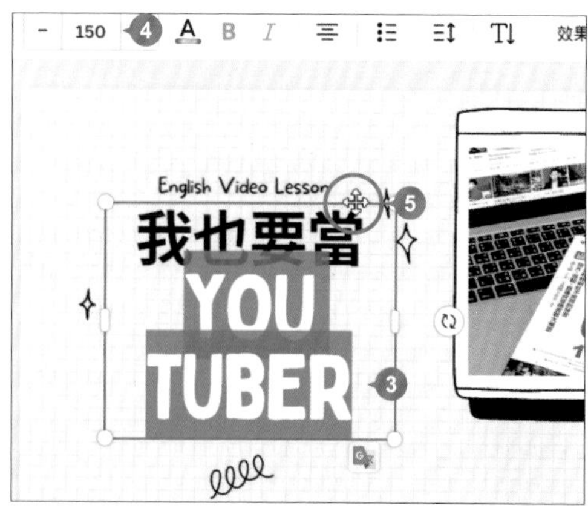

STEP 03 依相同方法，參考右圖完成另一個文字方塊內容的編輯。

STEP 04 時間軸第 5 頁縮圖上按一下，依相同方法，參考下圖完成相關文字方塊內容的替換 (或開啟範例原始檔 <故事行銷文案.txt> 複製與貼上)。

一一選取右下方三個圖示與最後一個文字方塊，選按 Del 鍵刪除；最後拖曳調整右下方二個文字方塊至合適位置。

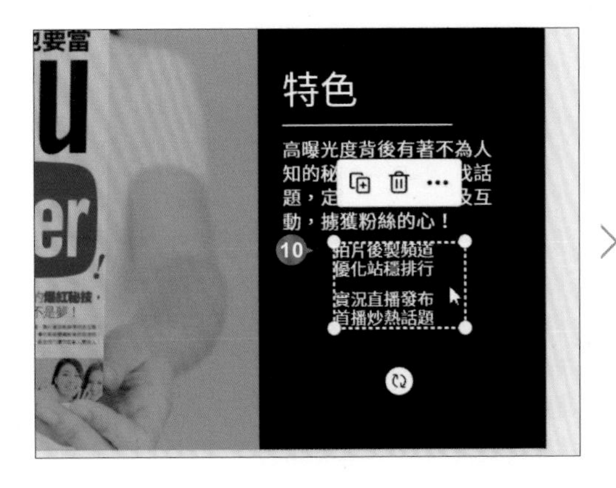

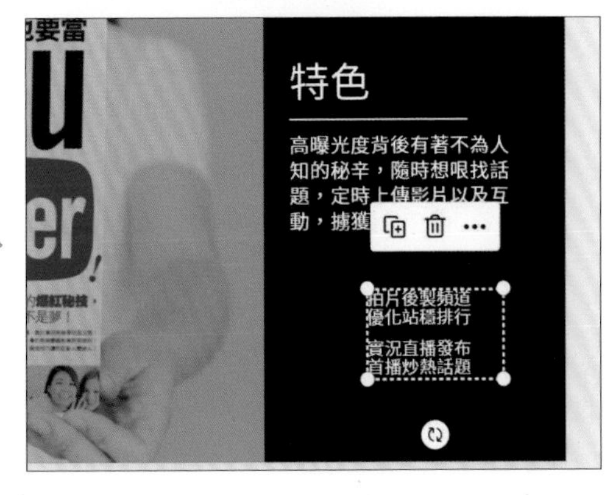

STEP 05 時間軸第 6 頁縮圖上按一下，依相同方法，參考下圖完成相關文字方塊內容的替換 (或開啟範例原始檔 <故事行銷文案.txt> 複製與貼上)。

一一選取下方三個圖示，選按 Del 鍵刪除；再為下方三個文字方塊套用工具列 **清單** 功能，並調整文字方塊寬度，拖曳至合適位置。

STEP 06 時間軸第 7 頁縮圖上按一下，依相同方法，參考右圖完成相關文字方塊內容的替換 (或開啟範例原始檔 <故事行銷文案.txt> 複製與貼上)，最後可視情況調整字型尺寸與文字方塊寬度、高度。

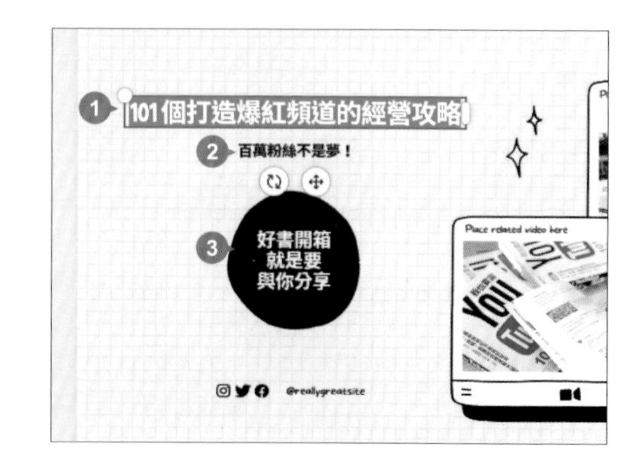

佈置故事文案 (I)

透過文字傳播故事，引起目標受眾 (TA) 跟著故事經歷感受，類似找代言人的行銷方式，選定一個或數個關鍵人物開始敘述，合理鋪陳與細節訊息傳遞。

STEP 01 時間軸第 2 頁縮圖上按一下，側邊欄選按 **文字 \ 新增標題**，頁面會加入一標題文字方塊，拖曳至合適位置，再參考下圖輸入相關文字 (或開啟範例原始檔 <故事行銷文案.txt> 複製與貼上)，工具列設定字型、字型尺寸、顏色。

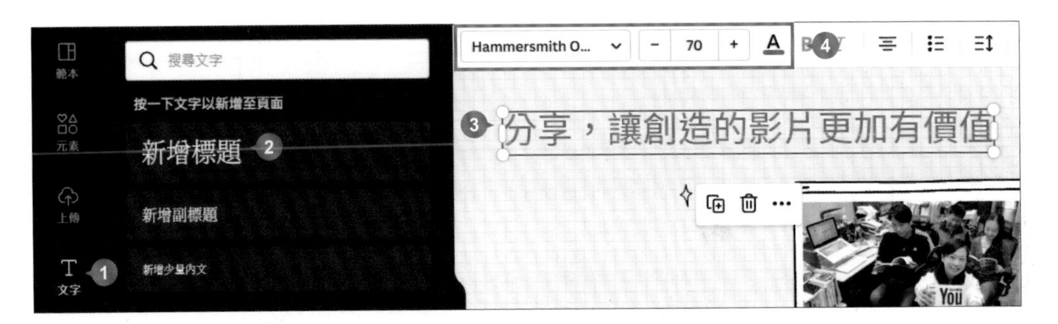

STEP 02 側邊欄選按 **文字 \ 新增副標題**，頁面會加入一副標題文字方塊，拖曳至合適位置，參考下圖輸入相關文字，工具列設定字型、字型尺寸、顏色。

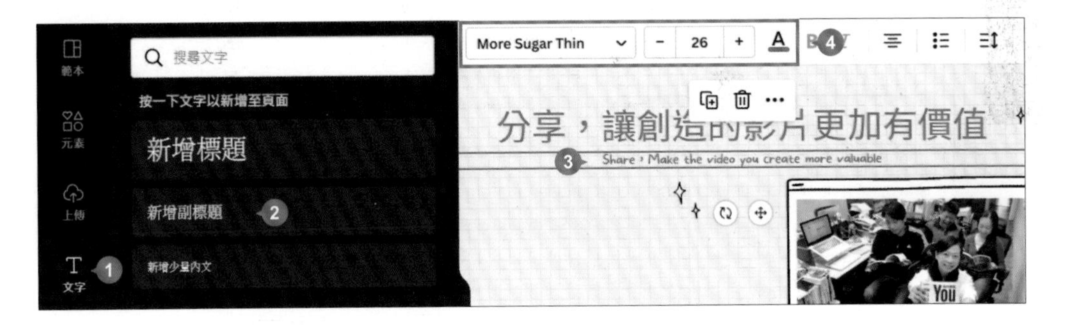

STEP 03 側邊欄選按 **文字 \ 新增少量內文**，頁面會加入一文字方塊，拖曳至合適位置，參考下圖輸入相關文字，工具列設定字型、字型尺寸、顏色。

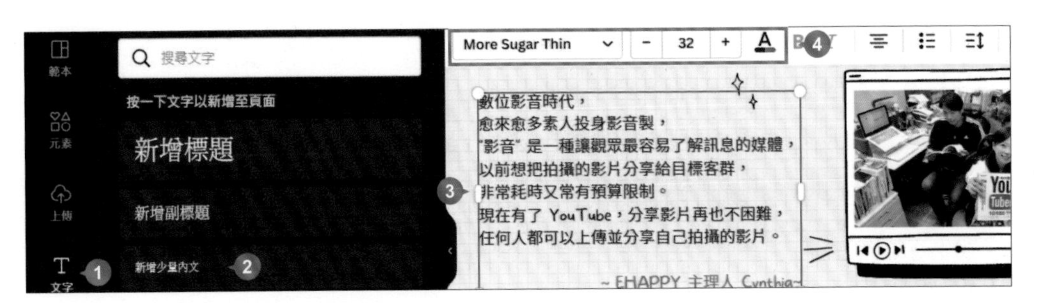

STEP 04 選取內文方塊，工具列選按 ，設定合適 **字母間距**、**行距** 後，空白處按一下關閉清單。

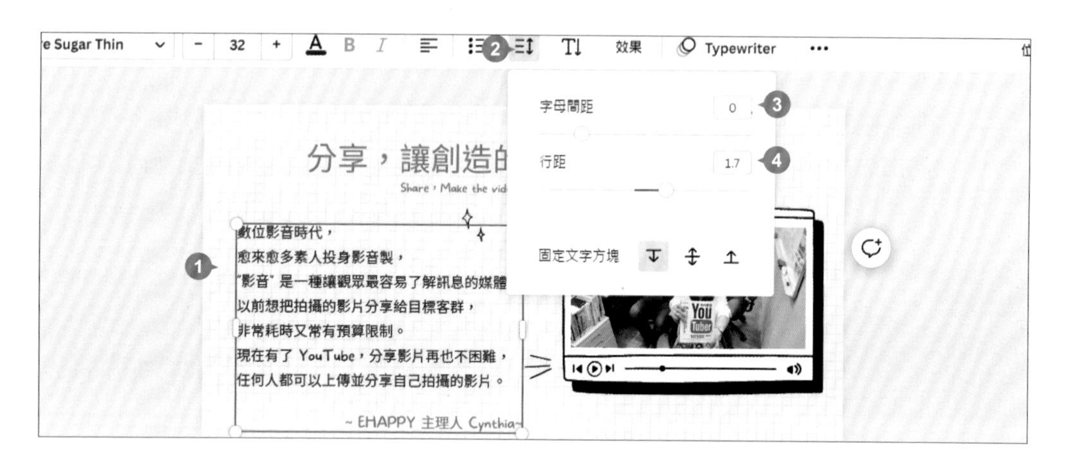

STEP 05 選取內文方塊，工具列選按 **動畫** 開啟側邊欄，選按 **文字動畫** 標籤 \ **簡單書寫** \ **Typewriter**，設定 **動畫**：**進入時**，產生模擬文字書寫依序呈現的效果，完成此頁故事文案與文字動畫設計。

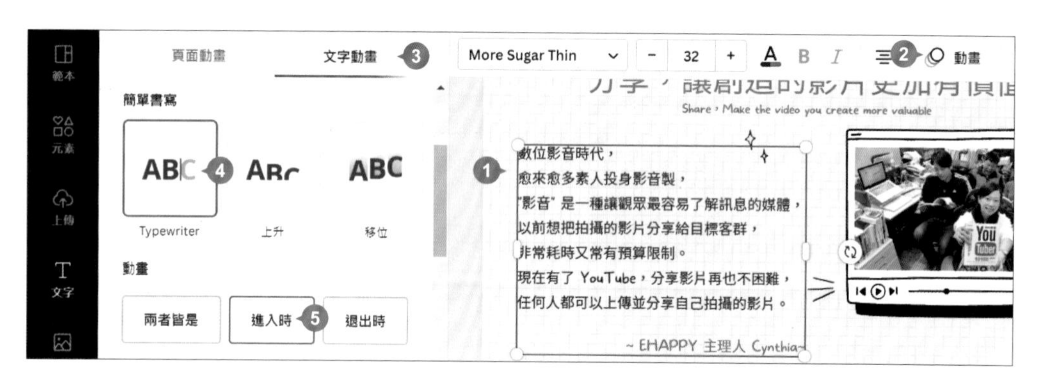

佈置故事文案 (II)

故事行銷不僅僅是陳述商品故事，也可以聚焦目標受眾 (TA) 的痛點，例如：長時間摸索不得結果、常遇到的狀況...等，產生強烈共鳴成為一呼百應的成功行銷文案。

STEP 01 時間軸第 3 頁縮圖上按一下，參考右圖完成相關文字方塊內容的替換 (或開啟範例原始檔 <故事行銷文案.txt> 複製與貼上)。

STEP 02 選取左側群組文字狀態下 (白色虛線框)，參考下圖稍往上拖曳群組至合適位置，接著於群組上選按滑鼠右鍵 \ **取消群組**。

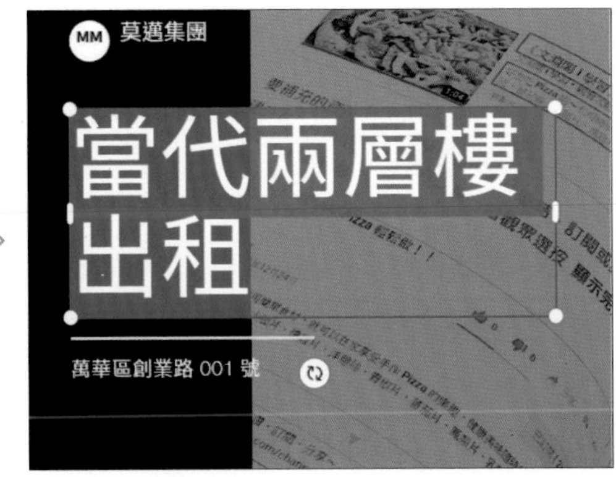

STEP 03 選取上方文字方塊，參考下圖輸入相關文字 (或開啟範例原始檔 <故事行銷文案.txt> 複製與貼上)，接著選取標題文字 "想點子與拍片前要做的準備"，工具列設定 **字型尺寸**：60、**顏色**：**黃色**。

STEP 04 選取文字 "有人因為拍了一段影片...走得長久"，工具列設定 **字型尺寸**：40，選按 ☰↕，設定合適 **字母間距**、**行距**。

STEP 05 接著將滑鼠指標移至文字方塊右側控點呈 ↔ 狀，往右拖曳，參考下圖讓文字以四行呈現。

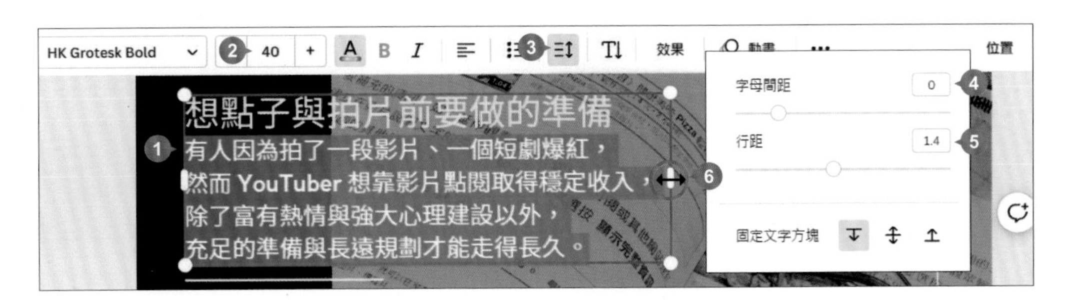

STEP **06** 選取下方文字方塊，參考下圖輸入相關文字 (或開啟範例原始檔 <故事行銷文案.txt> 複製與貼上)，選取六行文字後，於工具列設定字型尺寸，選按 ☰ 為文字套用清單項果 (文字前方會加上項目符號)。

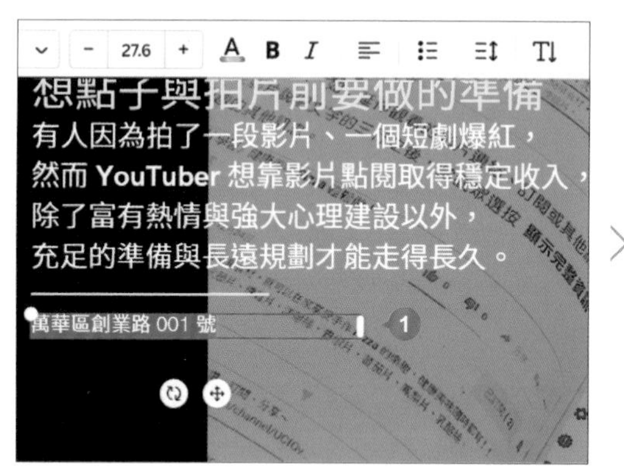

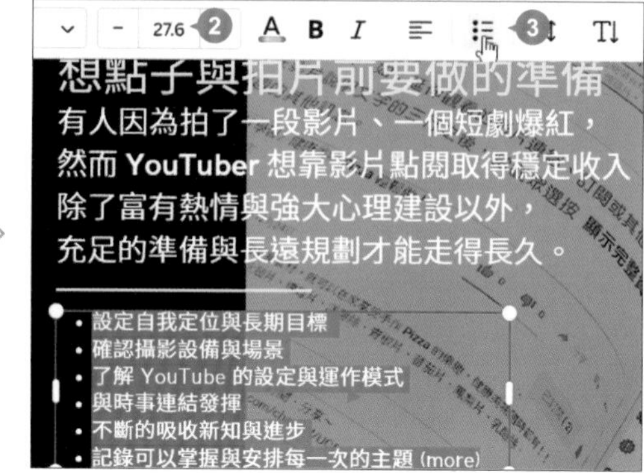

STEP **07** 選取上方文字方塊，工具列選按 **動畫** 開啟側邊欄，選按 **文字動畫** 標籤 \ **簡單書寫** \ **Typewriter**，設定 **動畫**：**進入時**。

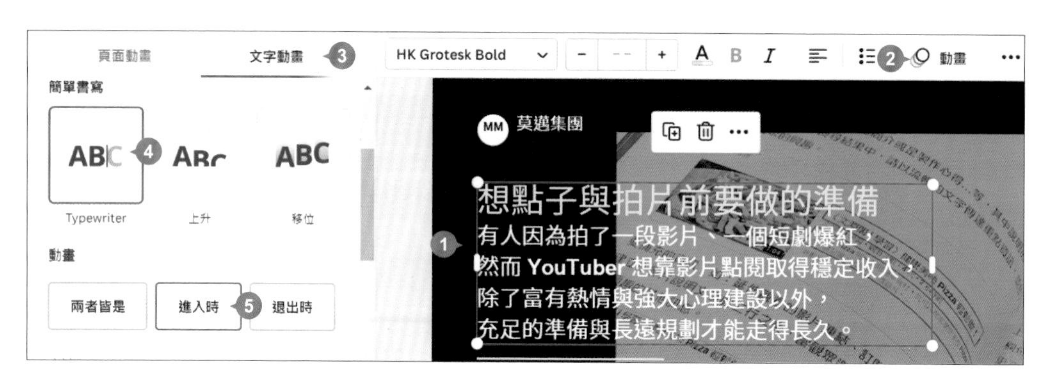

STEP **08** 選取上方文字方塊，工具列選按 **動畫** 開啟側邊欄，選按 **文字動畫** 標籤 \ **縮放** \ **彈跳**，設定 **動畫**：**進入時**，完成此頁故事文案與文字動畫設計。

7-9 動態元素加強設計與趣味性

想要在影片中加入各式符合影片主題的動態插圖元素，可以在 **元素** 清單找到大量的動態向量圖像，部份元素還可有細微的設定。

編修、移動元素

STEP 01 時間軸第 7 頁縮圖上按一下，拖曳如圖社群元素群組至頁面右下角，並調整為合適的文字內容。

STEP 02 時間軸第 1 頁縮圖上按一下，刪除面頁中不需要的元素，調整各元素的擺放位置，並複製 (Ctrl + C) 第 7 頁的社群元素群組至第 1 頁貼上 (Ctrl + V)。

尋找並加入動態元素

STEP 01 時間軸第 1 頁縮圖上按一下，側邊欄選按 **元素**，輸入關鍵字「line」，按 Enter 鍵開始搜尋。

STEP 02 於搜尋列右側選按 ☰ 開啟篩選器，指定 **顏色**：**白**、**動畫**：**動畫**，選按 **套用篩選器** 鈕，再選按 **圖像** 標籤，即可尋找到符合此條件的動態元素。

STEP 03 依相同方法，於第 1、2 頁，參考下圖插入動態元素，並調整至合適大小與位置。

關鍵字：「line black」　關鍵字：「line」　關鍵字：「scribbles」

STEP 04 依相同方法，於第 3 頁，參考下圖插入書本靜態元素，擺放於左上角合適位置，再調整文字內容與顏色完成 LOGO 設計；並將此設計複製貼上至第 5 頁右側擺放。同樣於第 3 頁，參考下圖插入動態元素，並調整至合適大小與位置。

關鍵字：「book」　關鍵字：「cooperation」

STEP 05 將第 3 頁 LOGO 設計複製貼上至第 6 頁擺放；於第 6、7 頁，參考下圖插入動態元素，並調整至合適大小與位置。

關鍵字：「scribbles」　關鍵字：「apprecciation」

到此即完成故事行銷影片製作，後續可再加入頁面轉場、背景音樂...等效果，提升影片整體豐富度，最後相關輸出與上傳社群的方法可參考 Part 11。

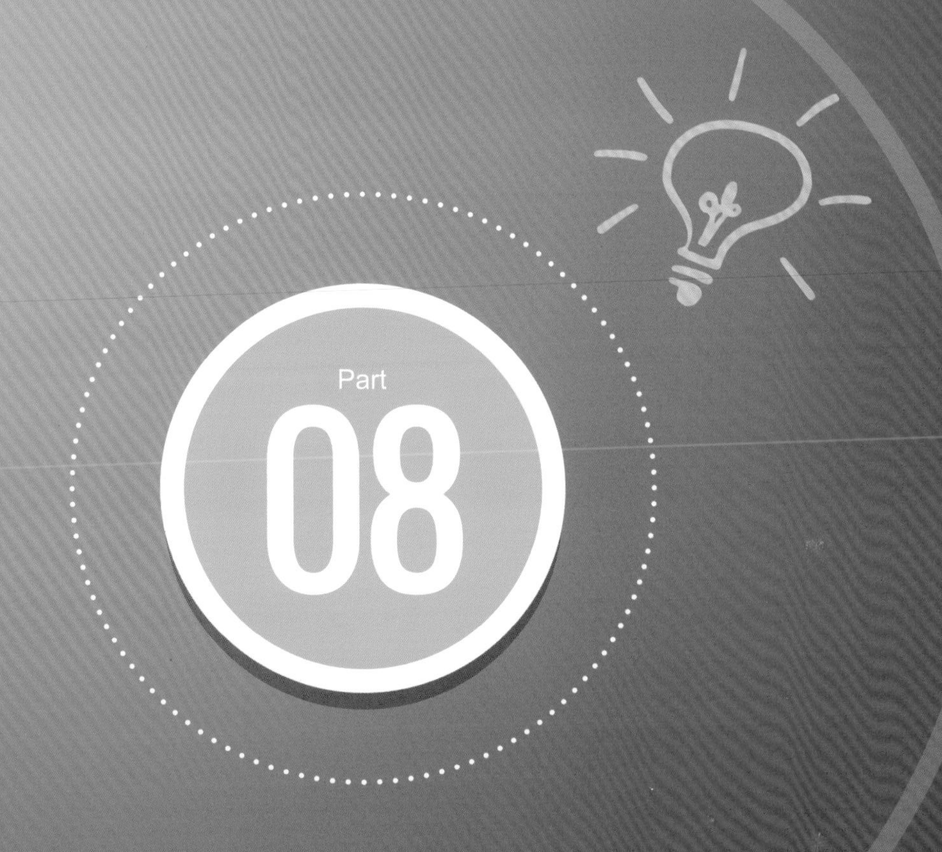

視覺化呈現資料數據與分析

知識型講解

"知識型講解影片" 主要學習以思維導圖、圖表...等功能，將複雜的訊息以視覺圖式呈現，並加入旁白與雙畫面教學影片以及字幕，用最專業的方式宣傳。

- ☑ 將複雜的知識變簡單，激發客群興趣
- ☑ 跨尺寸套用更多範本
- ☑ 編修、移動元素與文字方塊
- ☑ 尋找並加入動態元素
- ☑ 用思維導圖呈現繁複的想法
- ☑ 用圖表呈現資料數據視覺化
- ☑ 編輯圖表連結資料
- ☑ 變更圖表樣式
- ☑ 調整圖表格式與顏色
- ☑ 指定資料行或資料列為數列
- ☑ 旁白錄製與安排
- ☑ 攝影機和螢幕雙畫面教學影片錄製
- ☑ 多段式背景音訊設計
- ☑ 剪輯、淡化音訊
- ☑ 調整音訊音量
- ☑ 幫影片快速上字幕

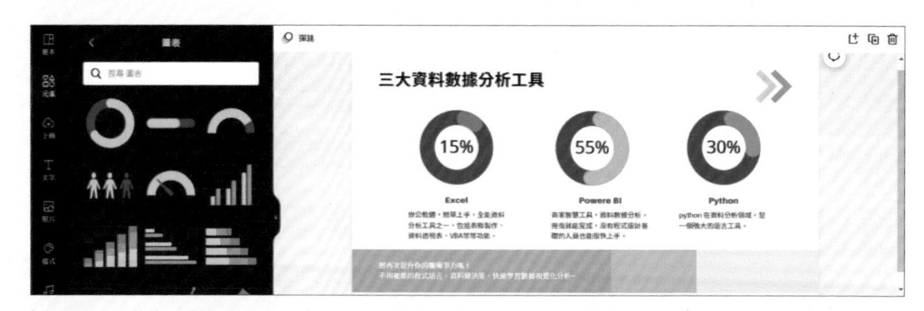

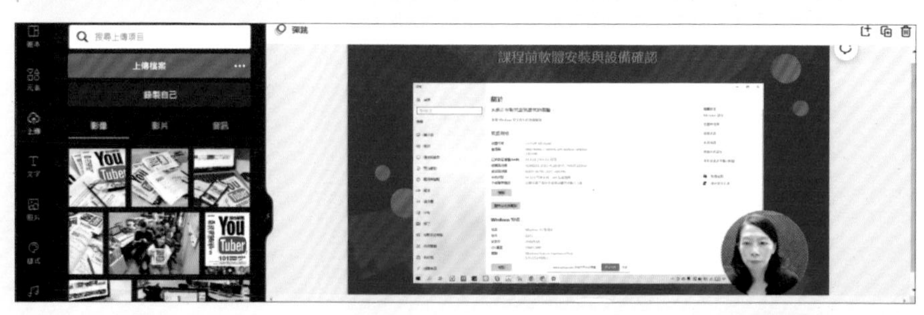

原始檔：<本書範例 \ Part08 \ 原始檔>

完成檔：<本書範例 \ Part08 \ 完成檔 \ 知識型講解影片.mp4>

8-1 將複雜的知識變簡單，激發客群興趣

面對數位商品如：線上諮詢、線上課程...等項目愈來愈多，該如何在眾多競爭者中脫穎而出？短短二分鐘預告片，需呈現專業內容又能吸引更多客群！

用思維導圖提升理解、激發創意

網路社群的發展，連過往傳統的工作，像是醫生、律師、會計師、建築師...等專業人員，都嘗試透過數位媒體與客群分享品牌或傳遞訊息。然而專業知識真的很難用三言二語解釋清楚，影片中也不適合長篇大論的說明。

"思維導圖" 簡單說就是將腦中的想法圖像化，運用放射狀的圖像延伸，歸納整理正在說明的片面資訊，藉由思維導圖化繁為簡並同時掌握各主題關聯性，可以將冗長又累人的訊息以圖像化呈現，在傳遞複雜想法、說明商品詳細資訊時非常適用。

用圖表有效率地聚焦統計數據

數據可分析過去發生什麼事，以及為什麼會發生這件事。然而面對龐大的數據資料該如何突顯想要傳達的重要資訊？視覺化圖表是最佳解決方式，將資訊轉換為容易解讀的圖表報表，可以協助你快速的洞悉問題以及解讀趨勢與現況，會比用口頭或冗長的文字報告來得有效率，又能令人一目了然。

8-2 腳本構思

知識型影片的結構中除了要清楚說明主題、地點、日期，也必須包括講師團隊與特色內容，藉此吸引客群進而對影片中推廣的項目產生興趣。

作品搶先看

設計重點：

思維導圖、圖表元素將複雜的資訊視覺化呈現；旁白錄製、攝影機和螢幕雙畫面教學影片錄製，讓知識型講解影片更扎實，再以字幕清楚呈現聲音說明的內容。

參考完成檔：

<本書範例 \ Part08 \ 完成檔 \ 知識型講解影片.mp4、知識型講解影片-字幕.mp4>

製作流程

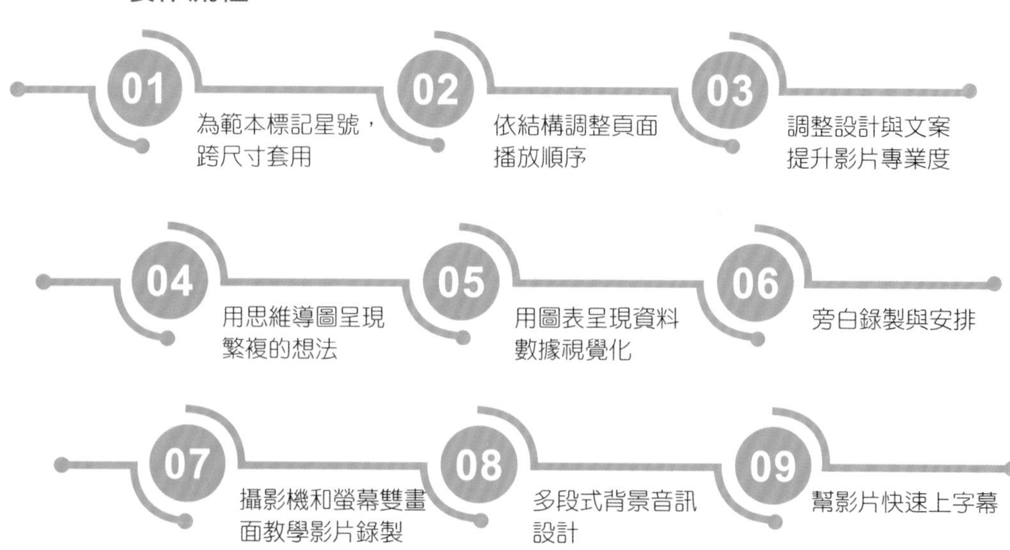

8-3 跨尺寸套用更多範本

此章要示範的影片作品，是以行銷、推廣知識型課程為主題，預計套用商業類型、思維導圖、圖表...等設計主題範本。

為範本標記星號

和 Part 07 相同做法，在此先將合適的範本標記星號。(依以下步驟輸入關鍵字搜尋範本，若因 Canva 更新找不到相同範本，可開啟範例原始檔 <Part08 範本>，於瀏覽器開啟連結後，選按 **使用範本** 即可取得基本架構。)

STEP 01

Canva 首頁左側選單選按 **範本**，後續將為合適的範本 (不侷限於相同尺寸) 標記星號，方便影片專案設計時套用。

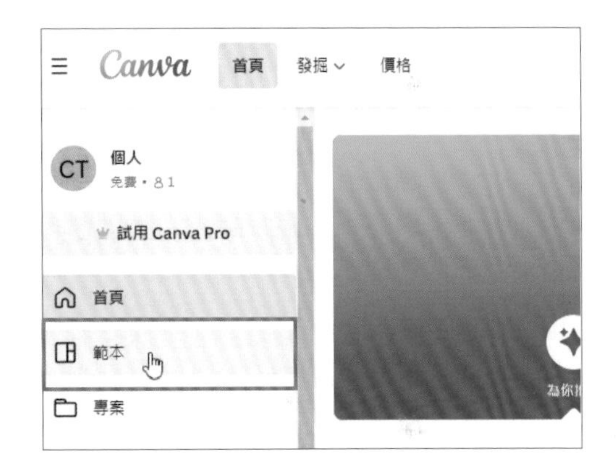

STEP 02

第一、二個範本：畫面上方搜尋列輸入關鍵字「technology business」，按 Enter 鍵開始搜尋，選按 **類別**：**商務 \ 簡報**，將滑鼠指標移至如圖二個範本上方，選按 ☆ 標記星號。

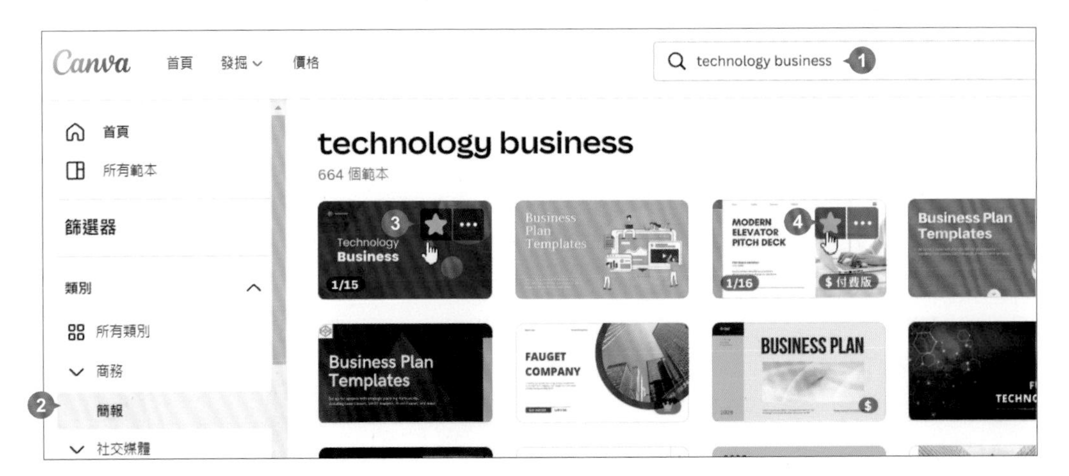

STEP 03 第三、四個範本：畫面上方搜尋列輸入關鍵字「mind map graph」，按 Enter 鍵開始搜尋，下方會列項思維導圖相關範本，將滑鼠指標移至如圖二個範本上方，選按 ☆ 標記星號。

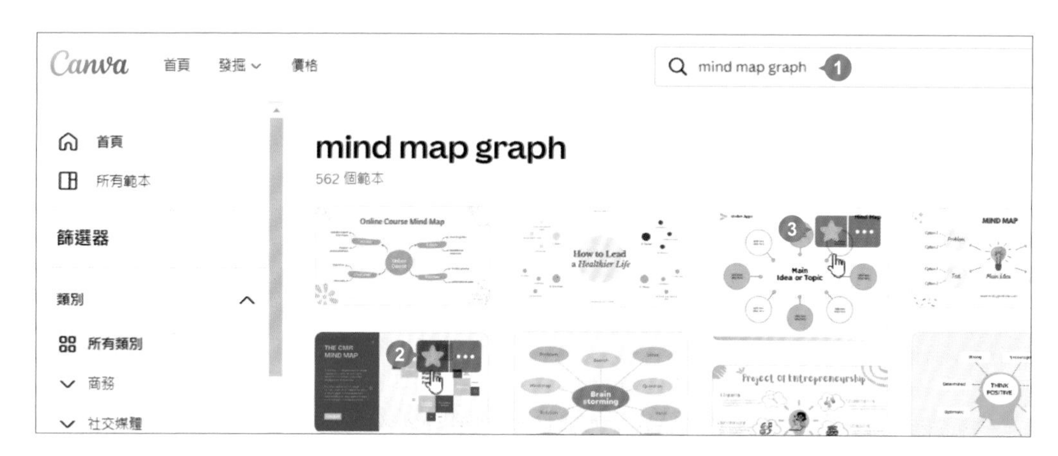

STEP 04 第五個範本：畫面上方搜尋列輸入關鍵字「chart」，按 Enter 鍵開始搜尋，下方會列項圖表相關範本，將滑鼠指標移至如圖範本上方，選按 ☆ 標記星號。

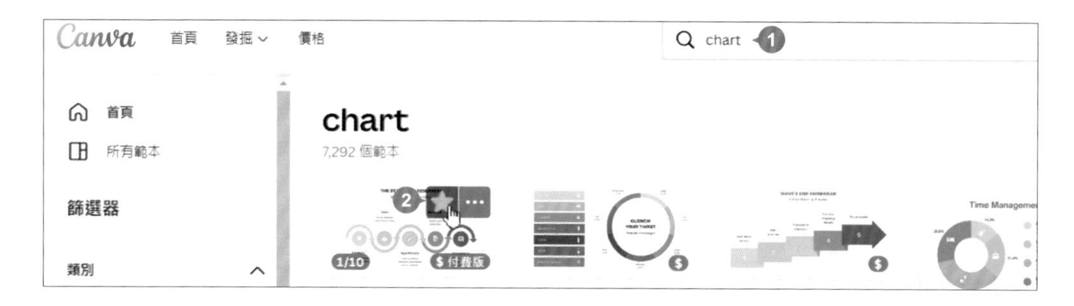

建立新專案

STEP 01 於 Canva 首頁上方，選按 **影片 \ 影片**，建立一份新專案。

STEP 02 進入專案編輯畫面，於右上角 **未命名設計-影片** 欄位中按一下，將專案命名為「知識型講解影片」。

套用標記星號的範本頁面

已標記星號 清單中，包含多款不同尺寸與類型的範本，只要套用即會自動調整為目前的專案尺寸。

STEP 01 側邊欄選按 **資料夾** (或於 **顯示更多** 找尋) \ **已標記星號**。
(部分帳號已更新介面：側邊欄選按 **專案** \ **資料夾** \ **已標記星號**)

STEP 02 **已標記星號** 清單中，如圖選按第一個要使用的範本，選按該範本第 1 款設計套用於第 1 頁 (會直接覆蓋時間軸空白頁面)，並在時間軸最右側選按 + 新增頁面。

依相同方法，參考下圖套用指定設計於第 2 頁，並在時間軸最右側選按 + 新增頁面，套用指定設計於第 3 頁，並在時間軸最右側選按 + 新增頁面。

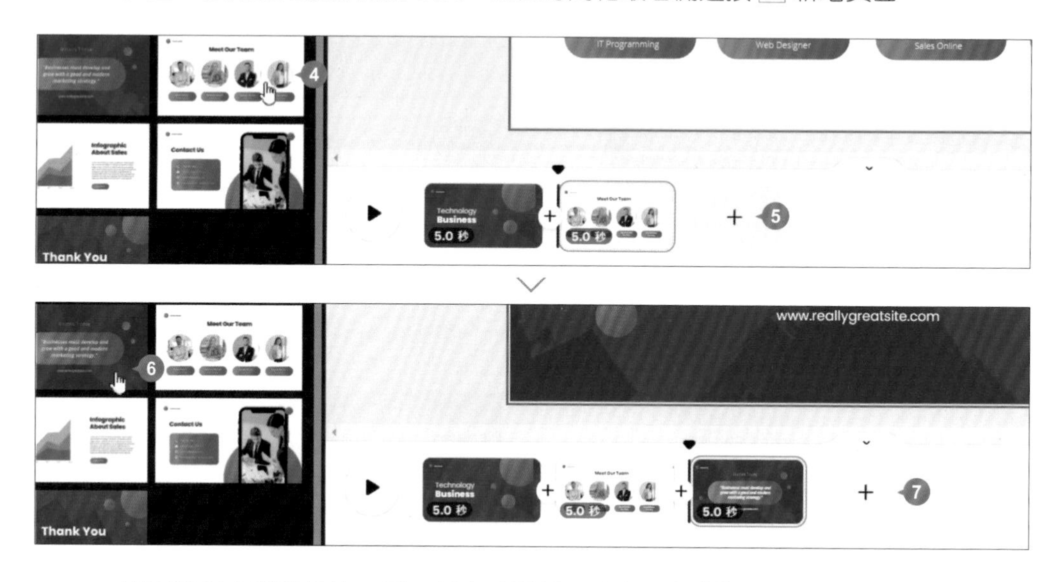

再套用指定設計於第 4 頁，並在時間軸最右側選按 + 新增頁面。

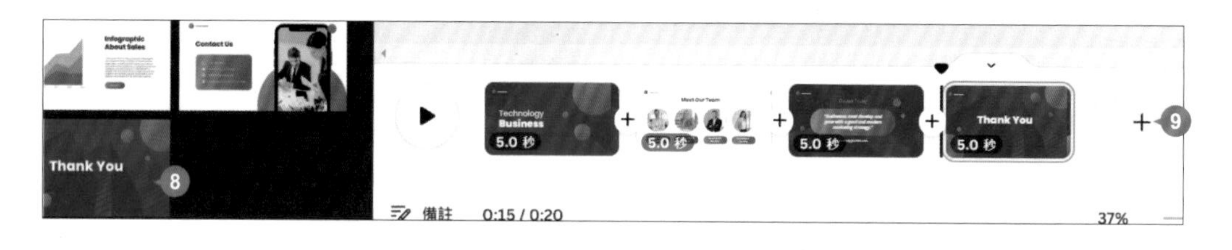

STEP 03 套用此範本指定的 4 款設計後，側邊欄關閉該範本回到 **已標記星號** 清單。

STEP 04 **已標記星號** 清單中，如圖選按第二個要使用的範本。

參考下圖套用指定設計於第 5 頁，並在時間軸最右側選按 + 新增頁面。

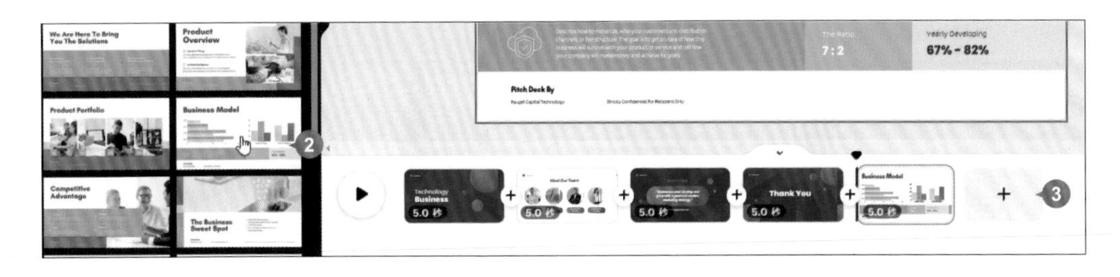

STEP 05

套用此範本指定設計後，側邊欄關閉該範本回到 **已標記星號** 清單。

STEP 06

已標記星號 清單中，如圖選按第三個要使用的思維導圖範本，此範本只有 1 款頁面設計，因此會直接套用於目前時間軸空白頁面；接著在時間軸最右側選按 + 新增頁面。

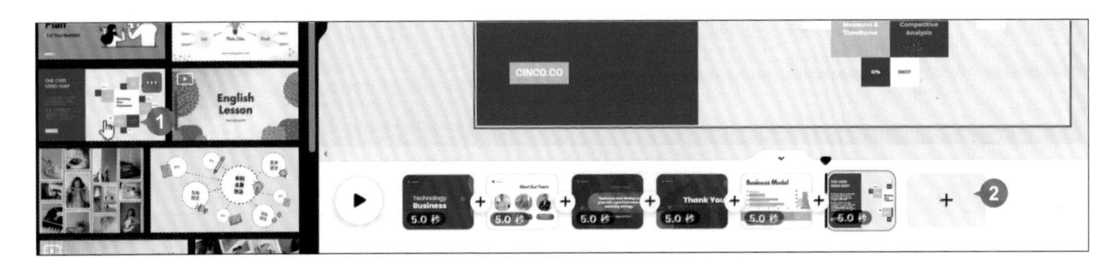

STEP 07

已標記星號 清單中，如圖選按第四個要使用的思維導圖範本，此範本同樣只有 1 款頁面設計，因此會直接套用於目前時間軸空白頁面；接著在時間軸最右側選按 + 新增頁面。

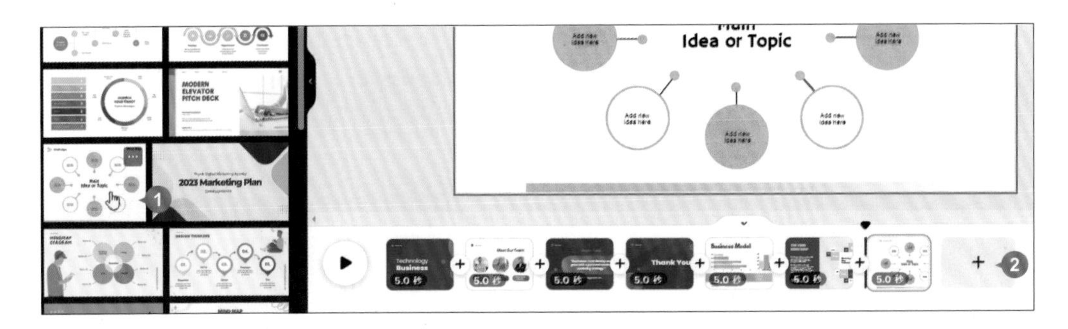

STEP 08 **已標記星號** 清單中，如圖選按第五個要使用的範本，參考下圖套用指定設計於第 8 頁。

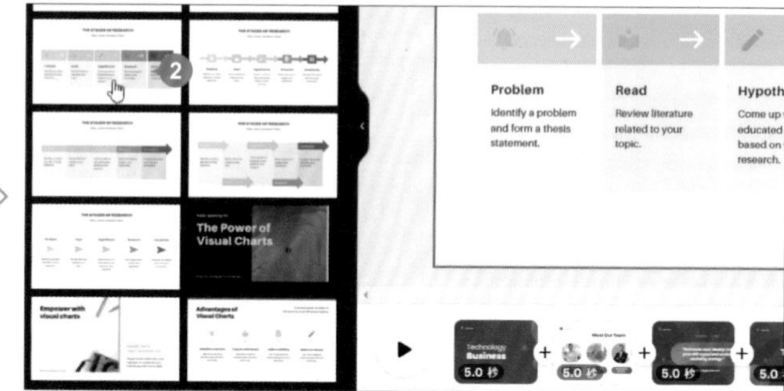

依結構調整頁面播放順序

完成專案頁面新增與指定範本款式套用後，接著依影片預計呈現的文案結構，調整各頁面在時間軸的前、後順序。

STEP 01 時間軸分別按住第 3、4 頁縮圖不放，往後拖曳成為倒數第 2 頁與最後一頁。

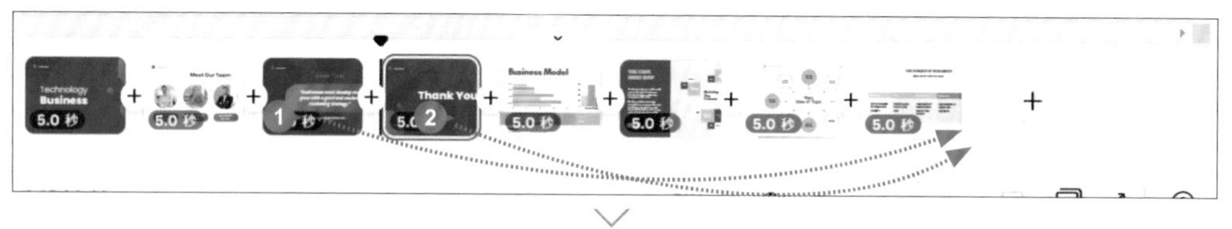

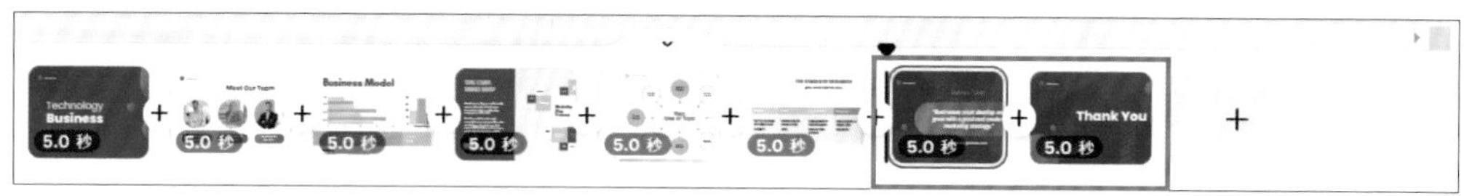

STEP 02 依相同方法，參考下圖分別調整時間軸第 3、6 頁縮圖，至新的指定順序。

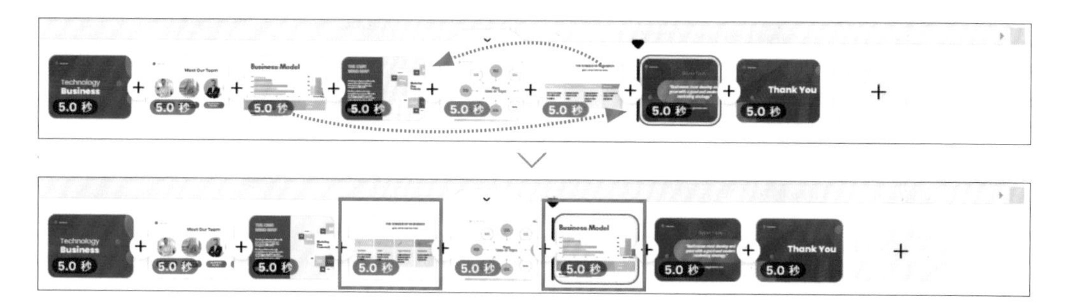

8-4 以設計與文案提升影片專業度

專業領域主題說明或課程行銷影片，需以可輕鬆了解的圖文內容與適合目標客群的設計呈現，較容易說服客群。

調整背景顏色

時間軸第 2 頁縮圖上按一下，再按 Ctrl 鍵不放並在時間軸第 3 ~ 6 頁縮圖上各按一下，選取 2~6 頁；工具列選按 開啟側邊欄，選擇合適背景顏色套用。

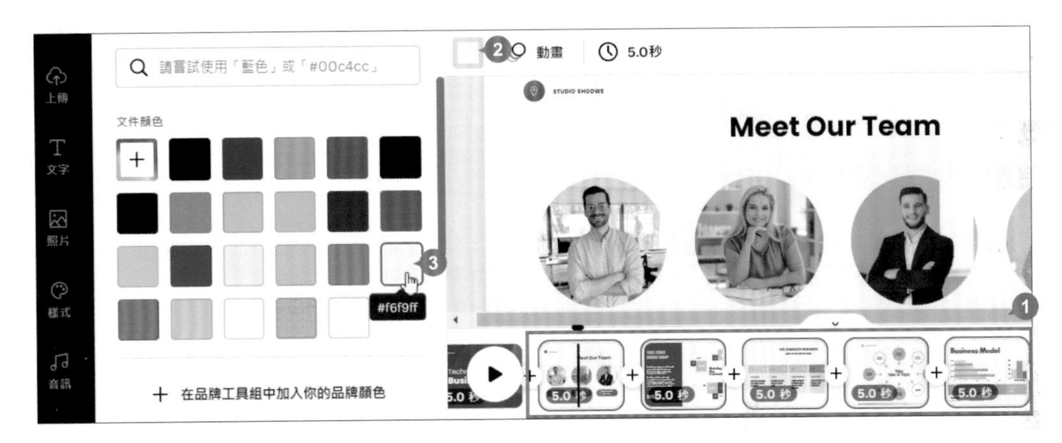

編修、移動元素與文字

刪除目前頁面中不需要的元素或文字方塊，後續可更方便佈置主題相關內容。

STEP 01 時間軸第 1 頁縮圖上按一下，將滑鼠指標移至如圖元素左上角 (1)，往右下角拖曳至文字方塊 (2)，可一次選取要調整的元素與文字方塊，再將滑鼠指標移至四個角落控點呈 ↘ 狀，即可拖曳調整合適大小 (稍放大些)。

STEP 02 空白處按一下取消目前的選取，再如圖於文字方塊上連按二下選取所有文字，輸入相關品牌或公司名稱。

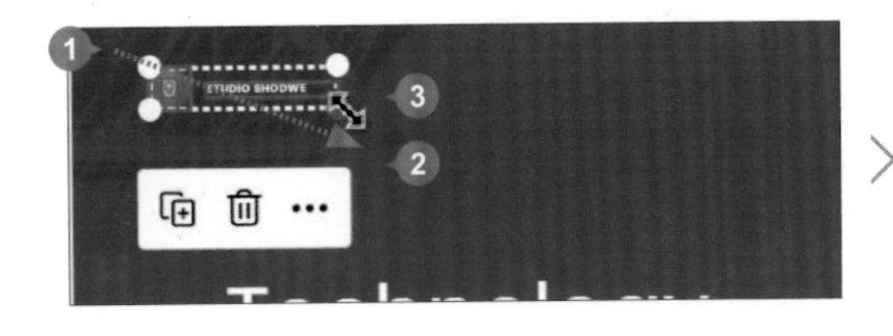

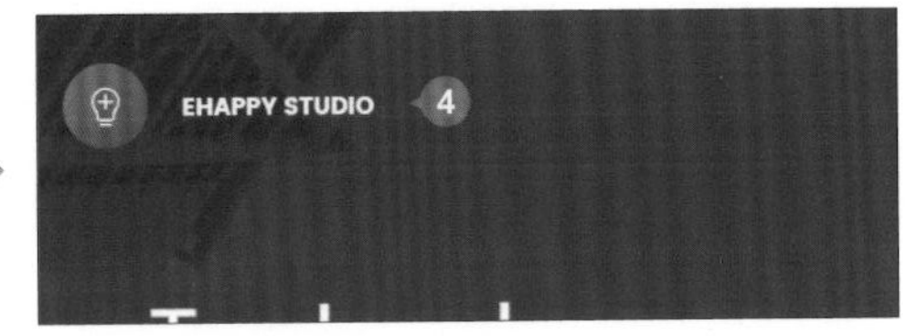

STEP 03 依相同方法，編修、刪除第 2 ~ 8 頁不需要的元素與文字方塊 (按住 Shift 鍵可選取多個元素或文字方塊)。

第 2 頁

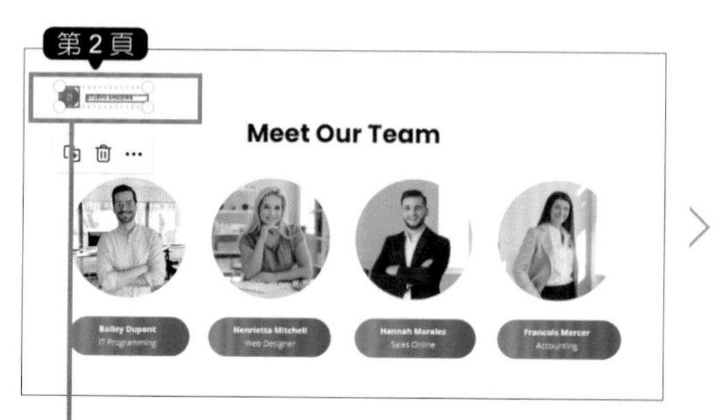

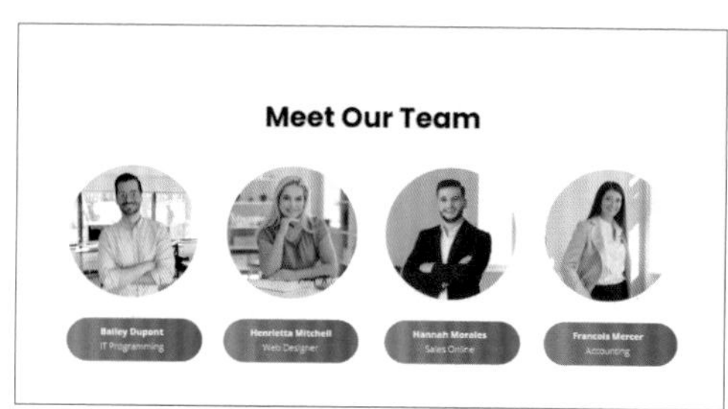

選取並刪除

第 3 頁

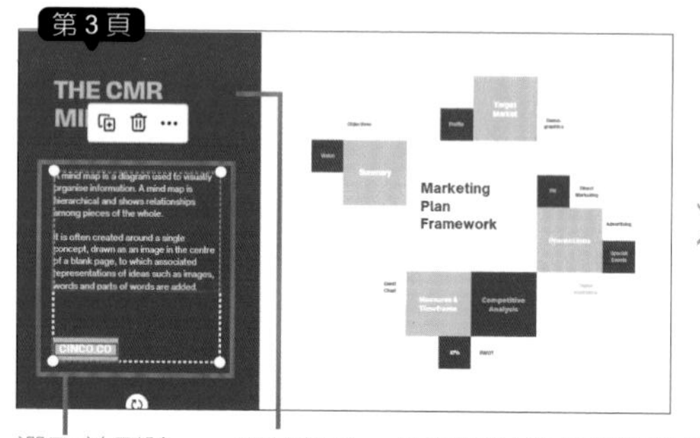

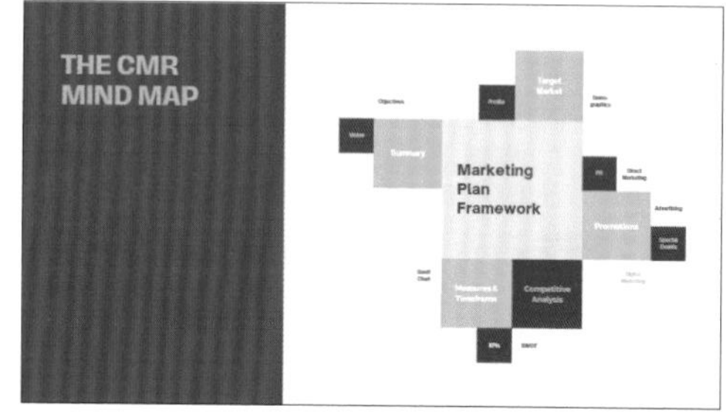

選取並刪除　調整顏色，使專案配色更有整體性。

第 4 頁

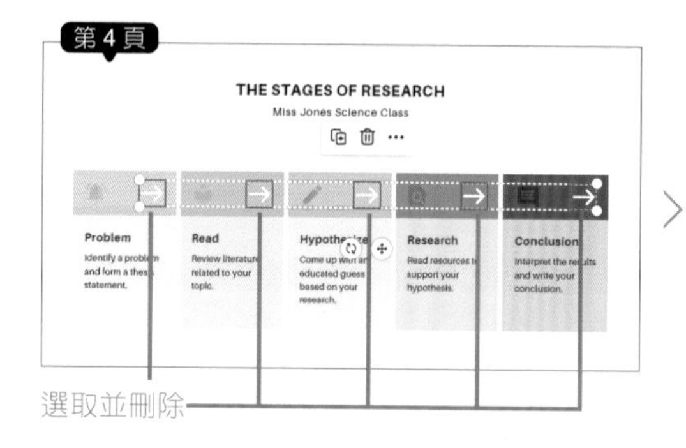

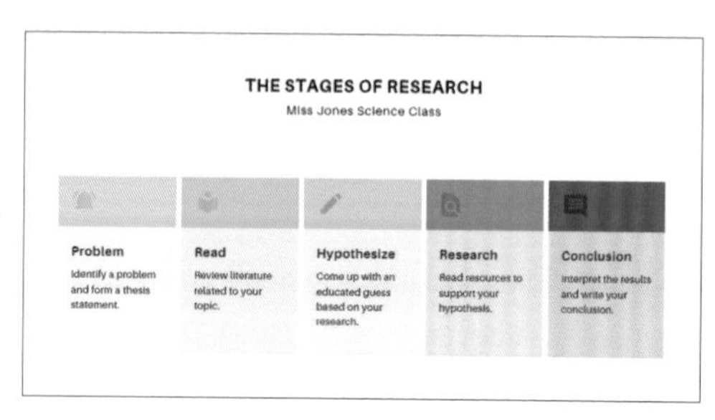

選取並刪除

第 5 頁

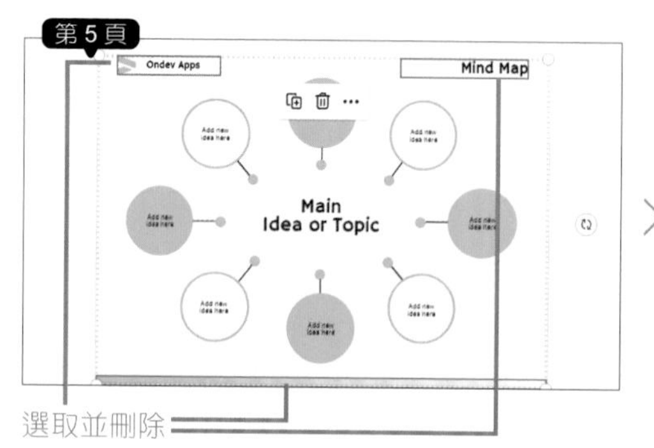

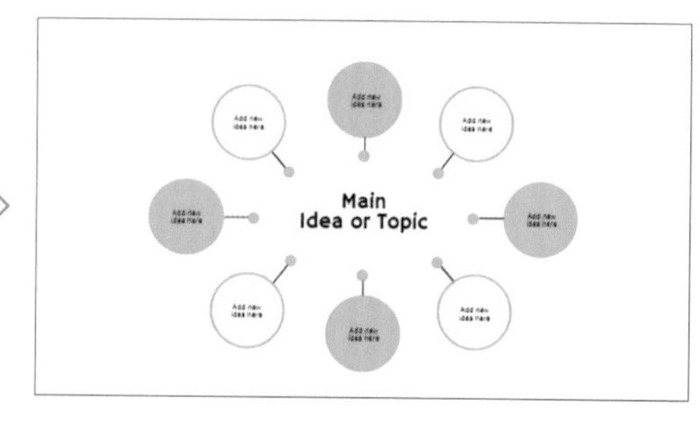

選取並刪除

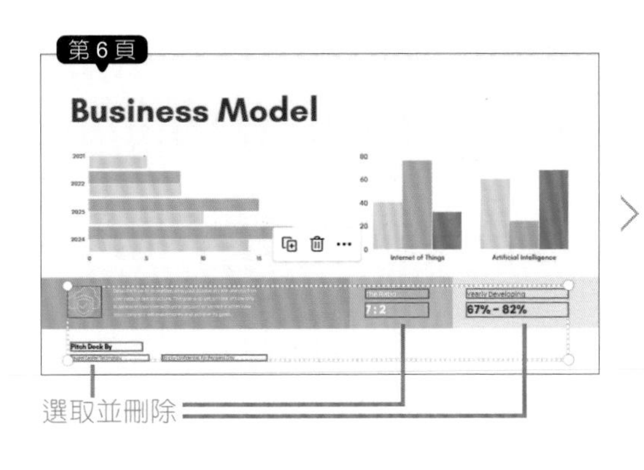

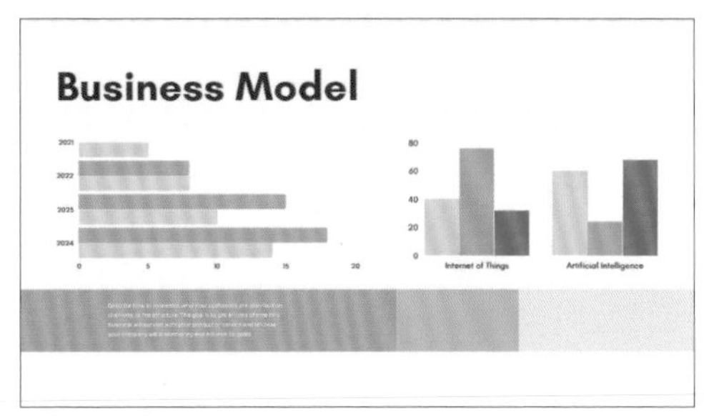

選取並刪除

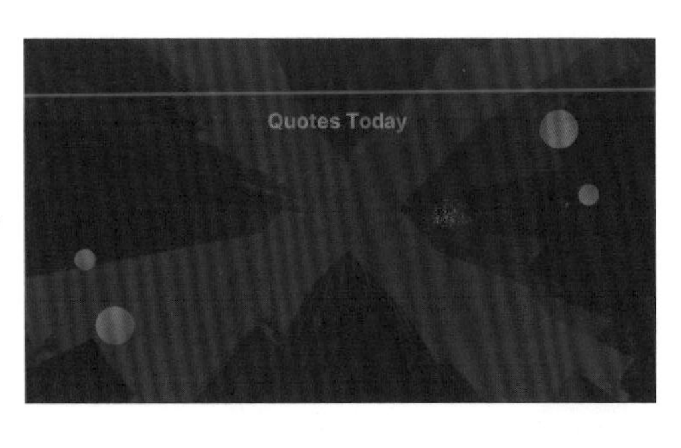

選取並刪除

選取並刪除，再複製第 1 頁調整過的左上角元素與文字方塊，於第 8 頁貼上。

替換標題與內文

用影片傳遞訊息的方法不外乎劇情、文案、口白說明...等，接著依影片內容替換範本中原有的標題與內文，讓客群清楚了解他們能從中獲得的資訊以及講師團隊、教學特色。

STEP 01 時間軸第 1 頁縮圖上按一下，於頁面要替換的標題或內文文字方塊上連按二下選取所有文字，參考右圖輸入與調整相關文字。(或開啟範例原始檔 <知識型影片文案.txt> 複製與貼上)

STEP 02 依相同方法，調整第 2、6~9 頁的標題或內文文案。

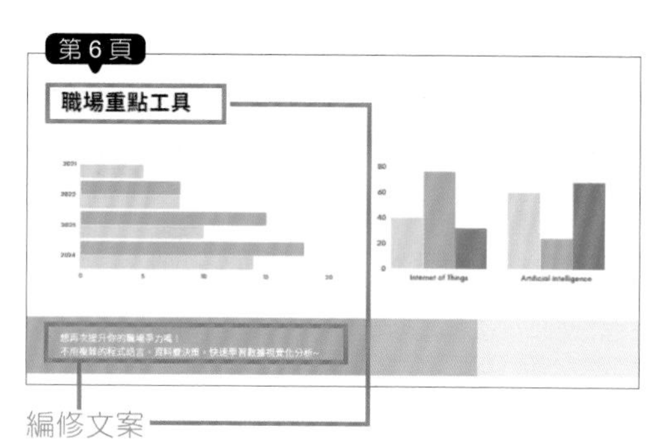

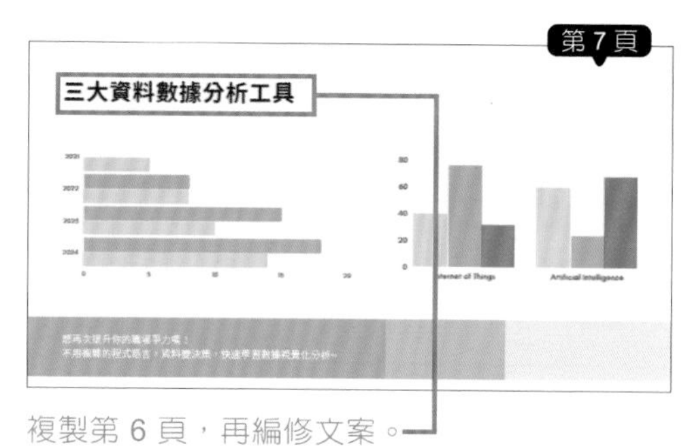

尋找並加入動態元素

STEP 01 時間軸第 1 頁縮圖上按一下，側邊欄選按 **元素**，輸入關鍵字「business」，按 Enter 鍵開始搜尋。

STEP 02 於搜尋列右側選按 開啟篩選器，指定 **動畫**：**動畫**，選按 **套用篩選器** 鈕。

STEP 03 選按 **圖像** 標籤，參考下圖插入該動態元素；將滑鼠指標移至元素四個角落控點呈 ↗ 狀，拖曳可調整合適大小；將滑鼠指標移至 ↻ 上呈 ↔ 狀，拖曳可旋轉調整合適角度，最後將圖像移動至合適位置。

STEP 04 依相同方法，第 3~7 頁，參考下圖插入動態元素，並調整至合適大小、角度與位置。

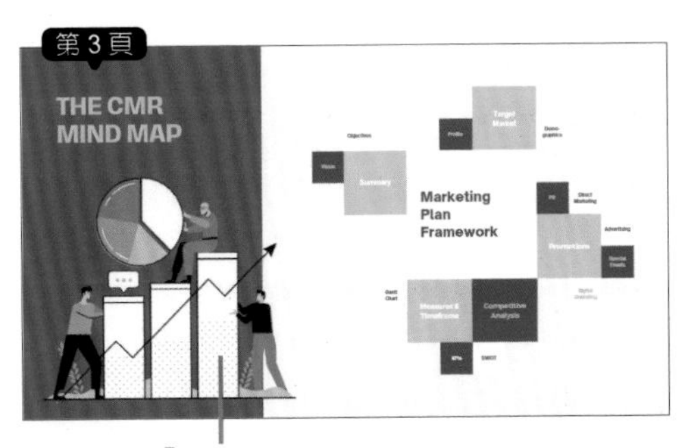

關鍵字：「chart」

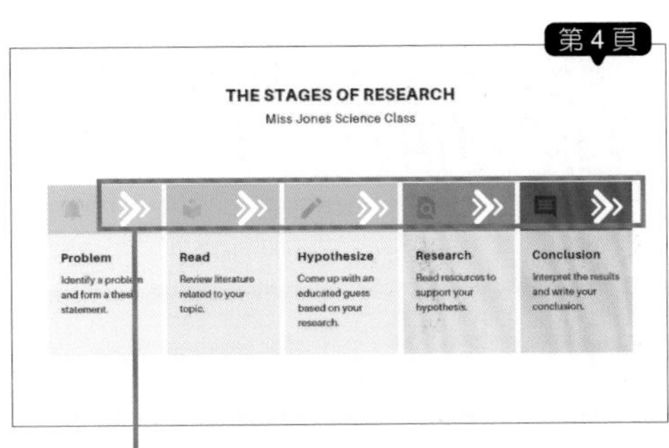

關鍵字：「arrow」

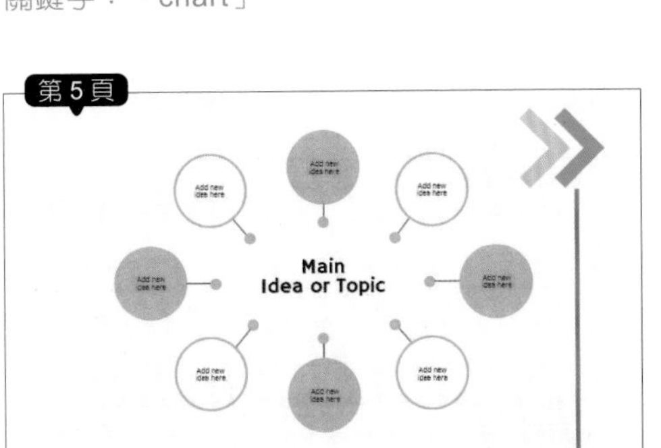

關鍵字：「arrow」

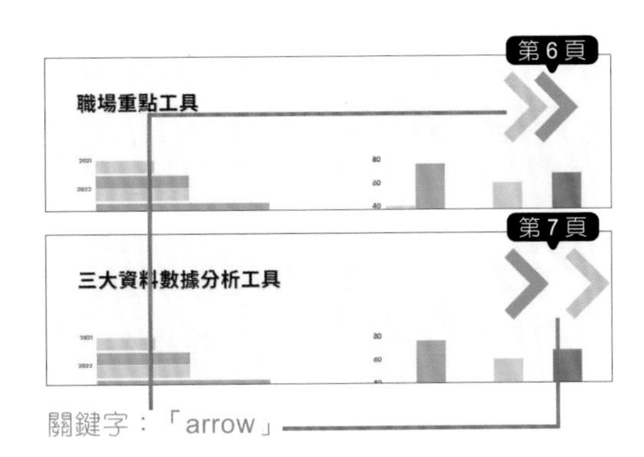

關鍵字：「arrow」

8-5 用思維導圖呈現繁複的想法

複雜的想法、多主題交叉探討...等，為了更有組織的讓客群了解與牢記，應用思維導圖將知識與想法連接起來，能更有效的加以分析。

思維導圖設計工具非常容易使用，不僅有多個已設計好的範本，也可自行挑選合適的思維導圖元素加入專案；思維導圖的主題通常顯示在正中央，而不同想法則分佈在不同方位，藉由線段、箭頭、方塊...等形式，呈現思維分類與關係。

為想法及點子套用合適顏色

第 3~5 頁為思維導圖範本頁面，思維導圖是藉由顏色與形狀引導想法，填入資料前可瀏覽確認，再依內容需求調整原範本中的設計。

STEP 01 時間軸第 3 頁縮圖上按一下，調整中央主題方塊：於主方塊處按一下滑鼠左鍵，工具列選按 ▨ 開啟側邊欄，選擇合適顏色套用 (此處套用淺灰色)。

STEP 02 接著可分別為第一層、第二層資訊方塊套用該層代表色，若同一層中有特別需要強調說明的項目，可套用同色系但較搶眼的顏色。

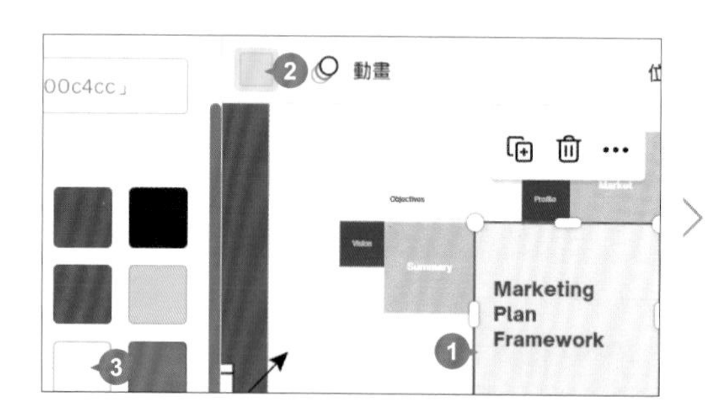

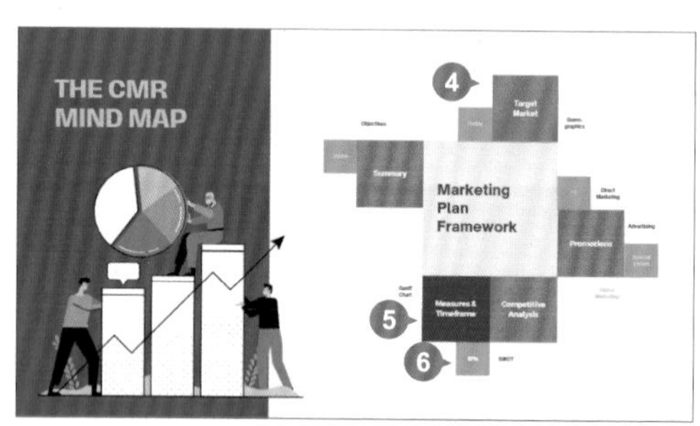

小提示 取得更多思維導圖設計元素

側邊欄選按 **元素**，輸入關鍵字「思維導圖」、「心智圖」、「mind map」...等，均可搜尋到多款思維導圖設計元素，選按合適元素插入專案中，還可微調編輯。

替換標題與思維導圖內容文案

當手邊資料雜亂無章時，需先確認其中心主題，再將所有資料分類、歸納出一層層的項目整理與討論。

STEP 01 時間軸第 3 頁縮圖上按一下，先稍微將此頁思維導圖放大些，將滑鼠指標移至元素四個角落控點呈 ⤢ 狀，拖曳可調整合適大小。

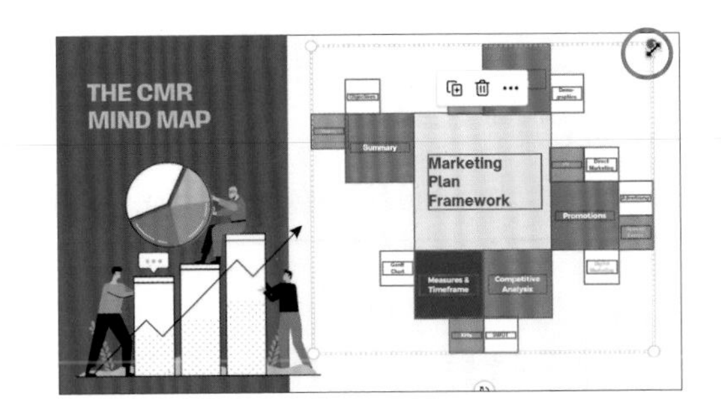

STEP 02 參考下圖，替換頁面左上角標題文字、思維導圖正中央主題方塊文字，再依序替換第一、二層想法文字；並調整文字顏色搭配方塊。(或開啟範例原始檔 <知識型影片文案.txt> 複製與貼上)

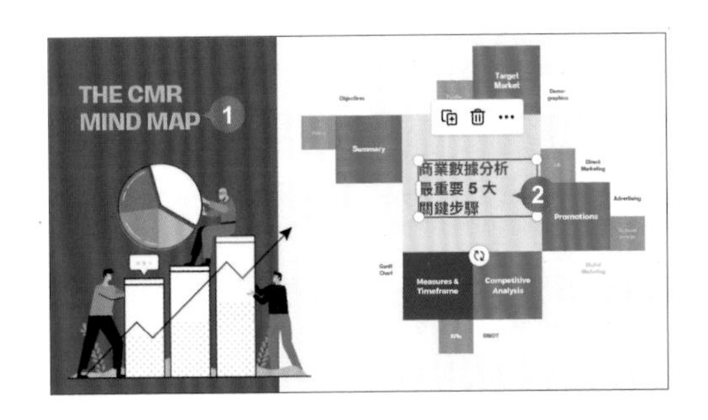

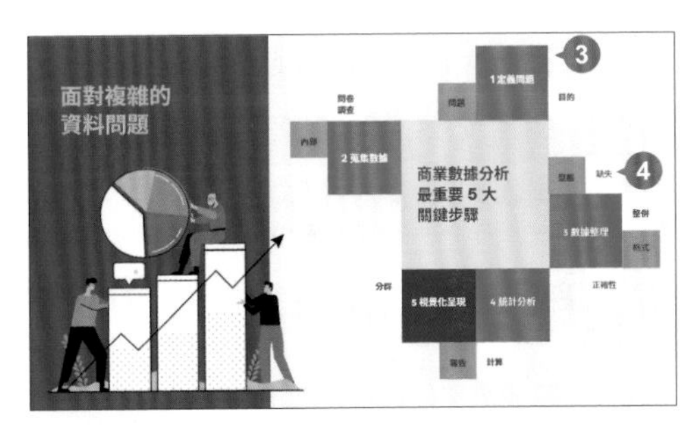

STEP 03 參考下圖，分別為第 4、5 頁替換標題、主題或想法文字。(或開啟範例原始檔 <知識型影片文案.txt> 複製與貼上)

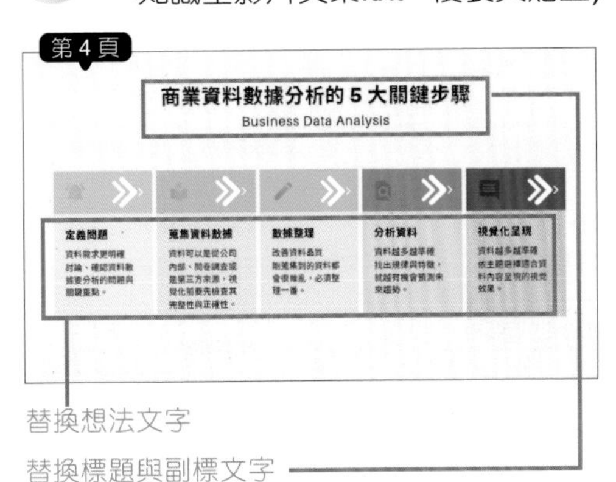

替換想法文字

替換標題與副標文字

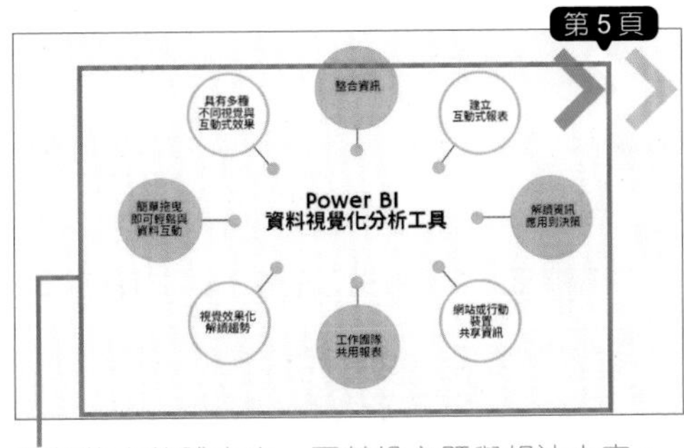

稍加放大整體大小，再替換主題與想法文字。

8-6 用圖表呈現資料數據視覺化

知識型講解中，常見說明商品優勢、市佔率、領先指標...等統計數據，可反映現狀、強調重要問題或聚焦在特定指標，以吸引客群對商品的興趣。

統計數據可提升簡報、影片內容的專業度，但也容易令人覺得艱深難懂。將其製作成美觀易讀、引人注目的視覺資訊圖表，便能使觀眾一目了然。

編輯圖表連結資料

圖表設計工具非常容易使用，不僅有多個已設計好的範本，也可自行挑選合適的圖表元素加入專案，圖表元素使用的第一步即是填入正確的資料數據。

STEP 01 時間軸第 6 頁縮圖上按一下，選取要編輯的圖表元素，工具列選按 **編輯**。

STEP 02 參考下圖，側邊欄選按 **資料** 標籤，輸入資料數據 (或開啟範例原始檔 <知識型影片文案.txt> 複製與貼上)，頁面中的圖表元素會立即套用並呈現。

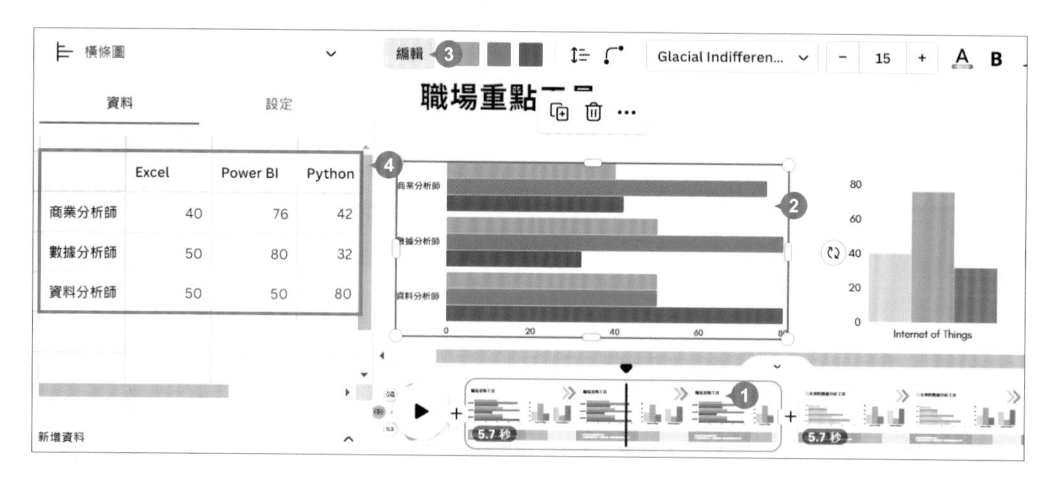

小提示 連結 Google 試算表中的資料

若想連結 Google 試算表的資料數據於 Canva 圖表呈現，可於 **資料** 標籤下方選按 **新增資料 \ Google 試算表**，再登入帳號，指定檔案與儲存格範圍。

變更圖表樣式

Canva 有多種預設的圖表樣式可供選擇，選取要編輯的圖表元素，工具列選按 **編輯** \ 側邊欄上方清單鈕，可於圖表樣式清單中選擇合適的圖表樣式套用。

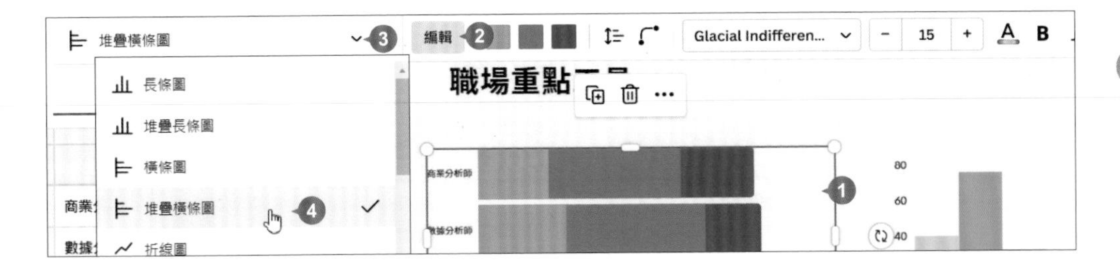

調整圖表格式與顏色

STEP 01 選取圖表元素，工具列選按 **編輯** \ 側邊欄 **設定** 標籤可開啟與隱藏此圖表樣式相關設定，以此堆疊橫條圖為例，可開啟：圖例、標籤、網格線和刻度。

STEP 02 每個資料項目都有其代表色，選取圖表元素狀態下，工具列選按要調整的代表色色塊，再選按合適顏色套用，即可替換資料項目代表色。

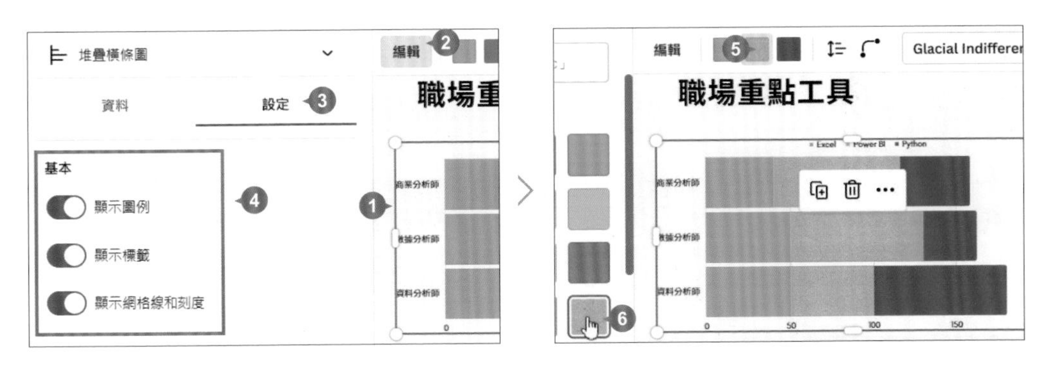

STEP 03 工具列上方除了可調整顏色，部分圖表樣式還有更多格式可以微調，以此堆疊橫條圖為例，可選按 ↕≡ 調整資料列間距，選按 ╭• 調整資料列圓角效果，也可設定文字字型與字級大小。

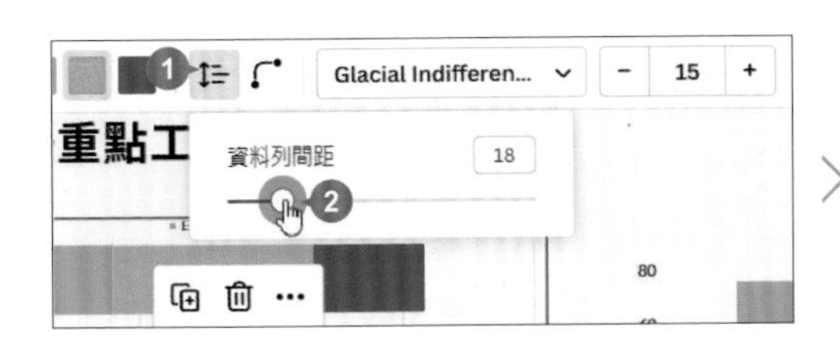

指定資料行或資料列為數列

STEP 01 部分圖表樣式可指定以資料數據的資料行或資料列為主呈現；同樣於第 6 頁，刪除右側原有的圖表元素，複製、貼上左側設計好的圖表元素，參考下圖佈置並稍微縮放其大小。

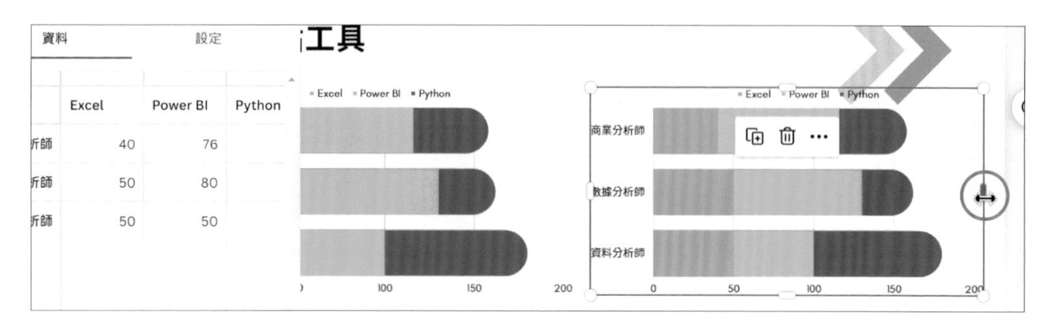

STEP 02 選取右側圖表元素，工具列選按 **編輯** \ 側邊欄上方清單鈕 \ **長條圖**，於 **設定** 標籤核選 **將資料列繪製為數列**，最後調整各項目顏色，以相同資料數據完成另一份不同主題的圖表呈現。

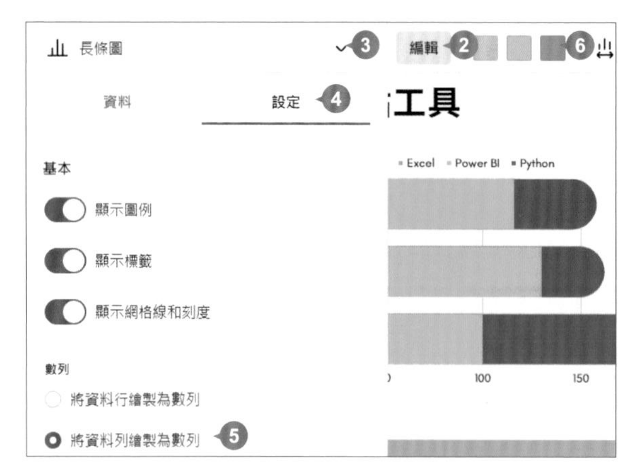

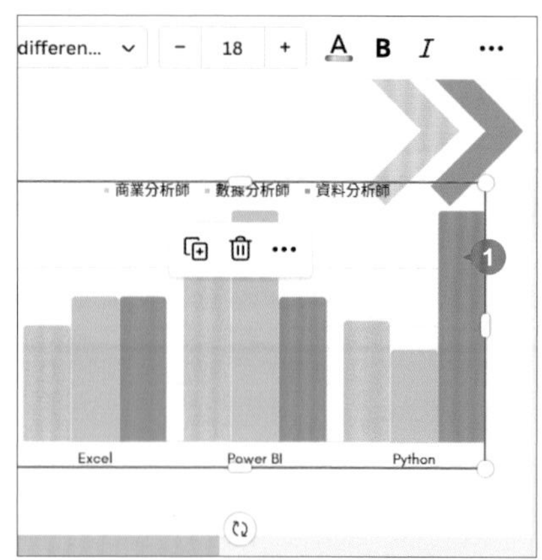

佈置與自訂圖表元素

前面是套用範本再調整數據與格式，接著要試試自行加入圖表元素的方式。

STEP 01 時間軸第 7 頁縮圖上按一下，先刪除此頁原有的圖表元素。

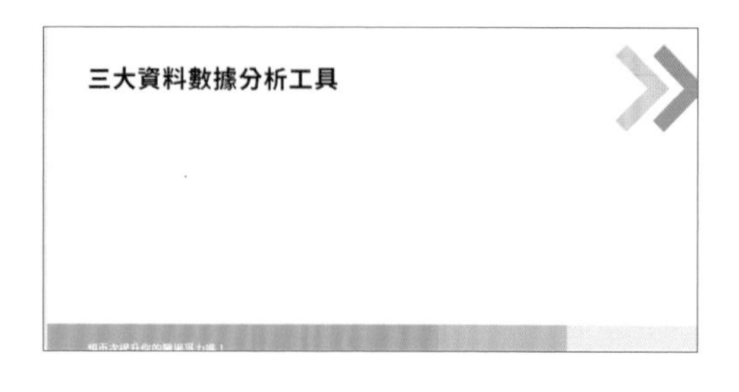

STEP 02 側邊欄選按 **元素 \ 圖表** 項目 \ **查看全部**，清單中會有多個可供編輯與設計的圖表元素，參考下圖選按進度環圖表元素加入此頁面。

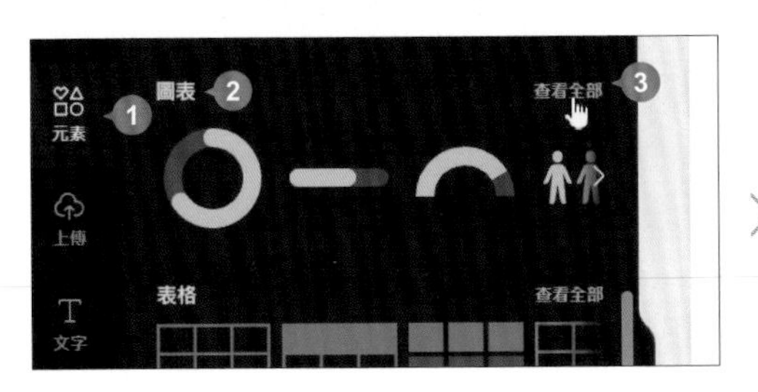

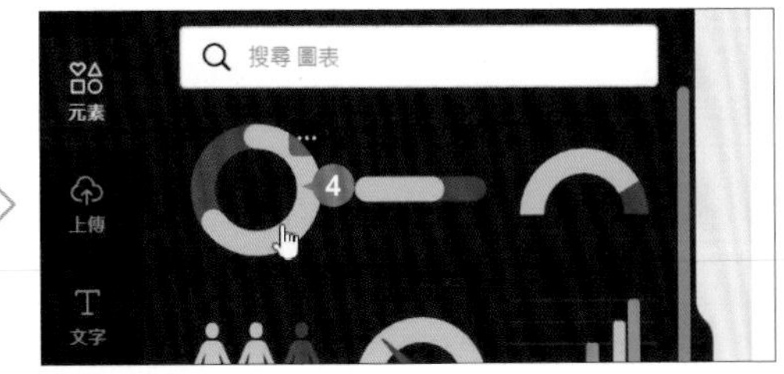

STEP 03 縮放加入的圖表元素並擺放至如圖位置，工具列選按 **編輯** 調整圖表元素的 **百分比**、**線條粗細**，並可開啟 **百分比標籤** 與 **圓角端點**，最後調整各項目顏色。

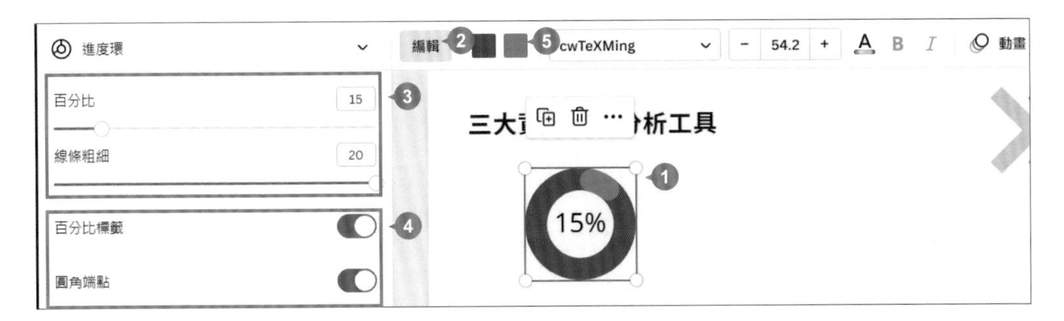

STEP 04 複製頁面上已完成的圖表元素，再貼上二次，並參考右圖調整相關設定與顏色，完成另外二個圖表元素的設計。

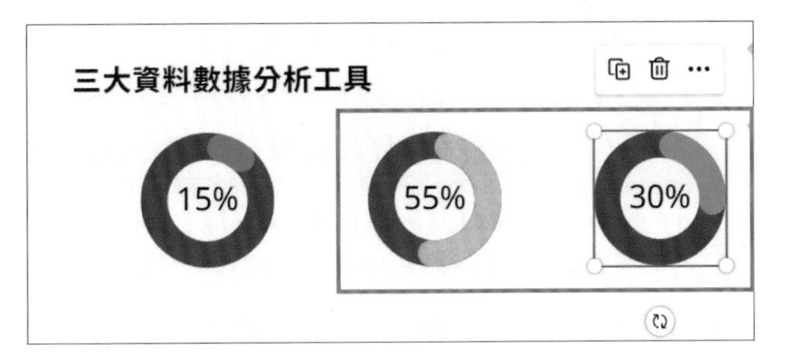

STEP 05 側邊欄選按 **文字 \ 新增少量內文**，為這三個圖表元素加入合適的文字說明 (或開啟範例原始檔 <知識型影片文案.txt> 複製與貼上)。

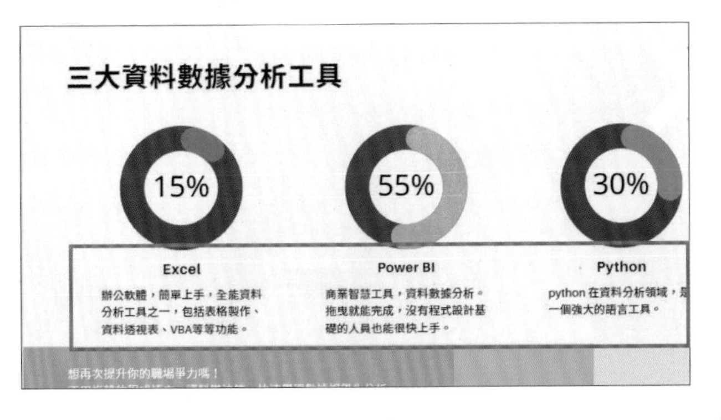

Part 08 視覺化呈現資料數據與分析

8-7 旁白錄製與安排

旁白可以幫助客群更清楚瞭解影片的進展與內容，如果想為影片錄製旁白，像介紹旅遊景點或是活動流程說明，可參考此處示範。

錄製旁白前準備動作

錄製前有幾項準備動作，可讓旁白錄製更流暢更有品質：

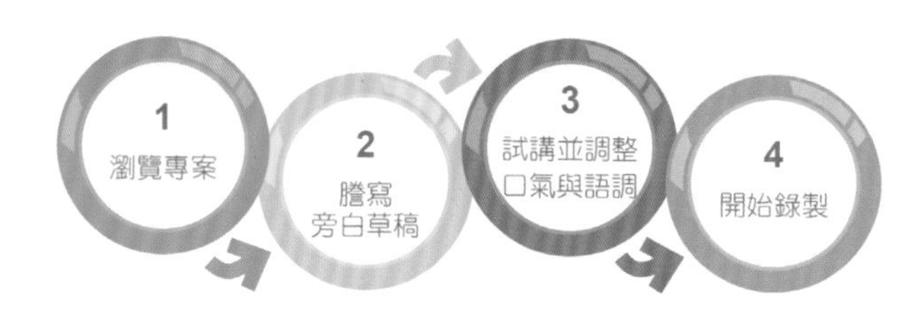

此專案已預先整理每頁要錄製的旁白草稿，或開啟範例原始檔 <旁白.txt> 瀏覽與試講調整語調。

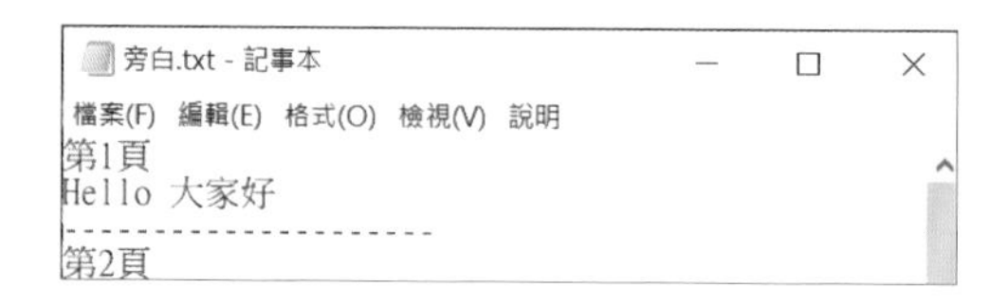

錄製旁白前的設定

STEP 01 確認麥克風設備的線路已正確連接電腦後，側邊欄選按 **上傳 \ 錄製自己** (第一次使用會出現允許授權訊息，可選按 **允許** 鈕開始。)

STEP 02 錄音室畫面右上角選按 8 \ **相機**，指定錄製旁白的攝影機與麥克風設備。(**相機** 項目中，預設會同步攝影，如果錄製旁白並不打算出現影像，可於此處隨意選擇一個攝影機項目，待後續錄製好後再將畫面隱藏只保留旁白聲音。)

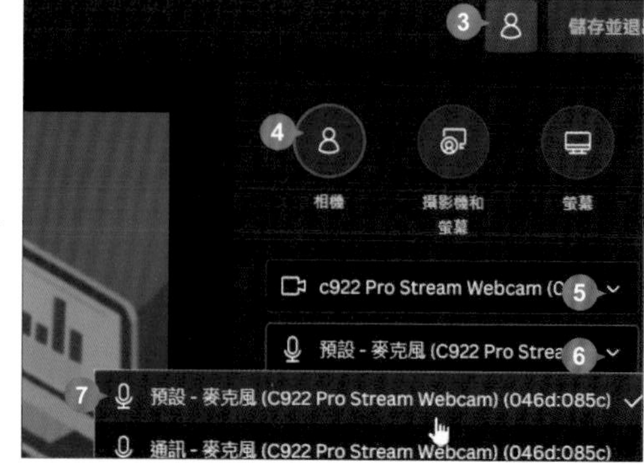

STEP 03 指定好攝影機與麥克風設備後，隨意說一句話，確認 **記錄** 鈕下方是否有出現音波，如需同步呈現攝影請確認頁面左下角圓型視訊擷取畫面是否出現合適影像。

STEP 04 將滑鼠指標移至圓型視訊擷取畫面上方可拖曳到合適位置，選按上方 ✧ 可套用濾鏡和效果、選按 ⧉ 可變更形狀、選按 ↺ 可鏡射內容。

開始錄製旁白

STEP 01 指定旁白第一段要出現的頁面，此專案選按第 1 頁縮圖。因為錄音室是一頁一頁的方式指定錄製，目前作用於哪一頁就會將該段旁白影片佈置於該頁播放。

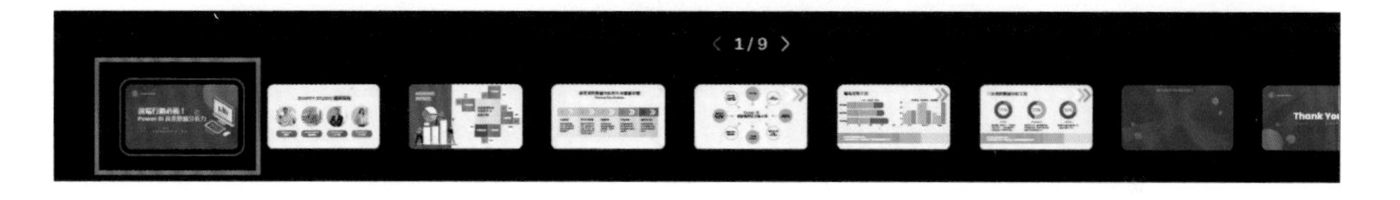

STEP 02 選按 **記錄** 鈕會開始倒數三秒，倒數後開始錄影，當該頁的旁白說完，選按 **完成** 鈕 (選按 ❚❚ 可暫停錄製、🗑 可刪除目前影片重新錄製)。

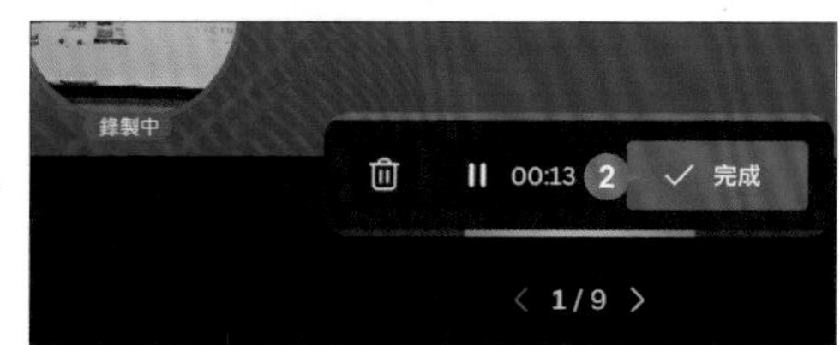

STEP 03 該頁旁白錄製完成後，可選按頁面左下角圓型視訊擷取畫面上的 ▶ 預覽影片 (若內容不適合，可選按 🗑 重新錄製)。

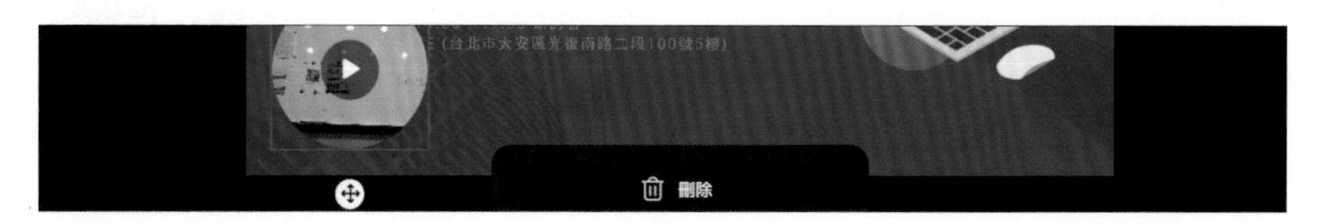

STEP 04 接著選按第 2 頁縮圖，選按 **記錄** 鈕會開始倒數三秒，倒數後開始錄影，當該頁的旁白說完，選按 ⏸ 暫停錄製。

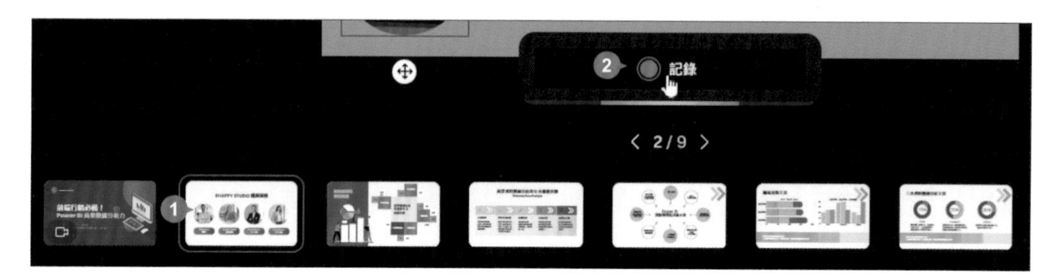

STEP 05 此專案除了第 8 頁沒有旁白，其他頁面均有安排旁白內容，依相同方法，一頁一頁完成旁白錄製 (第 7 頁後跳到第 9 頁)。

STEP 06 待每一頁旁白均錄製好並檢查過後，選按錄音室畫面右上角 **儲存並退出** 鈕，回到頁面，這時會在每一頁看到剛剛完成的圓型視訊擷取畫面。

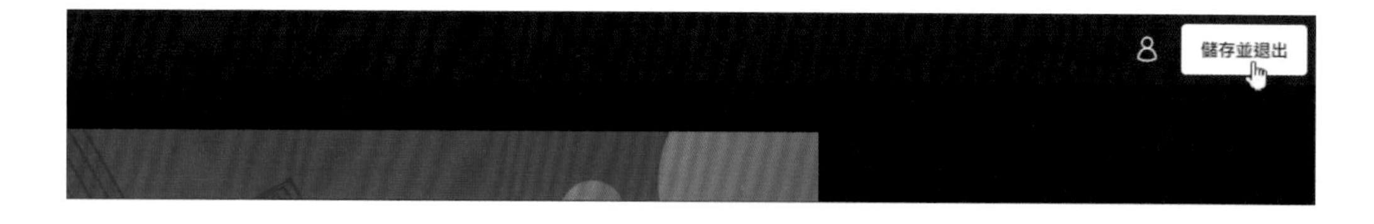

STEP 07 此專案因為只需要旁白聲音不需要畫面，因此選取每一頁的圓型視訊擷取畫面，工具列選按 ▩，設定 **透明度**：「0」，將該元素設定為透明。

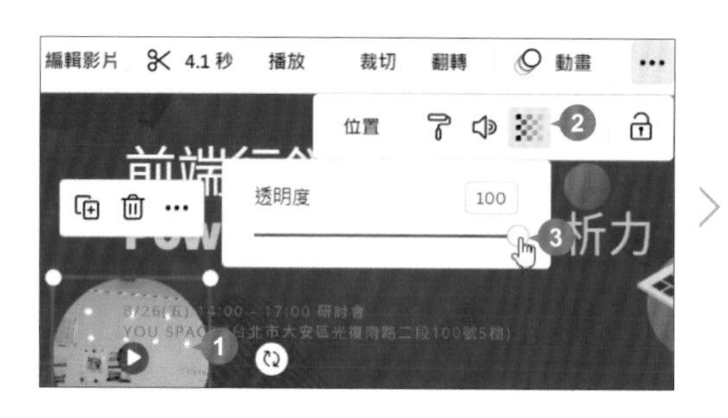

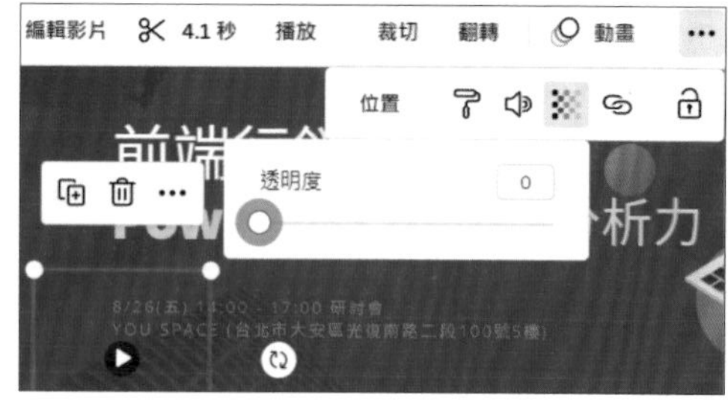

STEP 08 最後，時間軸第 1 頁縮圖上按一下，再選按時間軸左側 ▶，從頭播放預覽旁白與每一頁內容搭配的效果。

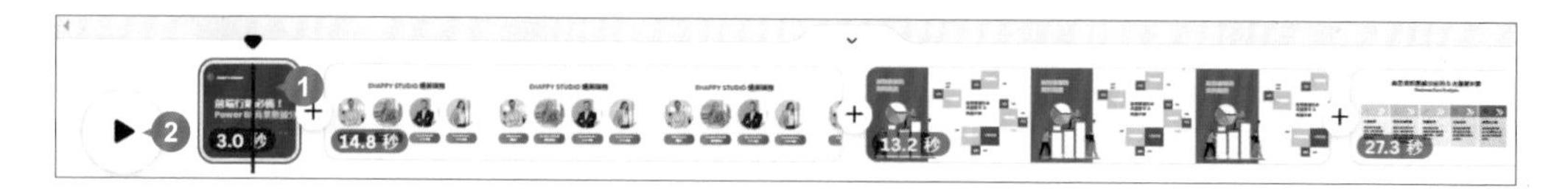

8-8 攝影機和螢幕雙畫面教學影片錄製

若影片中想同步呈現操作示範與講師入鏡畫面時，只要準備網路攝影機和麥克風，進入錄音室即可開始拍攝操作示範教學影片。

錄製教學前的設定

STEP 01 確認麥克風設備的線路已正確連接電腦後，側邊欄選按 **上傳 \ 錄製自己**。

STEP 02 錄音室畫面右上角選按 **\ 攝影機和螢幕**，首先需指定要分享的螢幕內容，可選擇 **整個螢幕畫面**、**視窗**、**Chrome 分頁** 類型，在此示範 **整個螢幕畫面 \ 螢幕1** (三種類型操作方式均相同)，接著指定攝影機與麥克風設備。

STEP 03 指定好攝影機與麥克風設備後，請隨意說一句話，確認 **記錄** 鈕下方是否有出現音波，以及確認頁面左下角圓型視訊擷取畫面是否出現合適的影像。

STEP 04 將滑鼠指標移至圓型視訊擷取畫面上方可拖曳到合適位置，選按上方 可鏡射內容、選按 可關閉相機 (鏡頭)。

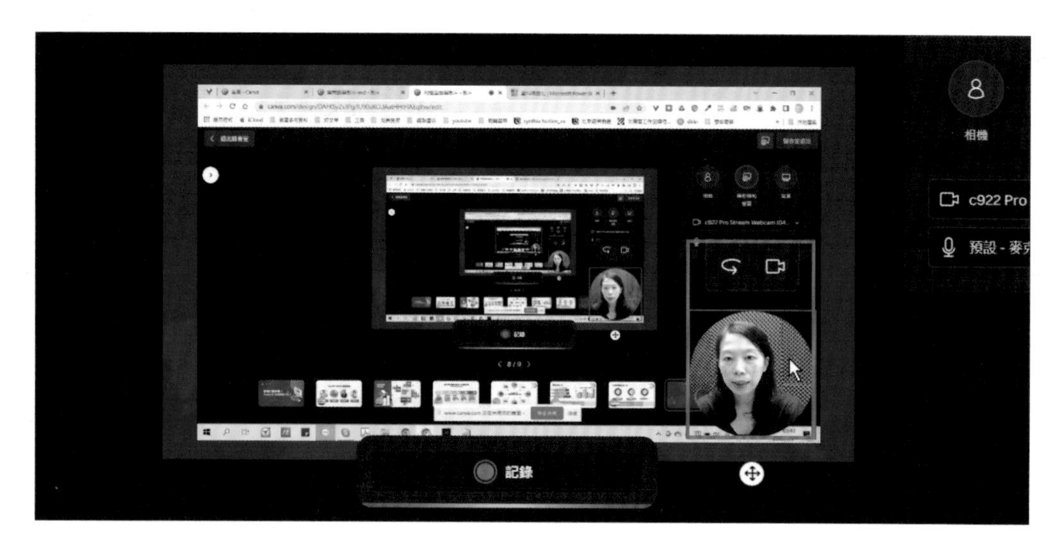

開始錄製教學

STEP 01 指定教學要出現的頁面，此專案選按第 8 頁縮圖。因為錄音室是一頁一頁的方式指定錄製，目前作用於哪一頁就會將該段教學影片佈置於該頁播放。

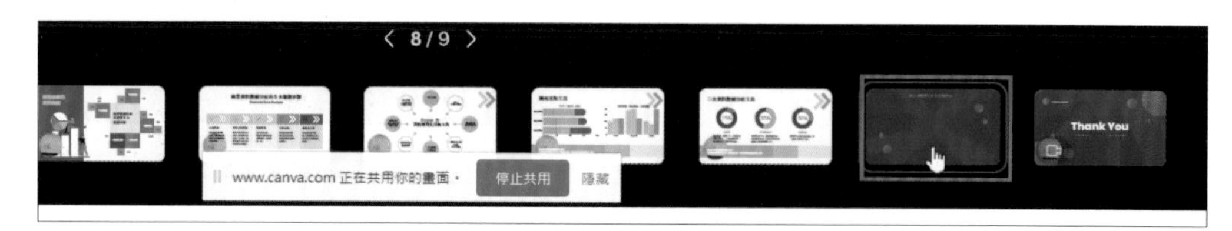

STEP 02 選按 **記錄** 鈕會開始倒數三秒，倒數後開始錄影，當該頁的教學展示完畢，選按 **完成** 鈕 (選按 ⏸ 可暫停錄製、🗑 可刪除目前影片重新錄製)。

STEP 03 此專案只安排第 8 頁錄一段教學影片 (若需要於多頁中呈現教學影片，依旁白錄製相同方法，切換至下一頁後再次選按 **記錄** 鈕即可)，最後選按錄音室畫面右上角 **儲存並退出** 鈕，回到專案編輯頁面。

STEP 04 時間軸第 8 頁縮圖上按一下，會看到剛剛完成的攝影機和螢幕雙畫面教學影片物件。選按時間軸左側 ▶，播放預覽教學影片與頁面內容搭配的效果。(若需裁切影片內容，需留意攝影機與螢幕畫面是二部影片，二部影片需裁切相同時間長度，畫面才能同步顯示)

8-9 多段式背景音訊設計

此專案中因為錄製了旁白與教學影片，使得影片較長且該時間點會需播放聲音。要再加入背景音訊時，必須考量旁白與背景音訊是否會互相干擾。

加入多首背景音訊

當音訊時間長度比整部影片短時，可再加入多首音訊呈現。

STEP 01 將 ▼ 拖曳至時間軸最前方，側邊欄選按 **音訊**，輸入關鍵字「Advertising」，按 Enter 鍵開始搜尋，選按如圖音訊，時間軸影片開始處產生第一首音訊。

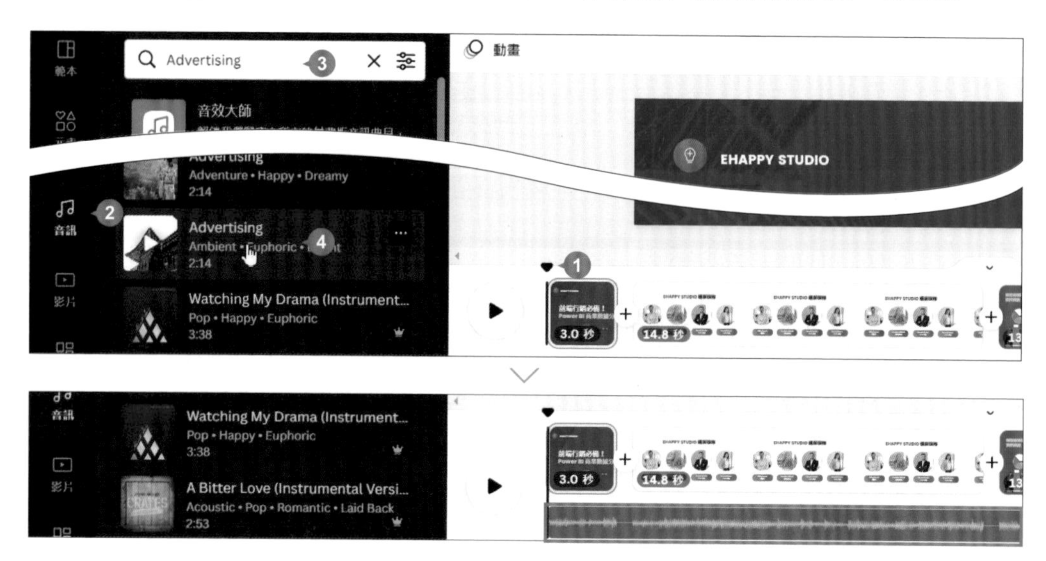

STEP 02 往右瀏覽時間軸內容，可看出此音訊比影片早結束，需再加入第二首音訊。參考下圖將 ▼ 拖曳至第一首音訊接近結尾處，選按同一首音訊，即產生在時間軸。(若將 ▼ 拖曳至第一首音訊最後，再插入第二首音訊時，則會接續在第一首音訊後方呈現。)

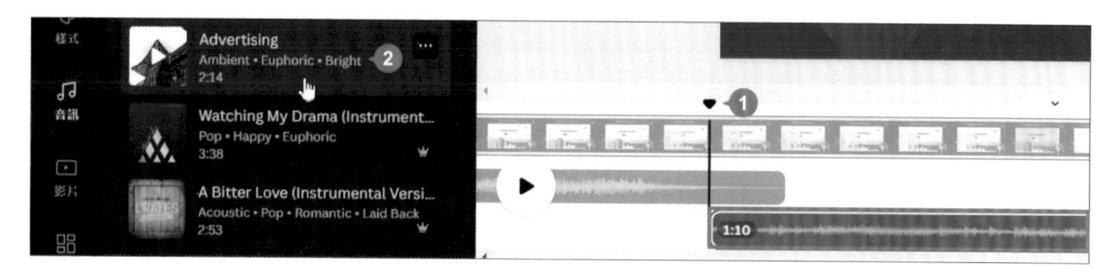

剪輯音訊

將滑鼠游標停留在音訊開始或結尾處，滑鼠指標會呈 ⇔ 狀，往左、往右拖曳即可剪輯音訊頭尾內容。

淡化音訊

瀏覽加入的第二首音訊，會發現影片結束音訊就跟著結束，聽起來會有種突然停止的突兀感。

這時可在時間軸選取第二首音訊，工具列選按 **音效** 開啟側邊欄，設定 **淡入：2.0 秒**、**淡出：2.0 秒**，讓背景音訊呈現較平滑的播放效果。

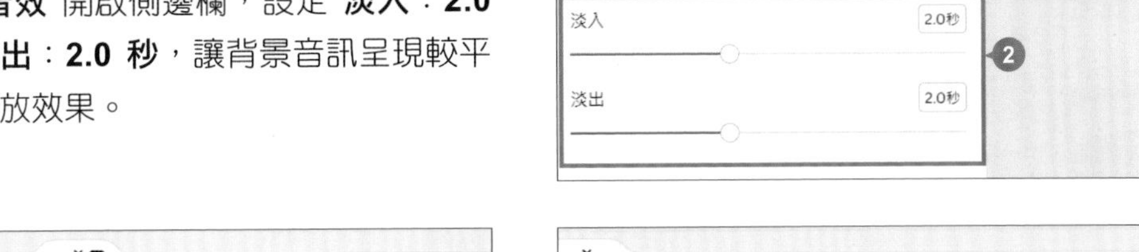

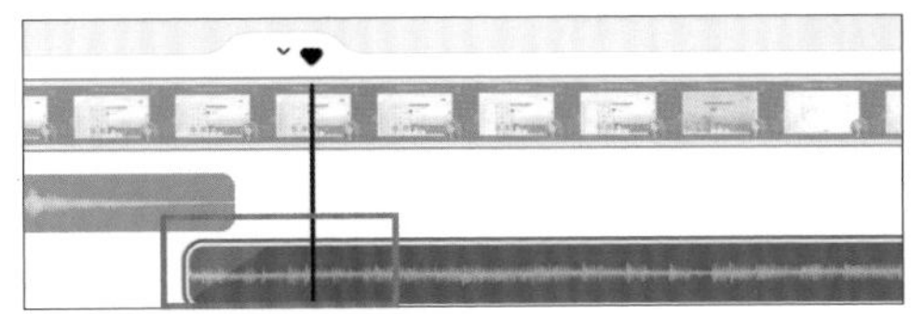

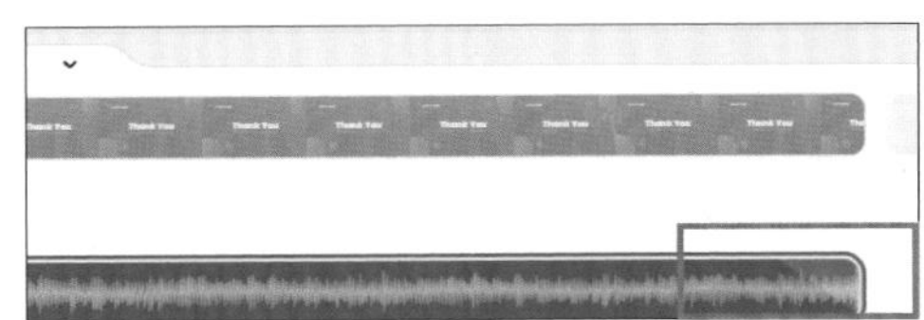

調整音訊音量

影片中同時有多個聲音播放來源時，例如：旁白、影片、背景音訊...等，建議將背景音訊的音量調小聲一些，才不會干擾到重要的聲音內容。時間軸選取第一首音訊，工具列選按 🔈 將音量調整小聲，依相同方法調整第二首音訊音量。

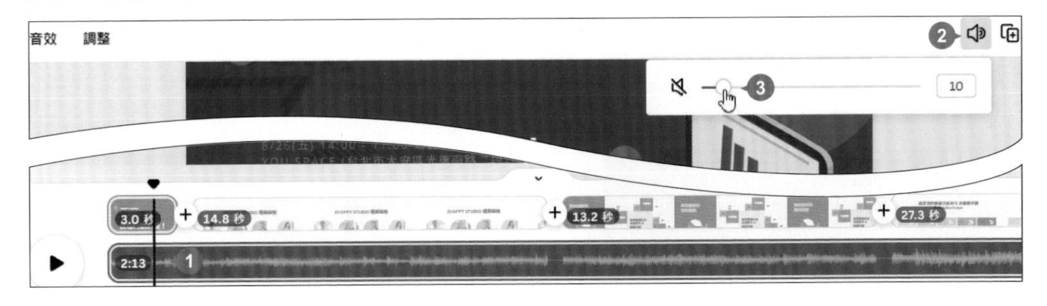

8-10 幫影片快速上字幕

為了讓客群清楚旁白說明的內容，加上字幕是最好的方式；字幕通常出現在影片下方，且需要依旁白說明的內容與時間點同步呈現。

Canva 上字幕的方式，目前是藉由分割頁面的方式來完成，所以需先將前面完成的專案設計轉換為 MP4 影片檔，再將其切成許多小片段，逐句加上字幕。

將專案轉出為 MP4

開啟前面完成的專案編輯畫面，畫面右上角選按 **分享 \ 下載**，指定 **檔案類型**：**MP4 影片**，再選按 **下載** 鈕，轉換為 MP4 影片檔。

開啟新專案佈置影片與字幕

STEP 01 回到 Canva 首頁，於上方選按 **影片 \ 影片**，建立一份新專案。右上角 **未命名設計-影片** 欄位中按一下，將專案命名為「知識型講解影片-字幕」。

STEP 02 側邊欄選按 **上傳 \ ⋯ \ 上傳** 開啟對話方塊，選取剛剛下載至本機的 MP4 影片檔，選按 **開啟** 鈕上傳至 Canva 雲端空間。

STEP 03 將上傳的影片檔佈置到頁面並縮放為頁面大小，再於影片下方加上文字方塊 (建議字級約 34，可於文字方塊後設計一個灰色透明色塊，凸顯文字內容)。

依旁白斷句時間點分割頁面

STEP 01 於文字方塊替換上旁白第一句字幕內容，也可開啟範例原始檔 <旁白.txt> 複製貼上，接著選按時間軸左側 ▶ 播放預覽，待旁白第一句話講完，選按時間軸左側 ⏸ 暫停播放。

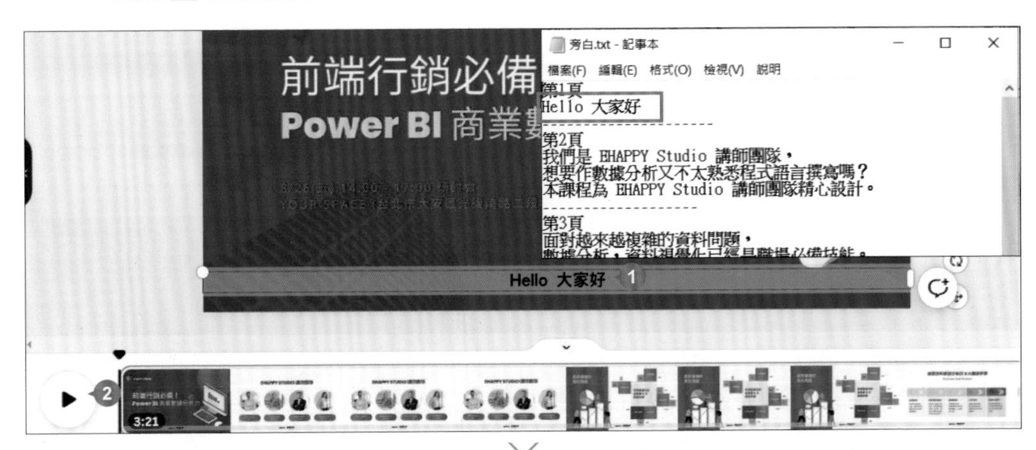

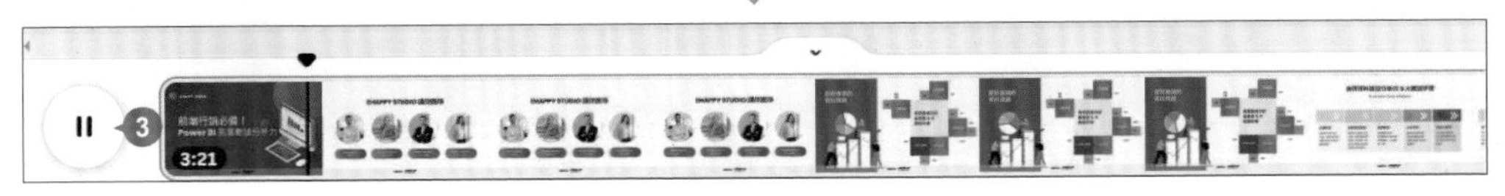

STEP 02 將滑鼠指標移至時間軸影片縮圖上，選按滑鼠右鍵 \ **分割頁面** (或直接按 S 鍵)，於此時間點分割頁面，為分割出來的頁面調整第二句字幕文字內容；依 <旁白.txt> 內容，一句話分割一個頁面，使用相同方法完成後續各時間點分割頁面並調整字幕。

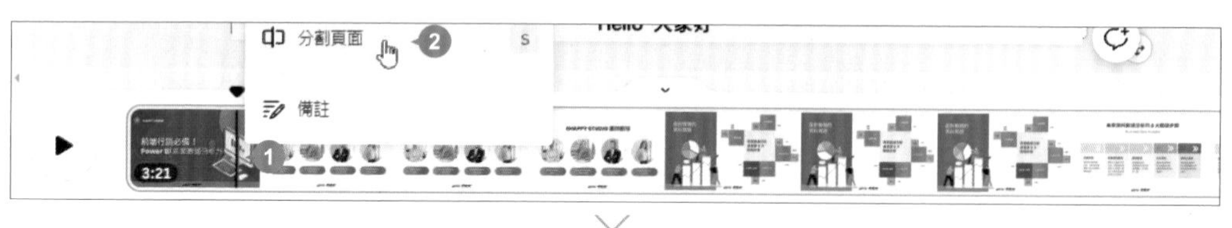

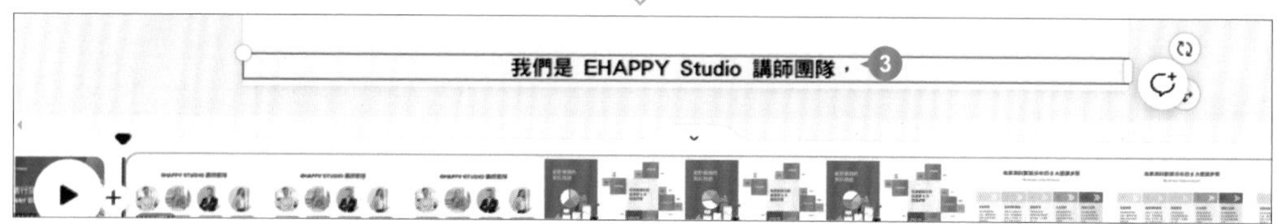

STEP 03 需特別注意的是，此專案於教學影片 (如下圖框選區段) 沒有設計字幕，可以切割出整段教學影片後，再切割出最後片尾片段，並將教學影片頁下方的字幕元素與透明方塊刪除。

STEP 04 最後的片尾片段，也依 <旁白.txt> 內容，一句話分割一個頁面，使用相同方法完成後續各時間點分割頁面並調整字幕。

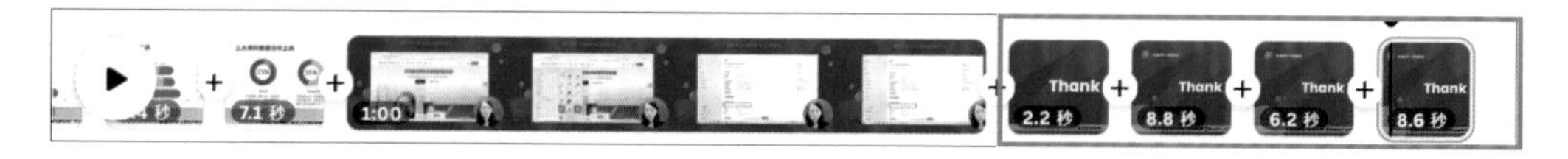

到此即完成知識型講解影片製作，最後相關輸出與上傳社群的方法可參考 Part 11。

卡通動畫發揮創意帶動銷量

節慶促銷

學習重點

"節慶促銷影片" 主要學習調整範本與配色、編輯文字與形狀、加入人物與道具、設定進場或出場、套用 A to B 路徑動畫...等功能。

- ☑ 動畫廣告帶來更多創意表現
- ☑ 建立新專案
- ☑ 刪除不需要的頁面與元素
- ☑ 文字輸入與編修
- ☑ 文字範本與自訂文字
- ☑ 更換動畫人物
- ☑ 設定動畫播放次數
- ☑ 更換變化效果
- ☑ 更換形狀
- ☑ 加入道具或特別元素
- ☑ 安排進場或出場順序
- ☑ 設定進場或出場動畫
- ☑ 設定 A to B 路徑動畫

原始檔：<本書範例 \ Part09 \ 原始檔>

完成檔：<本書範例 \ Part09 \ 完成檔 \ 節慶促銷影片.mp4>

9-1 動畫廣告帶來更多創意表現

動畫廣告有別於一般傳統廣告，成本低，製作彈性且充滿創意，也因為有趣的劇情與動畫人物，能和消費者產生共鳴，為品牌形象加分。

動畫廣告是一種以動畫形式表現的宣傳短片，常會以劇情式手法與動畫人物，結合創意與美感，透過無限想像的方式，宣傳活動內容或品牌形象。因為動畫廣告新奇有趣的風格，不僅深受各個年齡層喜愛，且能吸引消費者目光，加強宣傳效果。

以下整理動畫廣告的四大優勢：

- **彈性的動畫製作帶來更多表現**：動畫可以運用各式各樣的元素，將看不見、摸不著的形象表現出來，創作不但自由，充滿想像力的表達方式，更能帶給消費者嶄新的視覺享受。
- **降低製作成本**：一般來說，找明星、歌手...等名人代言商品，雖然能創造一定程度的迴響與知名度，但廣告預算相對高，反觀動畫廣告不僅成本低，受眾人群也大，動畫形象更不會因為時間或年齡的遞增而改變，能長期使用。
- **生動有趣容易記憶**：動畫廣告常因為夾帶劇情和角色，讓人好像看一部有趣的短片，也因為節奏明快、清楚易懂，可在短時間內持續且有效的吸引消費者。
- **動畫人物易於塑造風格與親切感**：動畫人物所帶來的親切感與誇張的舞台表現，往往讓消費者記憶深刻，無意間就記住了廣告內容或品牌形象。

9-2 腳本構思

以母親節做為促銷主題，利用配色營造氛圍、關鍵字搭配優惠訊息、結合人物、形狀與道具...等元素，最後再加入動態設計，強化畫面表現。

作品搶先看

設計重點：

套用範本，變更背景與配色，接著加入促銷標語、動畫人物、形狀、道具與特別元素，最後再調整元素進場與出場的順序，和動畫效果。

參考完成檔：

<本書範例 \ Part09 \ 完成檔 \ 節慶促銷影片.mp4>

製作流程

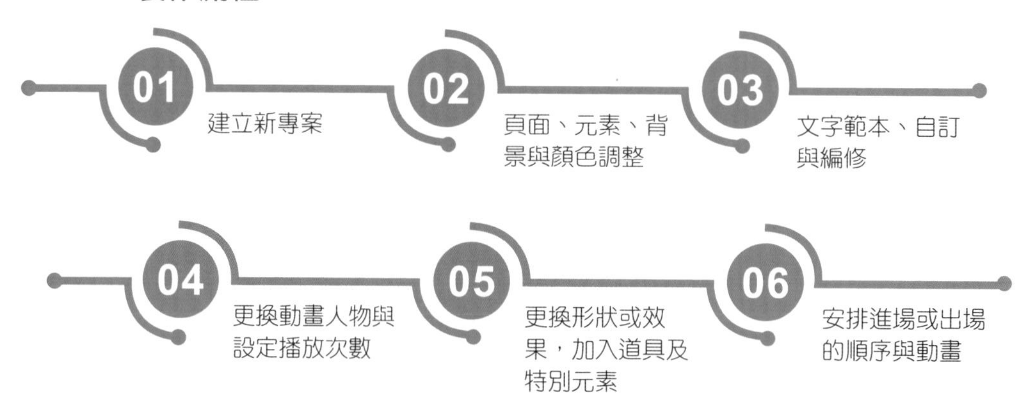

9-3 確認範本色調營造節慶氛圍

Powtoon 範本，可以刪除不需要的頁面或元素，精簡整體架構；也可以根據欲呈現的主題，調整背景或元素配色。

建立新專案

於 Powtoon 首頁選按 **+Create \ Animated Explainer** 切換至 **TEMPLATE** 畫面，快速篩選器選按 **Personal \ International Women's Day** (選按二側 < 、 > 可左右移動)。

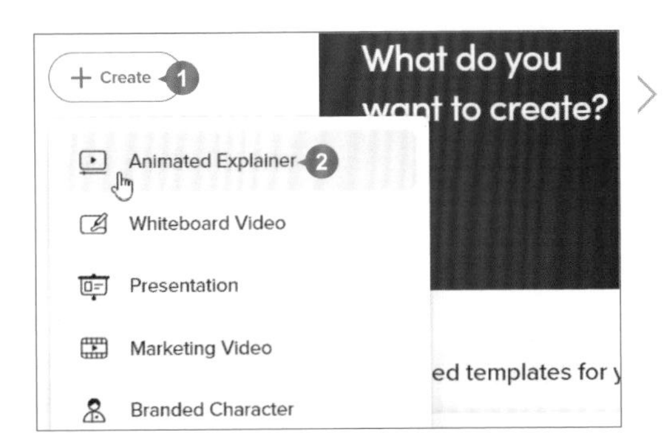

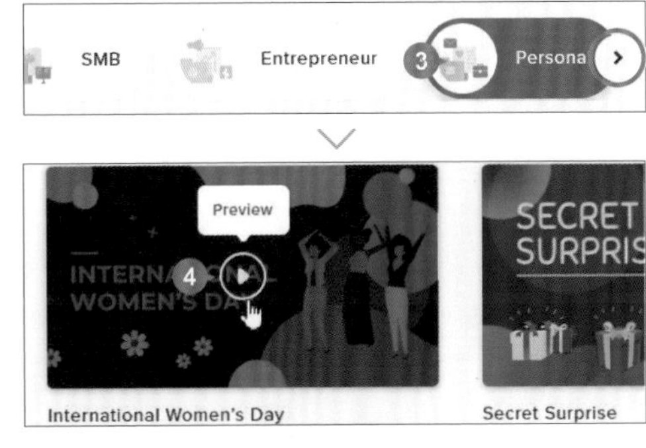

STEP 02 開啟預覽畫面，瀏覽範本呈現效果後，選按 **Edit in Studio** 鈕。

STEP 03 進入專案編輯畫面，於上方 **International Women's Day** 欄位中按一下，將專案命名為「節慶促銷影片」。

刪除不需要的頁面與元素

STEP 01 滑鼠指標移至 04 頁面縮圖的 ⋯ 上方，清單中選按 🗑，即可刪除該頁面。

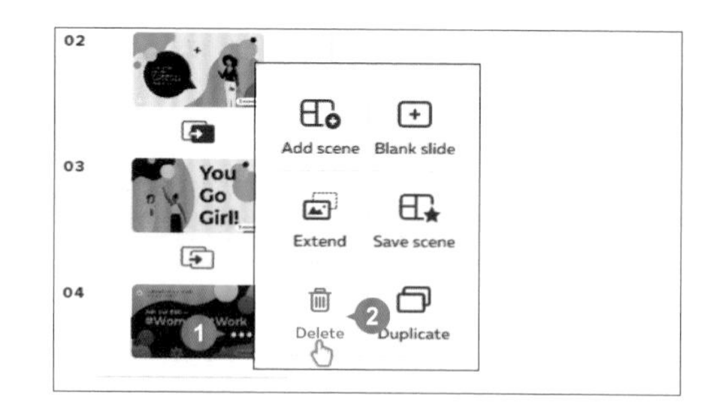

STEP 02 選按 01 頁面縮圖切換至該頁面，選取欲刪除的元素 (若為 🔒 狀需選按 🔒 解鎖)，再按 Del 鍵刪除該元素。

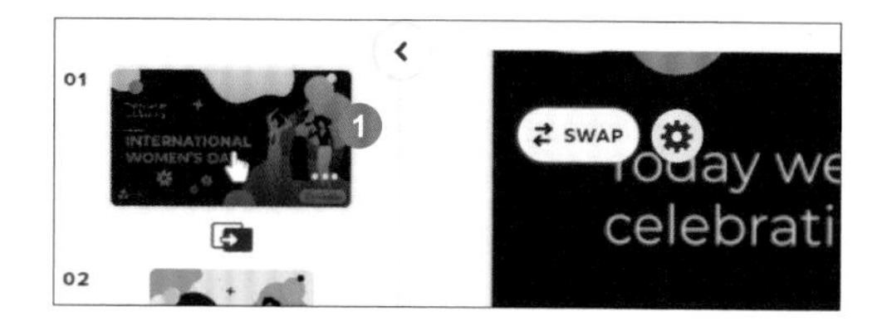

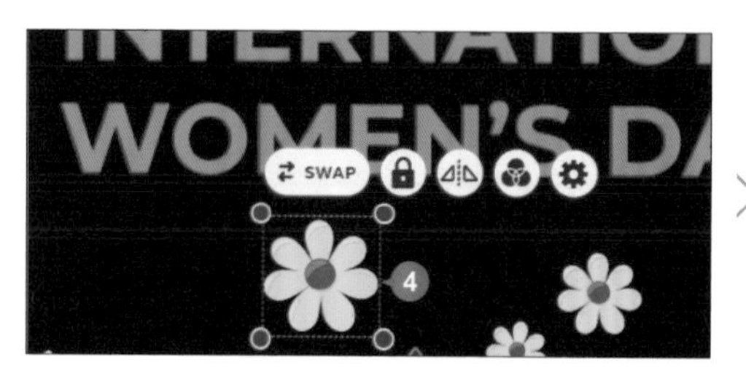

STEP 03 依相同方法，參考下圖 01~03 頁圈選處，刪除不需要的元素。

更換背景與顏色

STEP 01 首先更換背景：01 頁面縮圖按一下，側邊欄選按 ▒，輸入關鍵字「monther's day」，按 Enter 鍵開始搜尋，選按如圖背景套用。

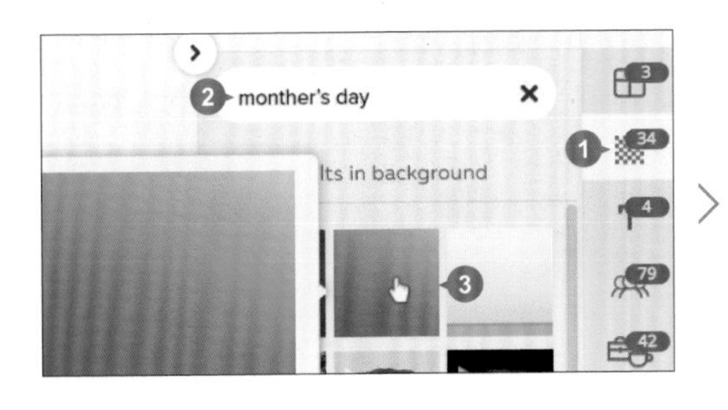

STEP 02 依相同方法，參考下圖完成 02、03 頁的背景更換。

STEP 03 再來更換元素顏色：01 頁面縮圖按一下，選取形狀元素 (若有 🔒 狀需解鎖)，工具列選按 ●，面板中選按基本顏色套用，或直接輸入色碼再選按 +，建立新的 **My colors** 色票方便後續套用。(選按 ✕ 可關閉面板)

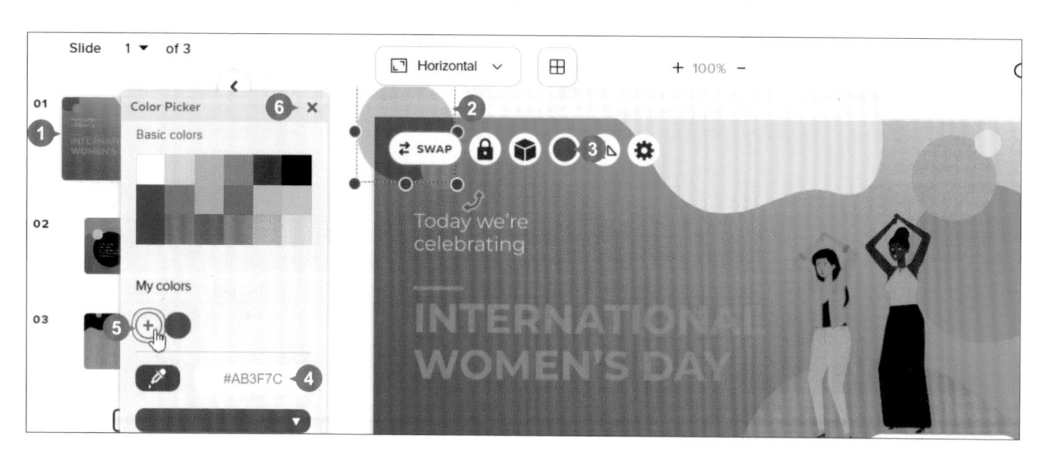

STEP 04 選取如圖元素並解鎖後，可以選按 🖉 吸取其他元素的顏色套用，之後再選按 + 建立新的 **My colors** 色票。

STEP 05 依相同方法，解鎖 01~03 頁的指定元素，參考下圖更換顏色。

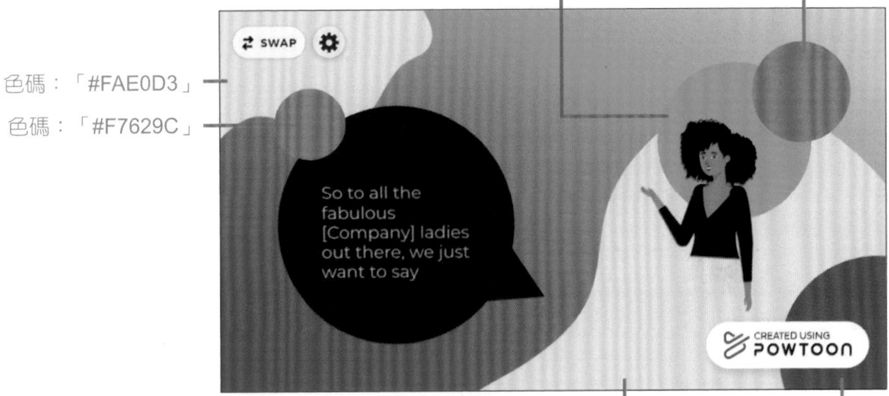

9-4 擬定促銷標語

節日是一個極佳的促銷時機，善用文字增加一些辨識度，讓你的影片在行銷活動中脫穎而出。

文字輸入與編修

調整範本內原有的文字，搭配節慶或主題活動，設計出有趣又吸睛的促銷標語。

01 頁面縮圖按一下，文字方塊上連按二下呈現輸入狀態，參考下圖輸入相關文字 (或開啟範例原始檔 <節慶促銷文案.txt> 複製與貼上)，透過面板設定大小與樣式 (選按字型旁 ☆ 可歸納至 "最愛" 方便快速套用)。

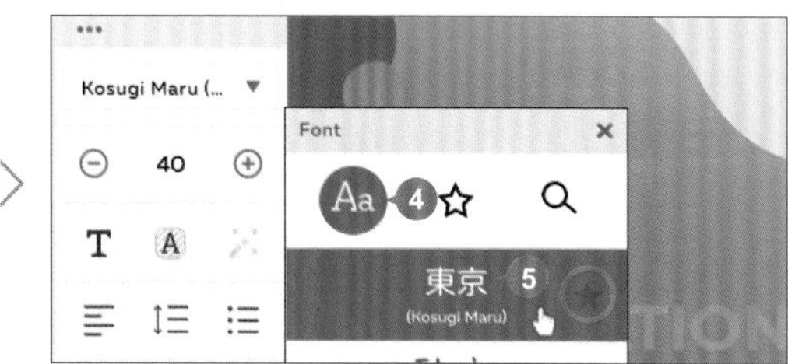

STEP 02

依相同方法，參考下圖調整 01 頁另一個文字方塊，其中需選按 T \ B，取消粗體設定。

字型：**Noto Sans** (簡單)

小提示 透過工具列開啟面板

除了元素上連按二下可開啟相關面板，在選取狀態下，工具列選按 ⚙ 也可開啟。

參考下圖調整 02、03 頁文字方塊的字型、大小與行距 ( \ **Line spacing**)。(將滑鼠指標移至文字方塊二側控點呈 ↔ 狀，可調整寬度；移至文字方塊上呈 ✥ 狀，按住不放拖曳至合適位置。)

字型：**Noto Sans** (簡單)

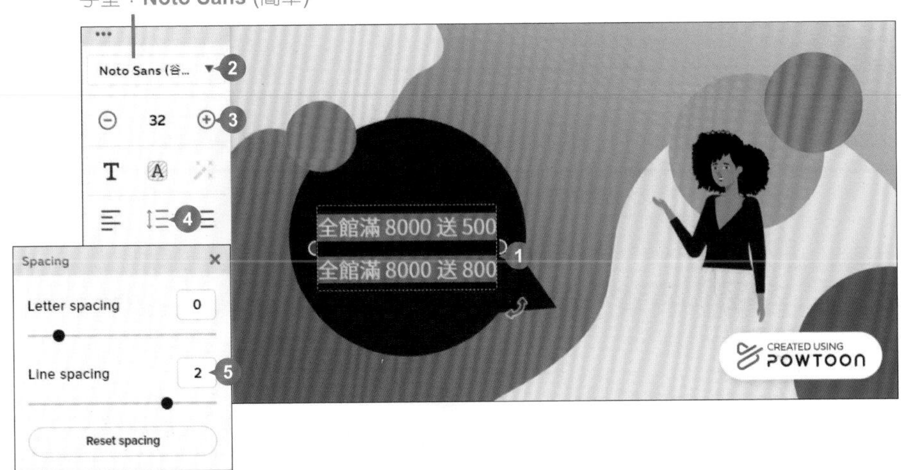

原有 "You Go Girl!" 改為 "LOVE MOM"，並移至此處；色碼「#FF1844」。

小提示 影片預覽

編輯過程中想要預覽影片目前呈現效果，可於時間軸上方選按 [▸] 播放目前頁面；或選按 ▶ 由時間軸指標開始播放。

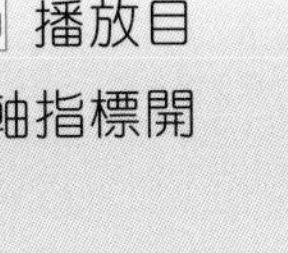

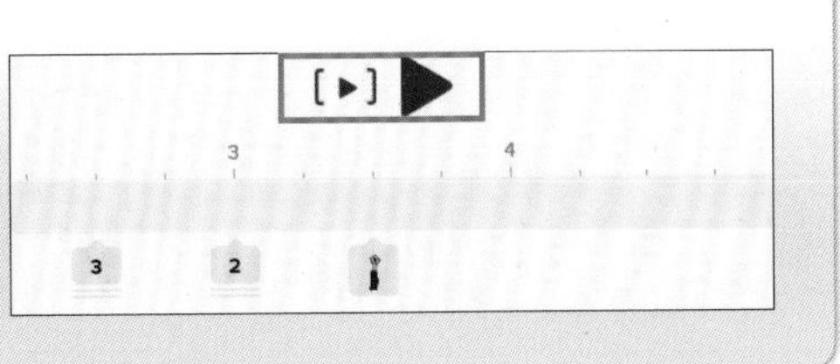

文字範本與自訂文字

搭配 Powtoon 提供的文字範本，或新增標題、副標與內文操作，製作其他促銷標語。

STEP 01 02 頁面縮圖按一下，右側欲佈置文字，所以先將卡通人物拖曳至如圖位置，並將時間軸指標拖曳至 6:00 秒處。

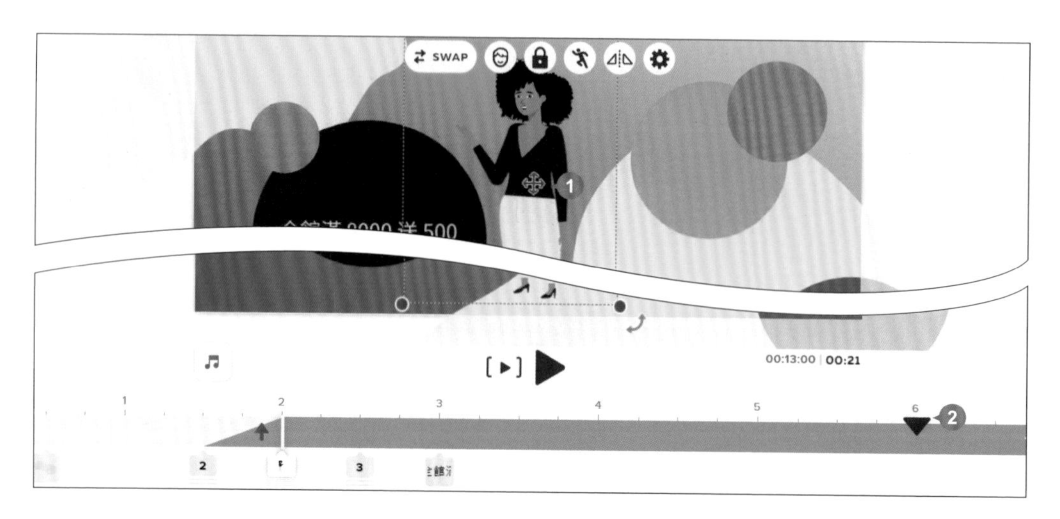

STEP 02 側邊欄選按 T \ **TITLES** \ 如圖範本，即會在時間軸 6:00 秒處下方，產生 7 個元素的群組，選按即可同時選取這 7 個元素 (時間軸上方會顯示群組清單)。

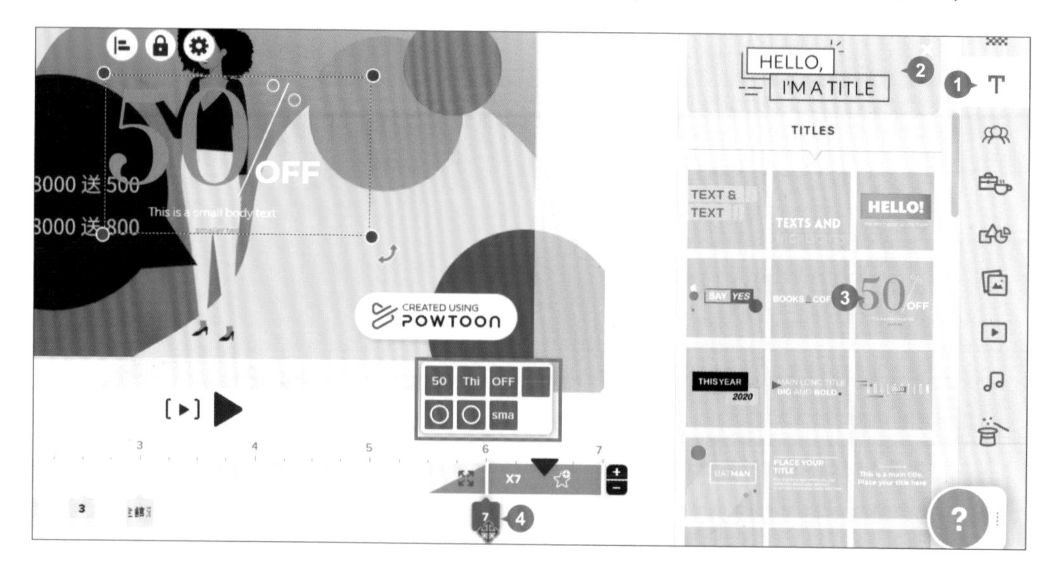

STEP 03 選取群組狀態下，按住 Ctrl 鍵先取消時間軸群組清單中 "50"、"OFF" 的選取，再按 Del 鍵刪除其他元素，然後於時間軸 6:00 秒處下方選按 "2" 一次選取 "50"、"OFF" 二個元素，拖曳至如圖位置。

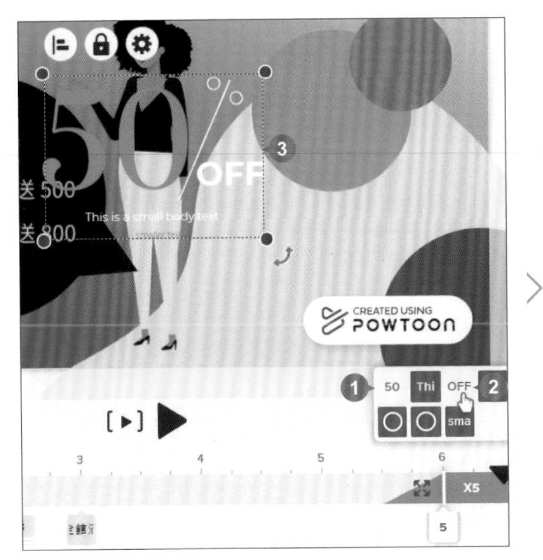

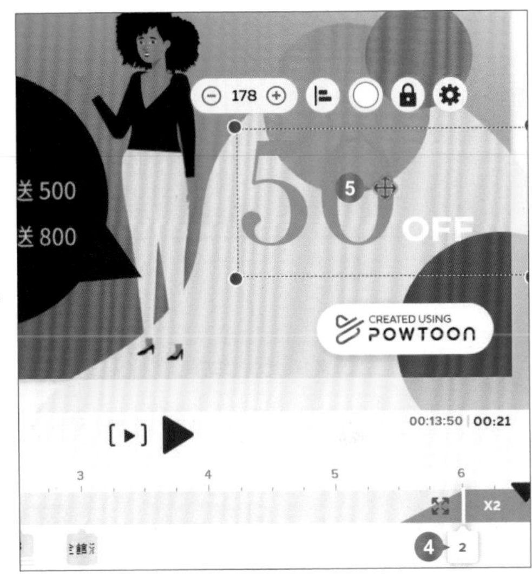

STEP 04 參考下圖，分別選取文字方塊輸入相關文字，透過面板設定樣式、調整文字框並擺放至如圖位置。

字型：**Archivo**、大小：**190**、☰ \ **Letter spacing**：**-0.05**、色碼「**#FF1844**」

大小：**28**、維持粗體、色碼「**#FF1844**」

小提示 **透過時間軸選取元素**

除了在頁面可直接選取元素，若遇到重疊元素不好選，或想一次選取多個編輯時，可以透過時間軸搭配 Ctrl 鍵選取。(鎖定元素也可透過時間軸選按解鎖)

STEP 05 將時間軸指標拖曳至 6:00 秒處，側邊欄選按 T \ **Add Subtitle** 產生一文字方塊，參考下圖輸入相關文字，透過面板設定樣式、調整文字框並擺放至如圖位置。

STEP 06 03 頁面縮圖按一下，將時間軸指標拖曳至 4:50 秒處，依相同方法，產生一文字範本，參考下圖輸入相關文字，透過面板設定樣式、調整文字框並擺放至如圖位置。

9-5 利用人物塑造劇情式動畫

動畫人物不僅造型有趣，更富有許多想像空間，當消費者把角色記住後，自然就容易聯想到活動或品牌。

更換動畫人物

STEP 01 01 頁面縮圖按一下，選取如圖人物，工具列選按 **SWAP** 開啟側邊欄，選按 **OMNIS** 展開清單，滑鼠移至人物縮圖上可預覽所有姿勢，選按即可替換。

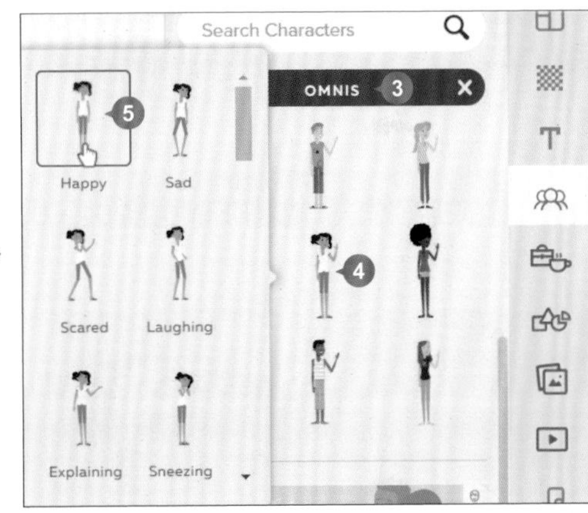

STEP 02 選取人物狀態下，工具列選按 水平翻轉，利用四個角落控點調整大小，並移動至合適位置。

設定動畫播放次數

STEP 01 選取人物狀態下，工具列選按 ⚙ \ ≡O \ **Play in Loop**，設定為循環播放。

STEP 02 依相同方法，參考下圖更換 01、02 頁人物、調整大小與位置、設定為循環播放。

小提示 更換姿勢

選取人物狀態下，於工具列選按 🏃，可以透過清單選按來更換動畫人物姿勢。

9-6 善用形狀、道具提升趣味度

形狀、道具...等元素可以增加內容豐富度，也可以透過有趣、易懂的特性，在短時間內捉住消費者目光。

更換變化效果

此範例想調整 01 頁中的星星數量與顏色。

STEP 01 01 頁面縮圖按一下，選取如圖形狀元素，工具列選按 ，清單中再選按如圖變化效果。

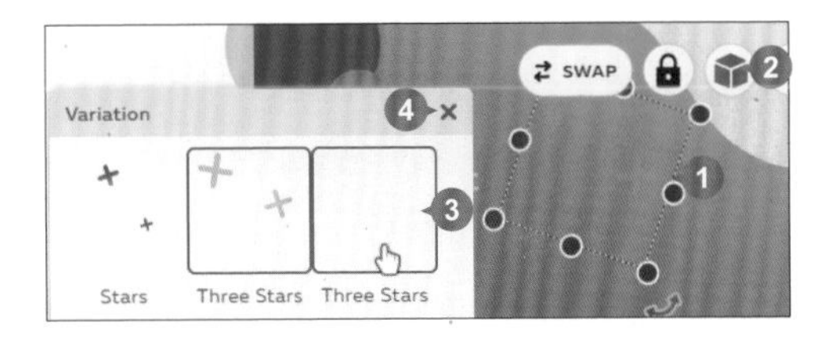

STEP 02 選取形狀元素狀態下，工具列選按 \ \ **Play in Loop**，設定為循環播放。

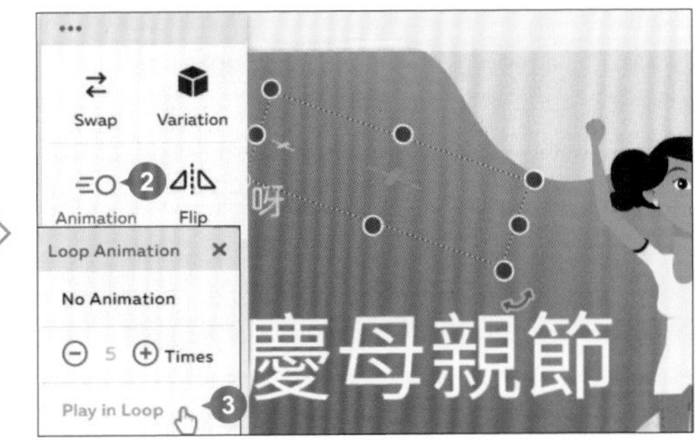

STEP 03 將時間軸指標拖曳至 1:50 秒處，選取形狀元素，按 Ctrl + C 鍵複製，再按 Ctrl + V 鍵貼上，參考下圖調整大小與位置。

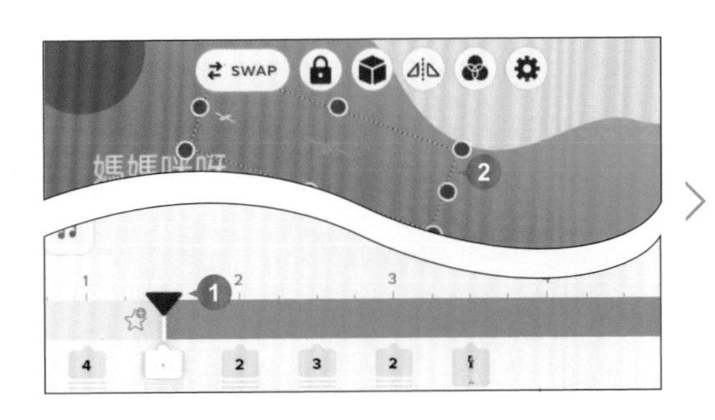

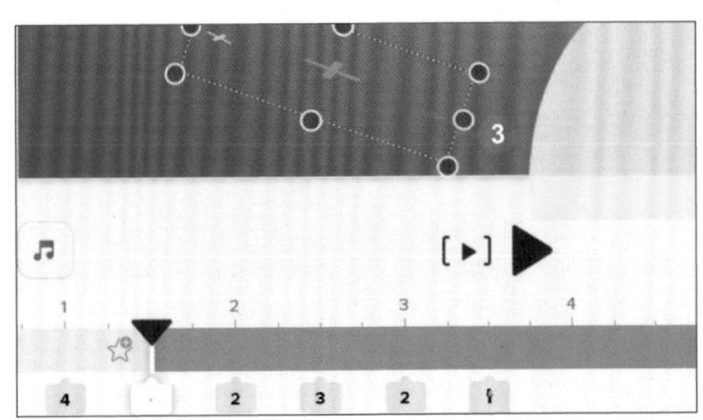

更換形狀

STEP 01 02 頁面縮圖按一下，選取如圖對話框元素，工具列選按 **SWAP** 開啟側邊欄，輸入關鍵字「conversation bubble」，按 Enter 鍵開始搜尋，找到並選按如圖對話框元素，完成更換。

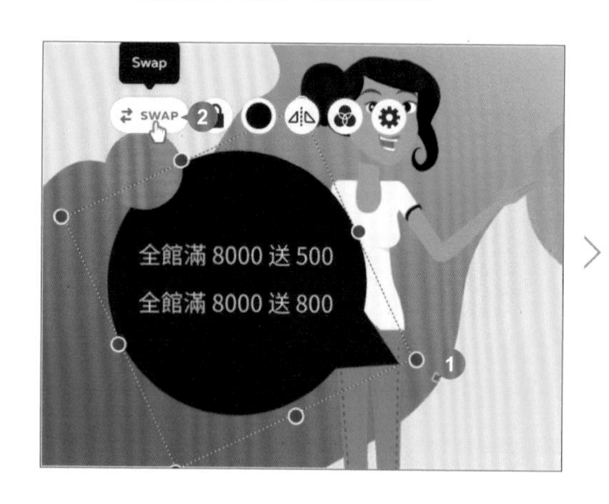

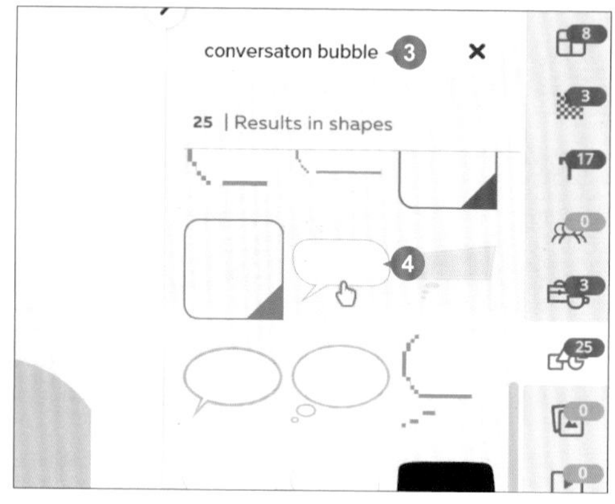

STEP 02 利用四個角落控點調整大小，再按住 ⤺ 不放旋轉角度，拖曳至合適位置。

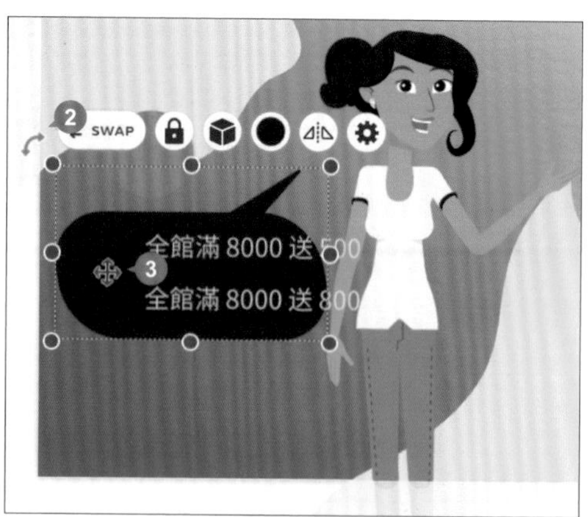

STEP 03 最後將文字方塊拖曳至對話框元素中如圖位置。

加入道具或特別元素

佈置相關的主題道具，增添影片中的節慶氛圍，還能增加趣味度。

STEP 01 02 頁面縮圖按一下，將時間軸指標拖曳至 2:50 秒處，側邊欄選按 ，輸入關鍵字「gifts」，按 Enter 鍵開始搜尋，找到並選按如圖元素。

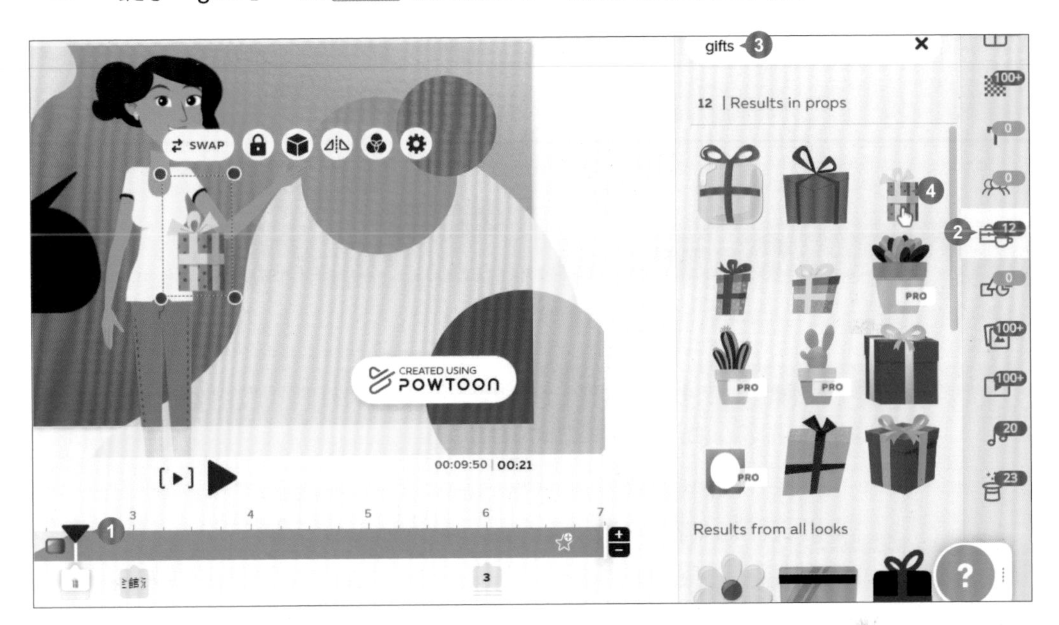

STEP 02 依相同方法，時間軸指標 2:50 秒處，再加入二個「gifts」元素 (元素加入後時間軸指標會跑掉，需重新拖曳。)，參考右下圖調整大小與位置。

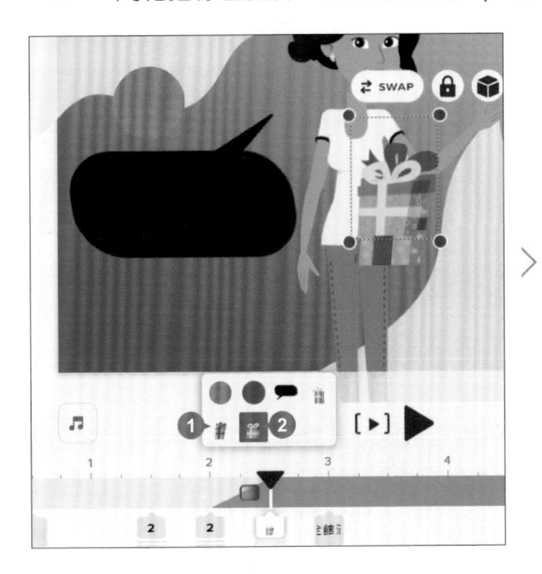

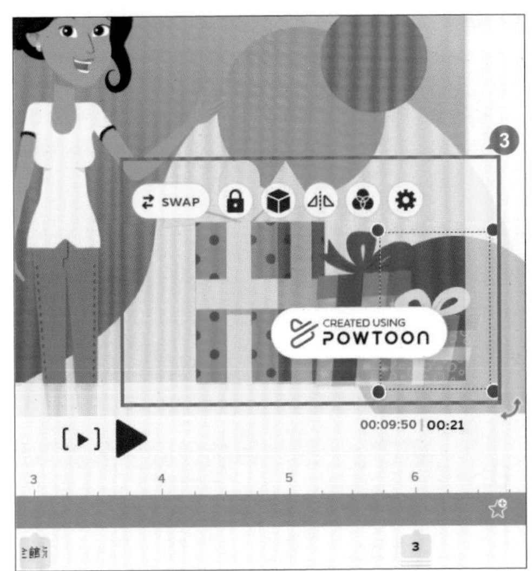

STEP 03

時間軸 2:50 秒處，選取三個「gifts」元素 (可參考 P9-13 STEP 03 搭配 Ctrl 鍵操作)，將滑鼠指標移至右側出場時間呈 ↔ 狀，往左拖曳調整至 3:75 秒，方便接續下一個元素的進入。

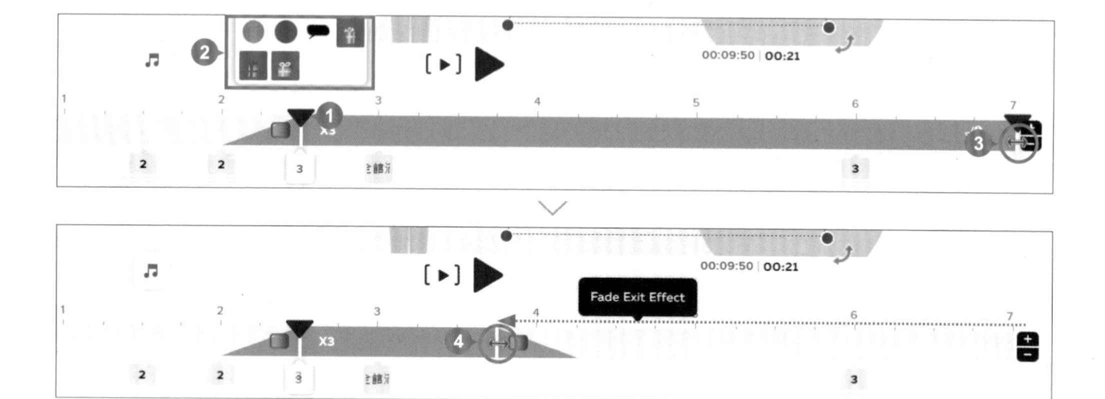

STEP 04

將時間軸指標拖曳至 4:50 秒處，側邊欄選按 ，輸入關鍵字「gift box」，按 Enter 鍵開始搜尋，找到並選按如圖元素，參考下圖調整大小與位置。

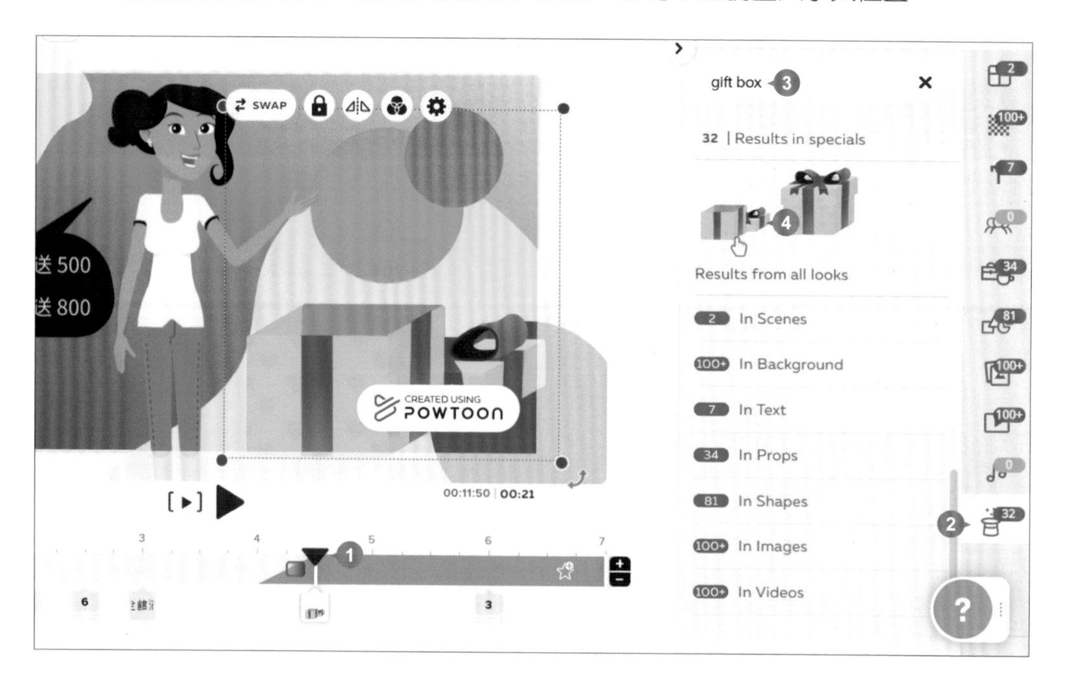

STEP 05

選按 [▸] 播放目前頁面，瀏覽效果：三個「gifts」元素先出現，消失後再出現「gift box」元素，打開箱子後，跳出 "全館 20% OFF" 文字。(如果文字位置與 gift box 元素位置重疊，再手動微調移動一下。)

STEP 06 03 頁面縮圖按一下，依相同方法，參考下圖於 5:25 秒與 5:75 秒分別加入「hearts」、「bouquet」元素，調整大小、位置與旋轉角度。

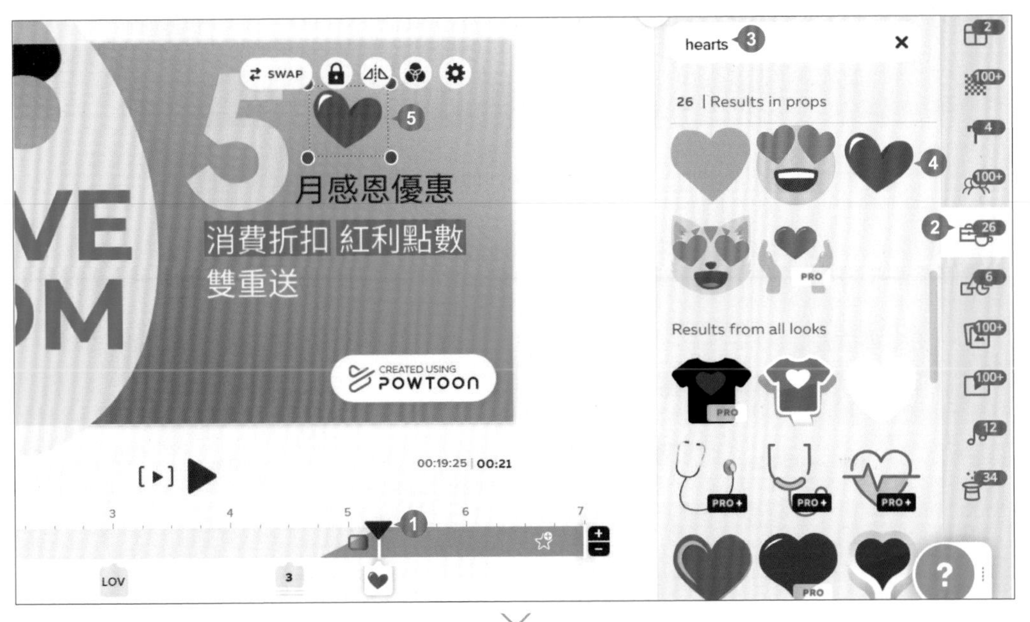

9-7 簡潔又順暢的動畫流程

將動畫結合文字、道具或其他元素，並搭配動態設計將影片的主題或概念表達出來，透過順序安排、動畫調整，讓影片整體順暢播放。

安排進場或出場順序

透過時間軸安排每個元素進場或出場的時間點，讓前後銜接流暢，確實掌握動畫節奏。

STEP 01 頁面縮圖按一下，時間軸選按如圖人物元素，將滑鼠指標移至左側進場時間呈 ↔ 狀，往左拖曳調整至 3:00 秒，讓二個人物元素同時出現。

STEP 02 頁面縮圖按一下，於頁面直接選取文字方塊，參考下圖調整對話框內的文字方塊，出場時間為 2:50 秒。

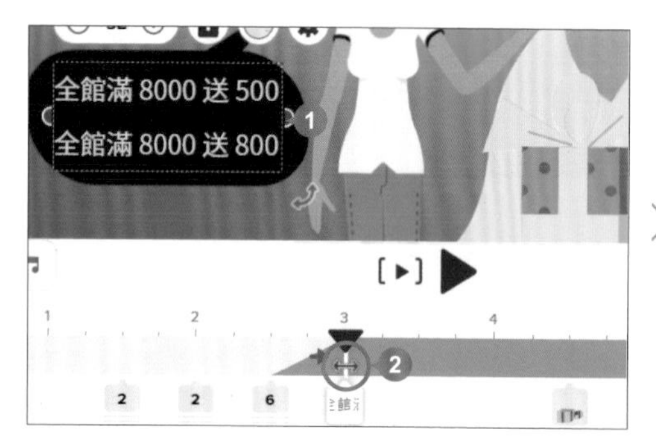

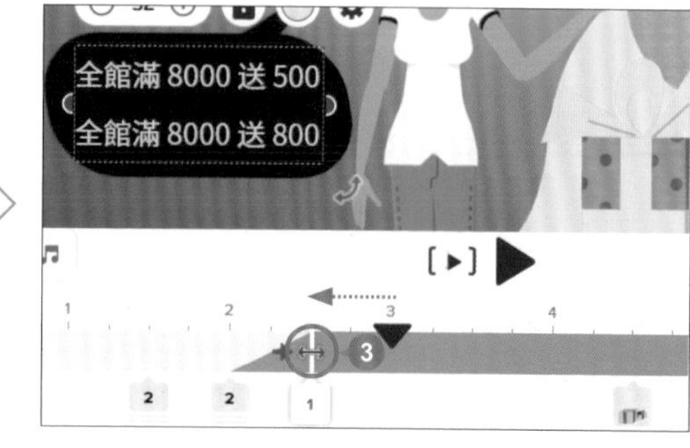

03 頁面縮圖按一下，參考下圖調整 "5" 文字方塊，出場時間為 4:25 秒；調整 "消費折扣 紅利點數" 文字方塊，出場時間為 5:00 秒。(文字方塊可直接透過頁面選取)

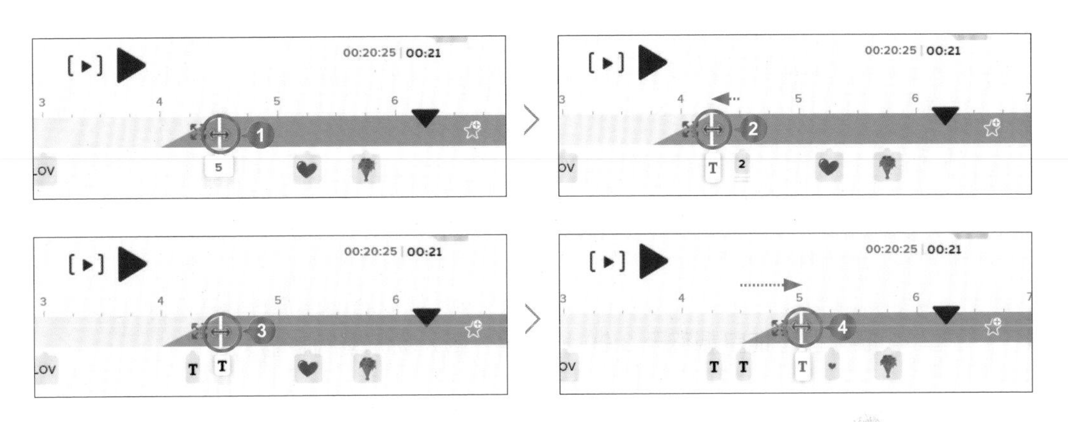

設定進場或出場動畫

元素預設的進場動畫，可以參考以下方式調整 (出場動畫設定相同) 。

STEP 01

02 頁面縮圖按一下，選取如圖文字方塊，於時間軸選按進場動畫開啟面板，調整 **Enter Effects**：**Pop** (空白處按一下可關閉面板)。

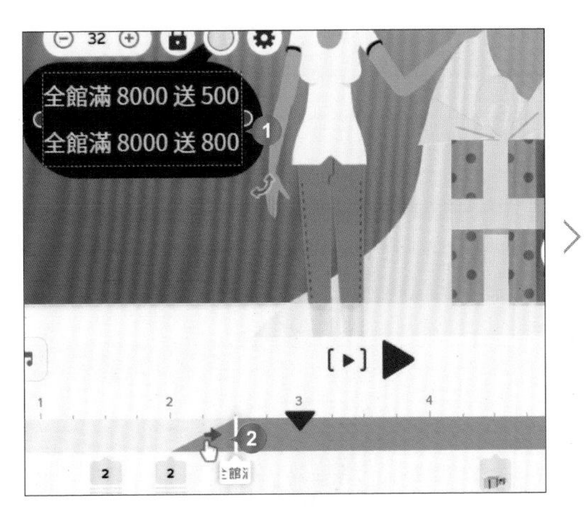

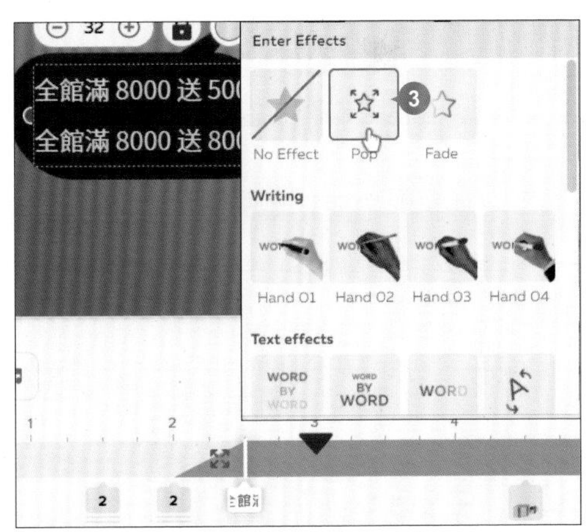

STEP 02

依相同方法，參考右圖選取文字群組，於面板調整 **Enter Effects**：**Pop**。

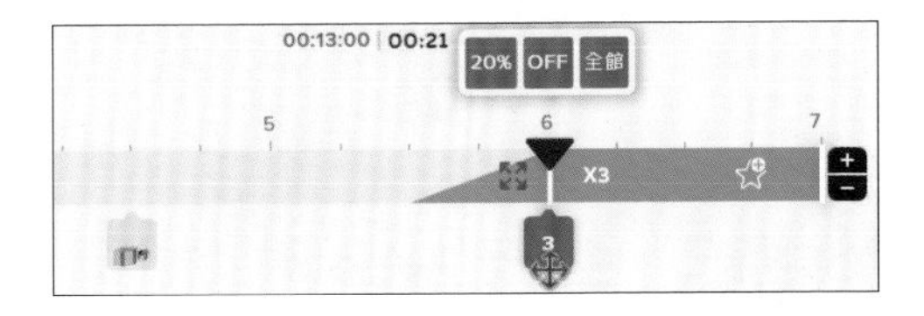

03 頁面縮圖按一下，參考圖片選取相關元素，於面板調整進場動畫。

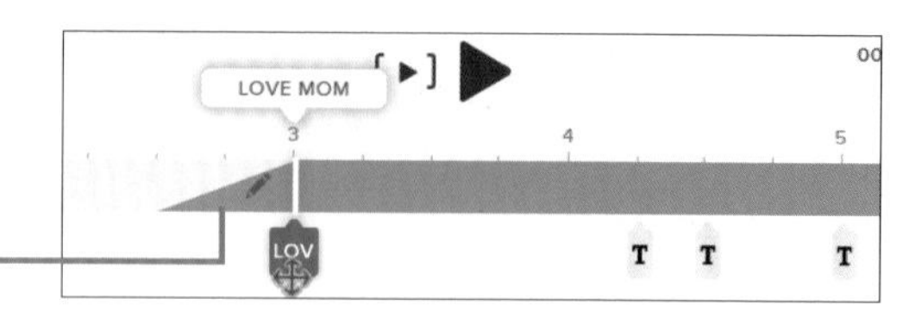

Enter Effects：Writing \ Hand 04

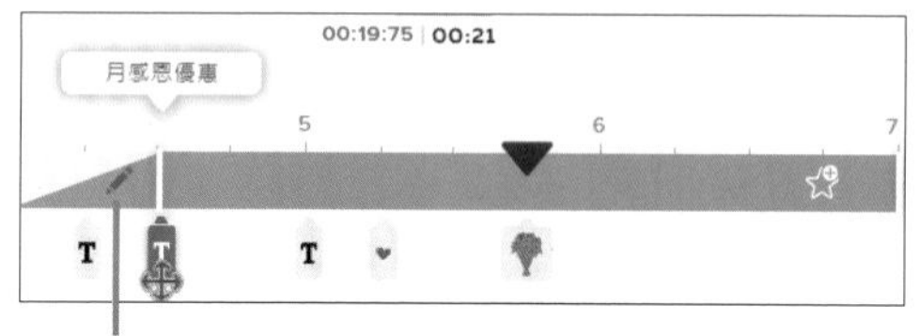

Enter Effects：Text effects \ Roll

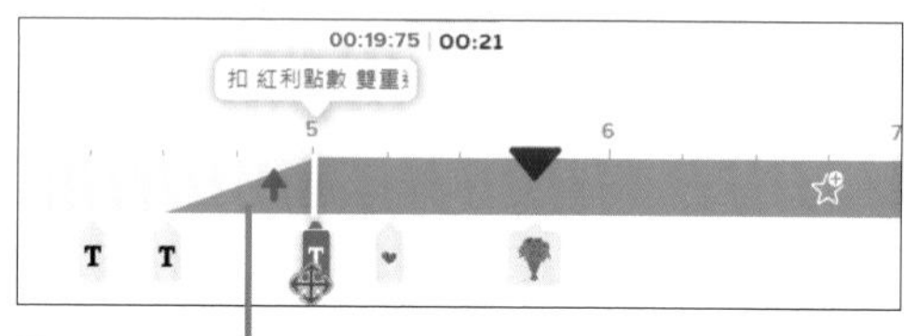

Enter Effects：Slide \ Up

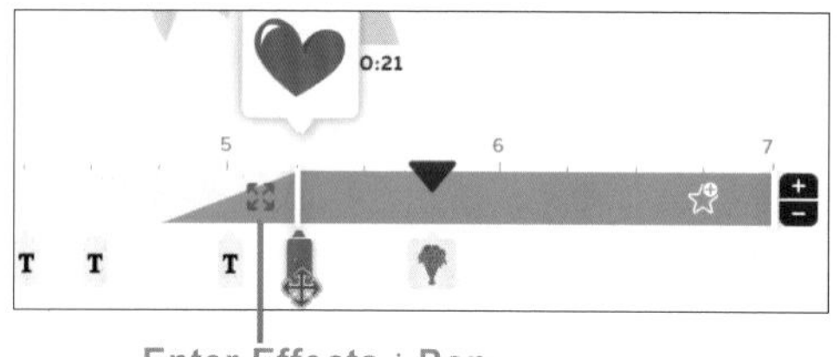

Enter Effects：Pop

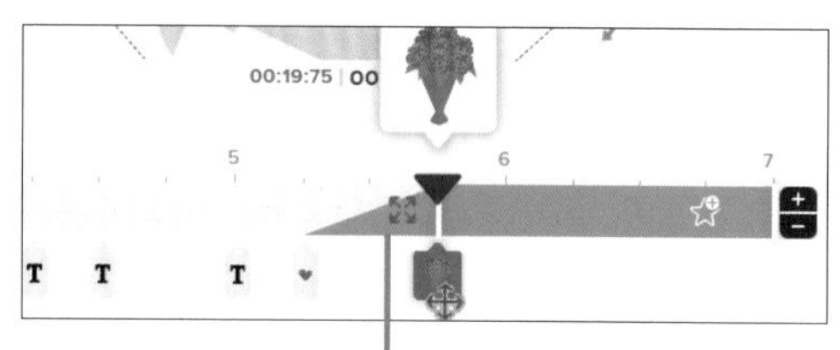

Enter Effects：Pop

設定 A to B 路徑動畫

元素能從 A 點移動到 B 點，並可調整大小、旋轉角度或拖曳至合適位置。

STEP 01　03 頁面縮圖按一下，選取如圖元素，工具列選按 ⚙ \ A to B 圖示，拖曳元素開始 (白色圓圈) 與結束位置 (白色箭頭)。

STEP 02　調整開始與結束元素的大小、旋轉角度與位置，於時間軸將滑鼠指標移至 ▮ 的上方 (如圖) 呈 ↔ 狀，往右拖曳到底。

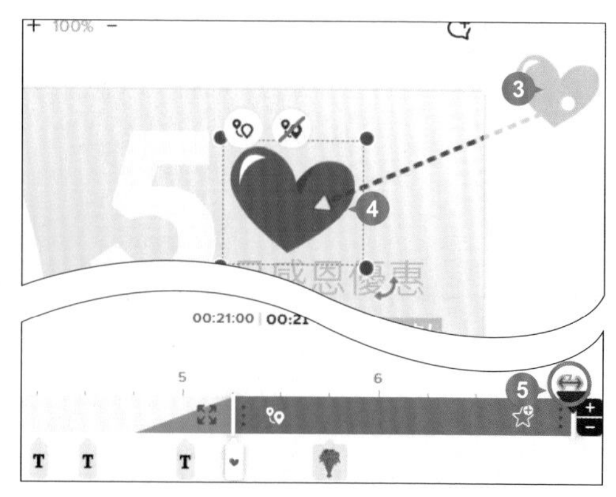

到此即完成節慶促銷影片製作，相關輸出與上傳社群的方法可參考 Part 11。

手繪動畫影片更吸引目光

開幕優惠企劃

學習重點

"開幕優惠企劃" 主要練習製作白板動畫，從建立範本、文字輸入及相關設定、動畫的調整與變更、套用轉場效果，輕鬆做出吸睛的動畫影片。

- ☑ 用白板動畫玩轉視覺概念
- ☑ 使用白板動畫範本建立專案
- ☑ 加入其他範本頁面
- ☑ 變更頁面文案
- ☑ 設定文字樣式
- ☑ 對齊元素與頁面對齊
- ☑ 加入合適的動畫元素
- ☑ 刪除動畫元素
- ☑ 安排元素前後順序
- ☑ 加入手勢動畫
- ☑ 調整頁面時間長度
- ☑ 調整動畫出現時間點
- ☑ 轉場效果引導目光焦點

原始檔：<本書範例 \ Part10 \ 原始檔>

完成檔：<本書範例 \ Part10 \ 完成檔 \ 新店開幕影片.mp4>

10-1 用白板動畫玩轉視覺概念

白板動畫在行銷中，可以利用有趣的圖形或引人入勝的視覺效果，迅速引起顧客的關注與興趣。

關於白板動畫

所謂白板動畫，是在白板上利用線條方式呈現手繪效果，不會有陰影或是填滿色塊的操作，大多用於行銷或教學解說。複雜的概念或解說本來就不容易理解，如果可以用活潑的圖形、插畫，搭配引人入勝的架構，以視覺方式呈現，就能很快獲得關注！

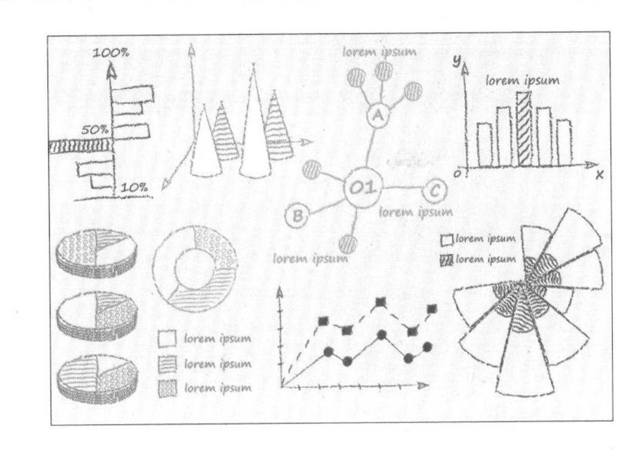

不論是單純線條式版畫、還是彩色線條、圖案，由於白板動畫獨特的手繪訊息表現風格，當它出現在社群或影音平台時，總是可以帶來不少觀賞趣味與顧客互動。

白板動畫的優勢

使用白板動畫行銷的優勢包含以下幾點：

- **不用花大錢購買素材**：一般的行銷影片或貼文，都會運用大量的照片或是影片素材，這些素材的取得往往會牽涉授權、器材、拍攝品質...等問題。利用白版動畫不僅沒有這些問題，還可以省下大筆預算，或依自己的需求取得所需素材。

- **你不用真的會畫畫**：基本的白板動畫通常都是以線條表現，通常畫出來的東西只要其他人看得懂，就沒問題，就算真的手殘對畫畫沒什麼天賦，也可以利用平台所提供的基本元素製作影片，如果沒有特殊的需求，一般來說，這些免費素材便足以應付所有。

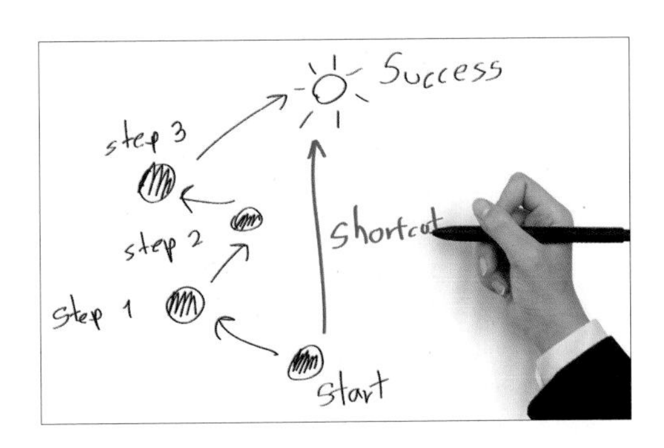

10-2 腳本構思

以新店開幕為主題，利用白板動畫獨特的風格呈現，不僅讓人覺得親切，也能讓顧客專注於影片內容。

作品搶先看

設計重點：

使用白板動畫範本快速建立專案，將範本中的文字一一修改成欲使用的內容，再加入動畫元素、手勢動畫來，最後再套用轉場效果。

參考完成檔：

<本書範例 \ ch10 \ 完成檔 \ 新店開幕.mp4>

製作流程

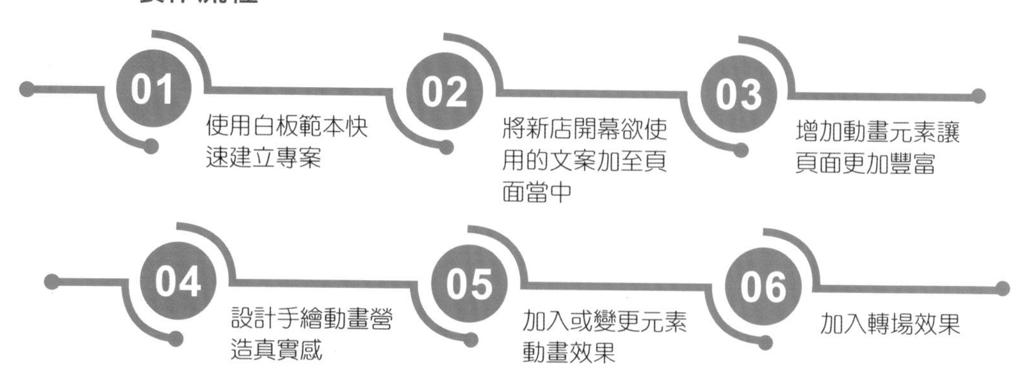

10-3 使用白板動畫範本建立專案

Powtoon 內建白板動畫範本，只要找到合適範本開啟套用，再加入欲使用的文字或其他元素，就能快速完成一個專案影片。

快速建立新專案

STEP 01 Powtoon 首頁選按 **+Create \ Whitebord Video** 切換至 **TEMPLATE** 畫面，快速篩選器選按 **Marketing \ Grand Opening** (選按二側 < 、 > 可左右移動)。

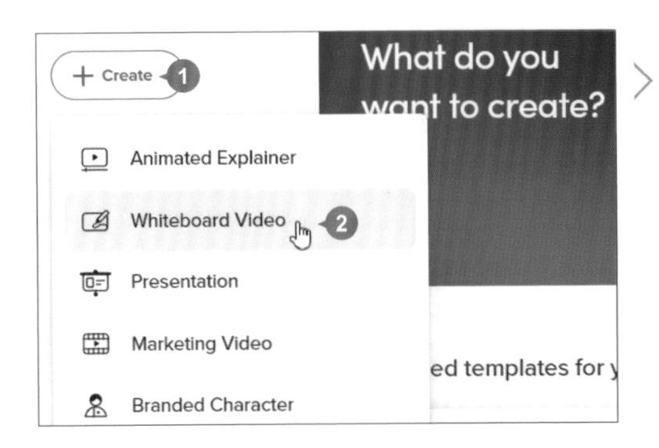

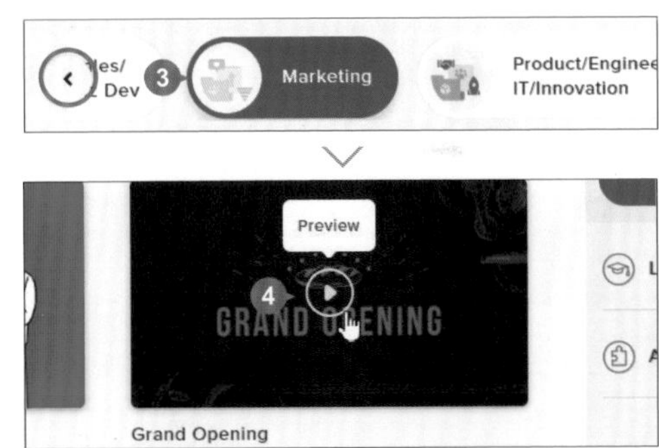

STEP 02 開啟預覽畫面，瀏覽範本呈現效果後，選按 **Edit in Studio** 鈕。

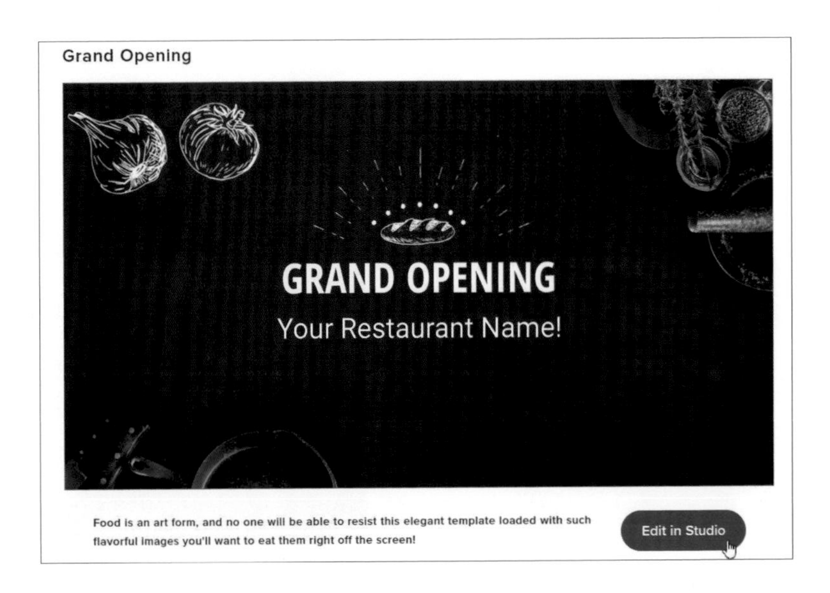

STEP 03 進入專案編輯畫面，於上方 **Garnd Opening** 欄位按一下，將專案命名為「新店開幕」。

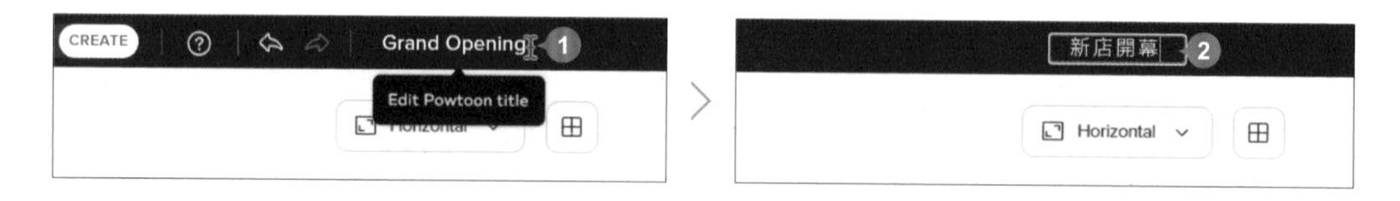

刪除頁面

滑鼠指標移至 03 頁面縮圖的 ⋯ 上方，清單中選按 🗑 即可刪除該頁面。依相同方法，參考下圖將接續的二頁也刪除。

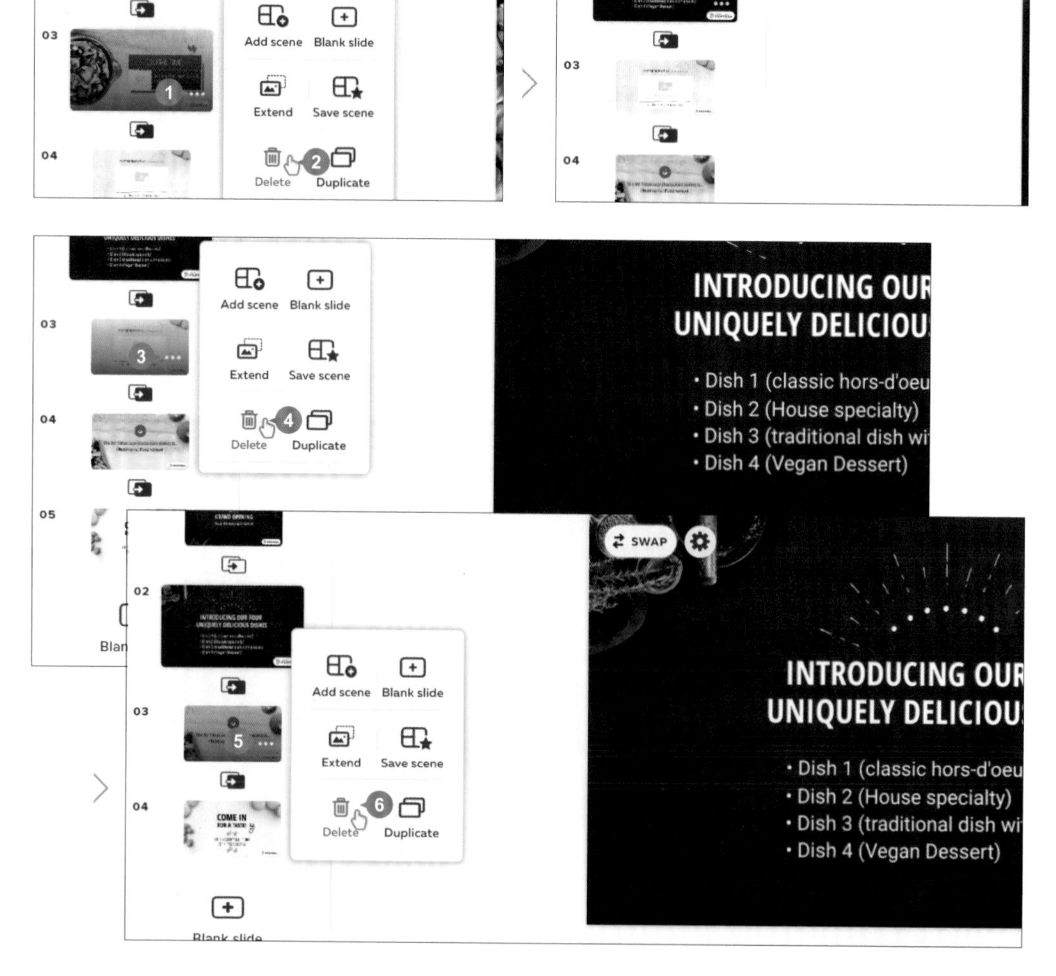

加入其他範本頁面

STEP 01 02 頁面縮圖按一下，下方選按 **Blank slide** 新增一個空白頁面。

STEP 02 側邊欄選按 ，清單中選按 **HOLIDAYS & EVENTS** 項目會出現相關範本，參考下圖，選按該範本，即可將該範本插入至頁面中。

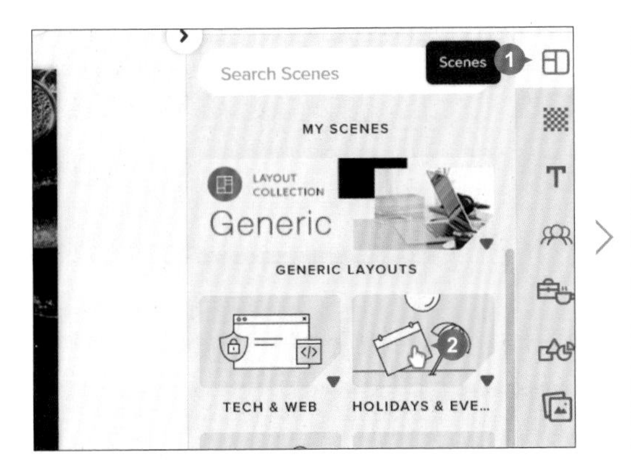

10-4 產生共鳴的頁面文案

行銷影片除了影片本身的視覺呈現，影片中文字想表達的訊息也非常重要，好的版面文案能讓行銷影片更加出色。

變更頁面文案

STEP 01 頁面縮圖按一下，文字方塊上連按二下呈現輸入狀態，參考下圖分別輸入標題與副標題文字 (或開啟範例原始檔 <開幕優惠企劃.txt> 複製與貼上)。

STEP 02 頁面縮圖按一下，參考下圖先輸入標題文字，接著選取底下最後三行文字方塊，按 Del 鍵刪除，回到第一行文字方塊輸入相關文字。

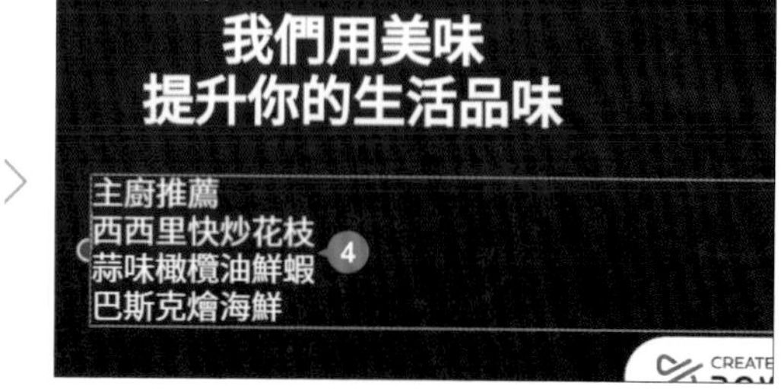

STEP 03 依相同方法，完成 03、04 頁的文字輸入 (03 頁需先刪除第三行的文字方塊；04 頁可拖曳文字方塊左右控點調整寬度)

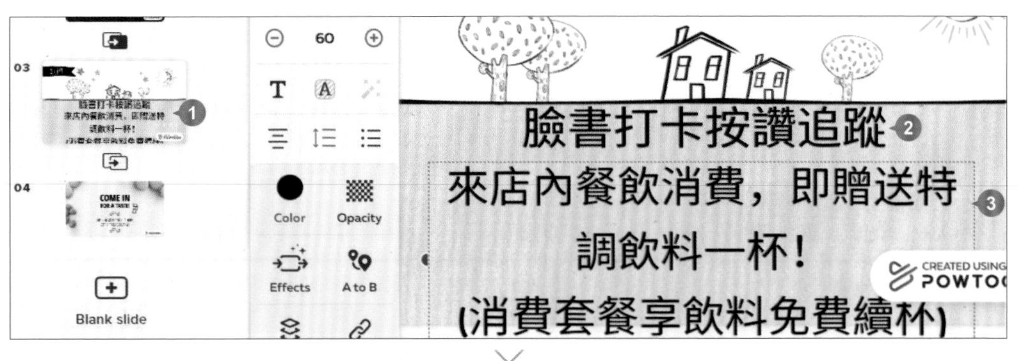

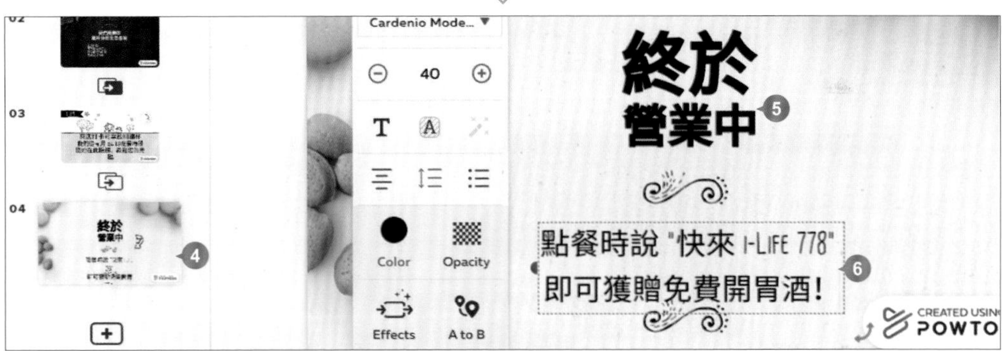

設定文字樣式

替換好文字後，即可設定合適的字型或大小。

STEP 01 回到 01 頁，標題文字方塊上連按二下選取所有文字，透過面板設定字型。(選按字型旁 ☆ 可加至 "最愛" 方便快速套用)，再選按 ✕ 關閉。

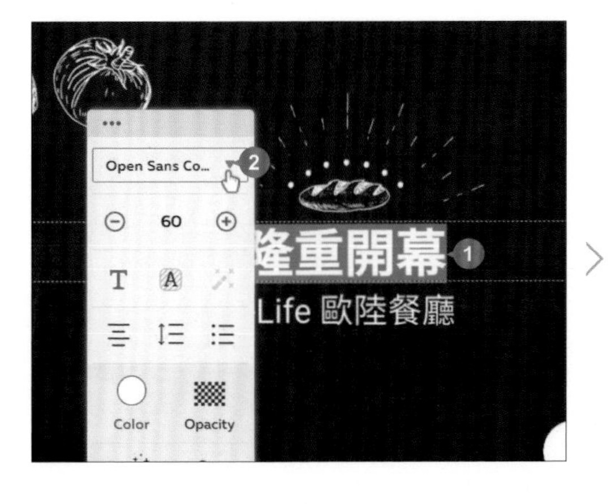

STEP 02 文字選取狀態下，透過面板設定大小，再選按 T \ B 取消粗體。依相同方法，參考右下圖調整另一個文字方塊。(字型：**Kosugi Maru** (東京)、大小：**36**)

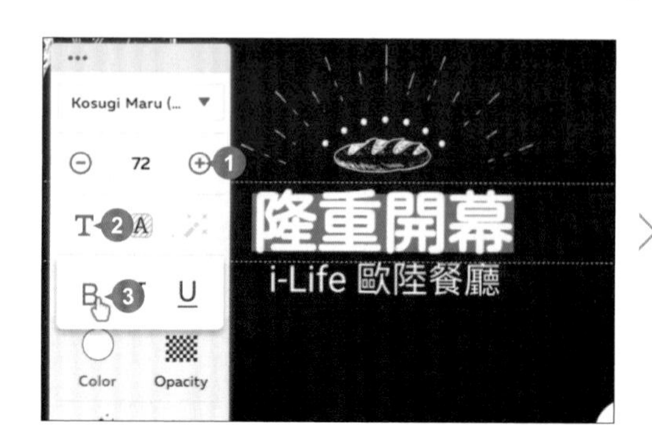

STEP 03 依相同方法，調整 02 頁標題文字方塊樣式。

STEP 04 選取 02 頁下方的文字方塊，透過面板設定字型與大小，接著選按 ≡ \ ≡，設定置中。

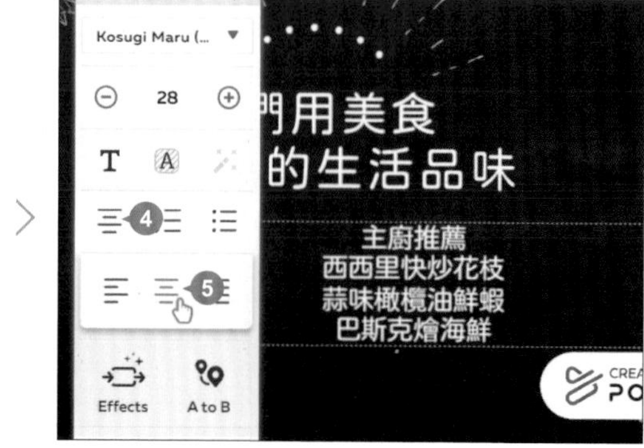

分別選取 "主廚推薦" 與下方三行文字，透過面板設定文字樣式。

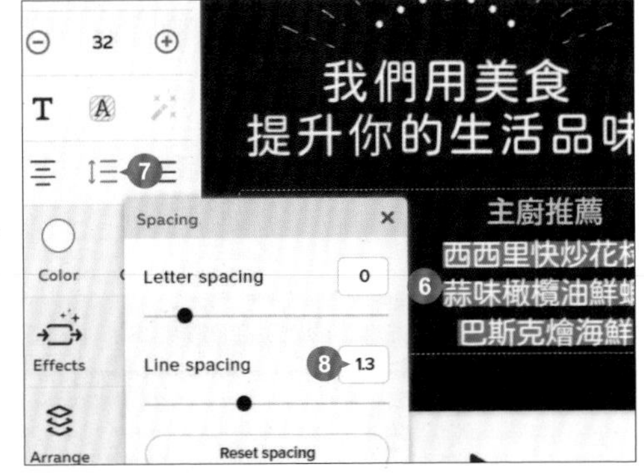

STEP 05 參考下圖，調整 03、04 頁文字方塊的字型、大小...等相關設定。

字型：Kosugi Maru (東京)、大小：64、靠左對齊。

字型：Kosugi Maru (東京)、大小：36、靠左對齊、Line spacing：1.5。

字型：Kosugi Maru (東京)、大小：90、取消粗體。

字型：Kosugi Maru (東京)、大小：60、取消粗體。

字型：Declare、大小：32。

對齊元素與頁面對齊

調整範本預設的文字後，可能會因為不同的字數、字型、大小，影響頁面整體的排版，以下將透過對齊，調整文字方塊和其他元素在頁面中的位置。

STEP 01 回到 01 頁，按 Ctrl 鍵不放，選取麵包元素與二個文字方塊，工具列選按 ⊫ \ ‡，讓所有物件先居中對齊，再選按 ⊞ 對齊頁面。

STEP 02 依相同方法，分別調整 02、04 頁的元素與文字方塊對齊狀態，最後選取 03 頁二個文字方塊後，滑鼠指標移至文字方塊上呈 ✥ 狀，按住不放拖曳至合適位置。

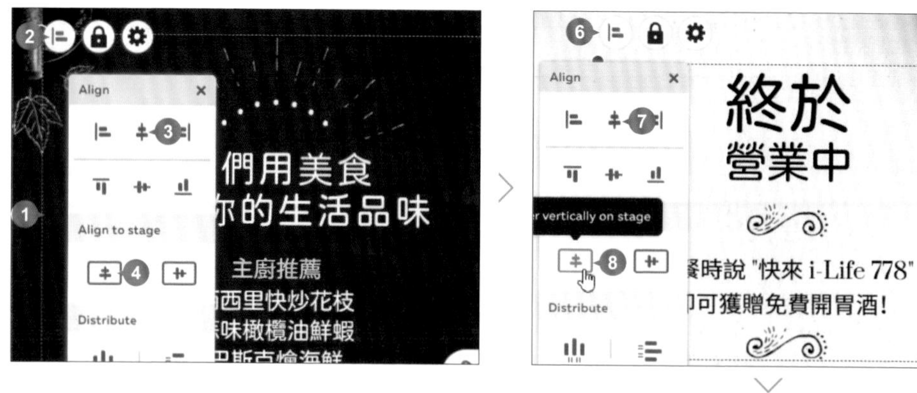

10-5 動畫元素豐富影片內容

除了文字外，合適的元素也可以幫忙點綴影片的視覺效果。以下將示範操作如何加入、調整或刪除元素。

加入合適的動畫元素

STEP 01 01 頁縮圖按一下，時間軸指標拖曳至 0:50 秒處，側邊欄選按 \ **OVERLAYS**，清單中選按如圖元素插入。

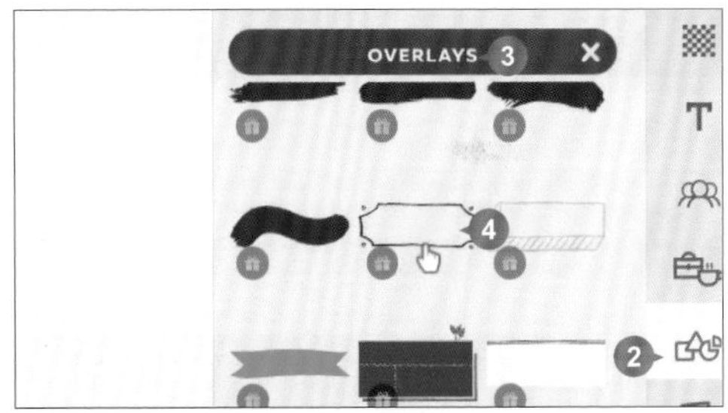

STEP 02 選取剛剛插入的元素，工具列選按 ，面板中選按合適的顏色套用，此範例選按 **白色**。

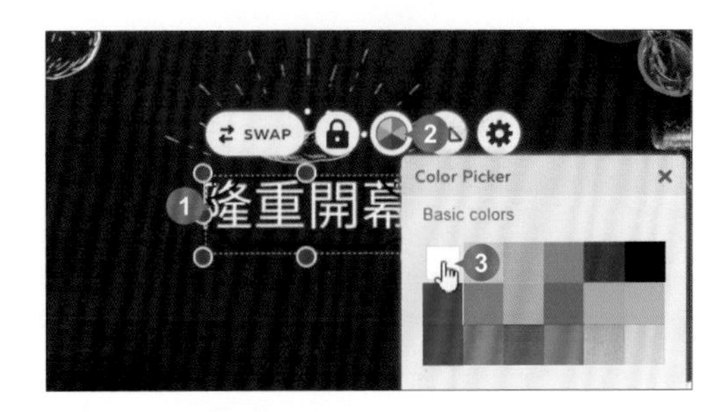

STEP 03 參考下圖，滑鼠指標移至四個角落控點呈 ↗ 狀拖曳調整大小，再拖曳至合適位置。

STEP 04 02 頁縮圖按一下，時間軸指標拖曳至 0:50 秒處，側邊欄選按 \ **MARKER**，接著將滑鼠指標移至男性角色的縮圖上，清單中選按 **Pointing** 插入。

STEP 05 選取人物狀態下，工具列選按 水平翻轉，參考下圖，利用四個角落控點調整大小，並拖曳至合適位置。

STEP 06 依相同方法，參考下圖，於 03 頁的 3:00 秒與 04 頁的 4:00 秒分別加入「facebook like」、「cocktail」元素，調整大小與位置，其中 04 頁 "cocktail" 元素需按住 ⤸ 不放拖曳旋轉角度。

刪除動畫元素

刪除不相關或不適合的元素，除了避免干擾影片主題外，也可維持版面的簡潔。

STEP 01 01 頁縮圖按一下，按 Ctrl 鍵不放，先選取頁面上的蒜頭元素，再選取麵包元素，按 Del 鍵刪除，再將蕃茄元素拖曳至如圖位置。

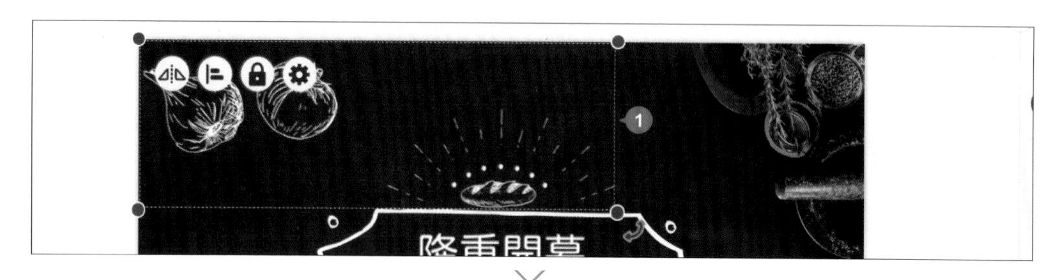

STEP 02 依相同方法，刪除 03 頁左上角的標籤與文字元素、月亮外圍光芒元素。

安排元素前後順序

元素的前後順序如果不正確，會導致某些元素在進場時出現在其他元素下面，影響影片整體的動畫效果。

STEP 01 01 頁縮圖按一下，選取邊框元素，工具列選按 ⚙ \ Arrange \ Front，將該元素置於最上層 (若 Front 呈灰色無法選按表示已在最上層)。

STEP 02 03 頁縮圖按一下，按住 Ctrl 鍵選取文字方塊上方 5 個元素，再依相同方法將順序置於最上層 (元素會壓在黑線上方)。

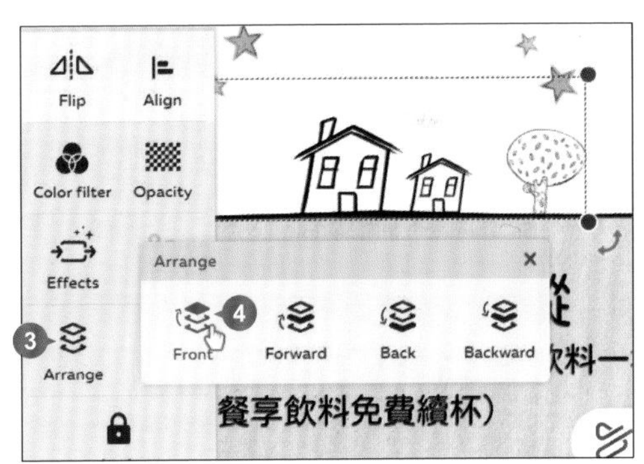

小提示 為什麼要調整元素前後順序？

一般情況下，如果使用一般動畫，元素前後的順序其實不會有影響，但由於本章是白板動畫，所以會有手勢書寫動作，如果順序錯誤，會形成右圖狀態，所以要特別注意。

10-6 手勢動畫讓影片活潑起來

手勢畫畫的動作是白板動畫裡重要的一個環節，將元素加入手勢動畫後，整個影片看起來就像是真人實境畫出來的感覺，令人眼睛為之一亮。

加入手勢動畫

STEP 01 01 頁縮圖按一下，選取邊框元素，時間軸選按進場動畫開啟面板，調整 **Enter Effects**：**Drawing \ Hand 01**。(空白處按一下可關閉面板)

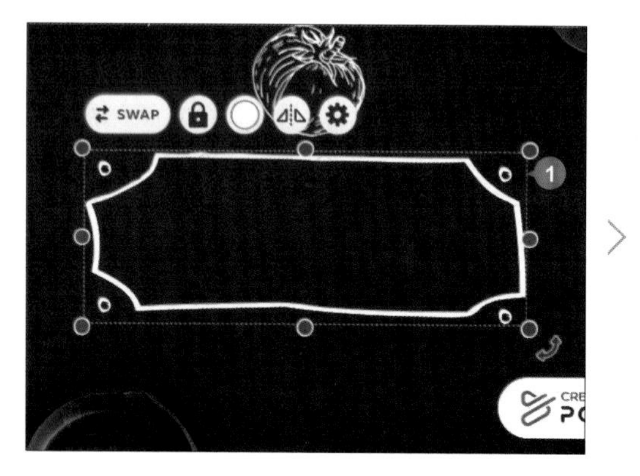

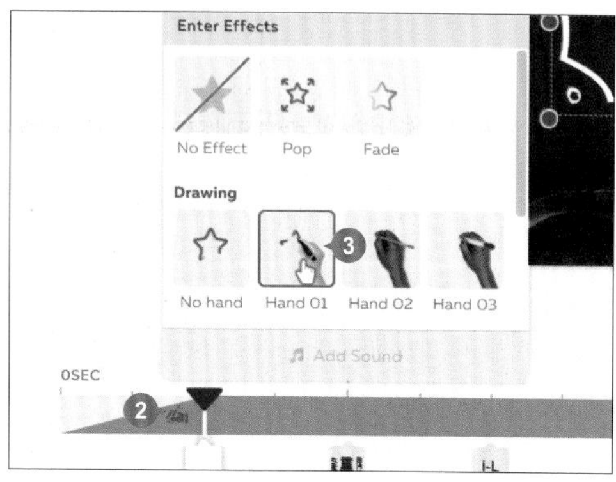

STEP 02 滑鼠指標移至時間軸右側出場時間呈 ↔ 狀，往左拖曳調整至 1:25 秒，再選按出場動畫開啟面板，調整 **Enter Effects**：**No Effect** 取消動畫。

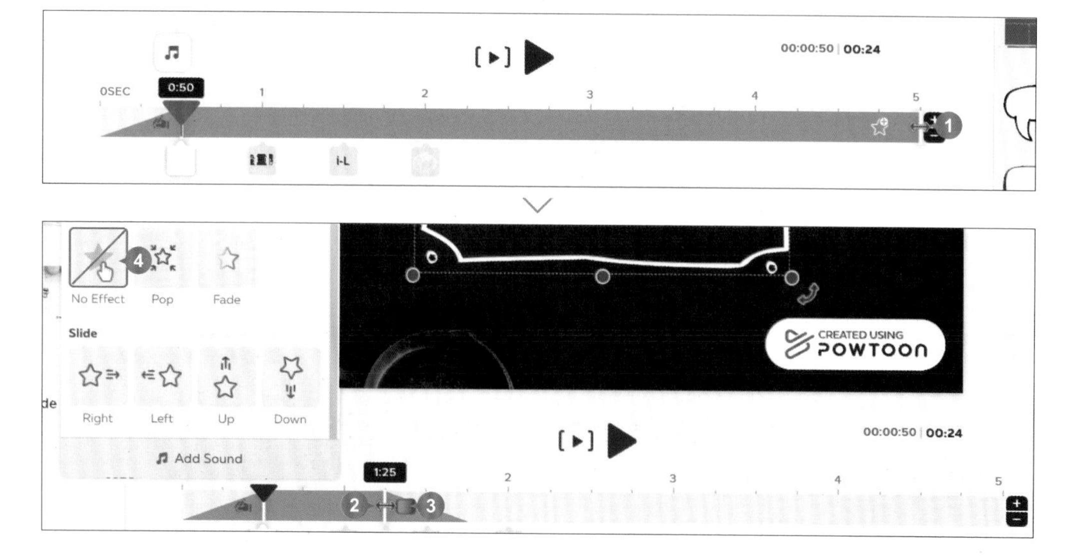

STEP 03 時間軸指標拖曳至 1:25 秒，選按邊框元素，按 Ctrl + C 鍵複製元素，在頁面空白處按一下取消選取，按 Ctrl + V 鍵將元素貼上。

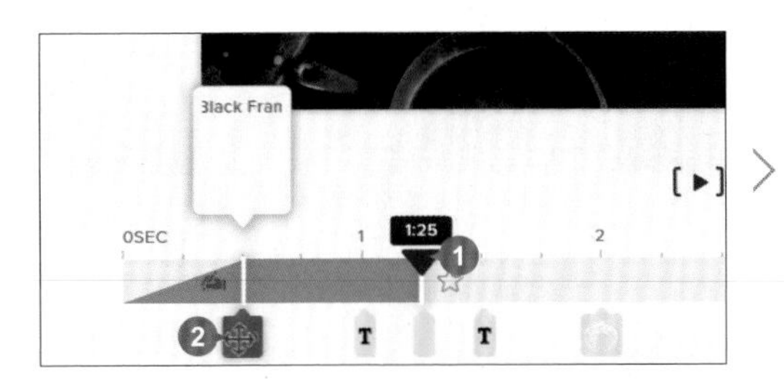

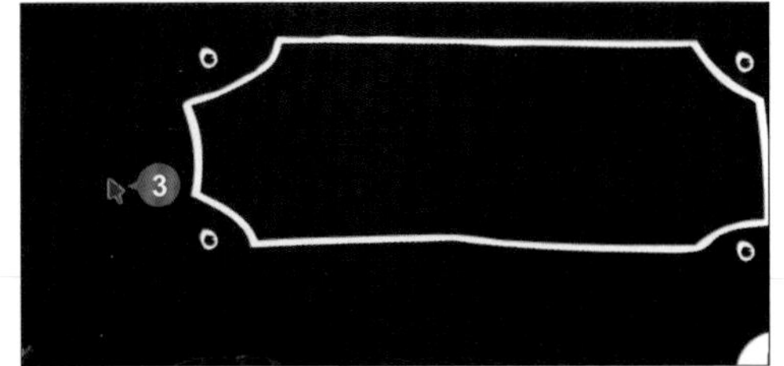

STEP 04 接著將時間軸指標左右拖曳，檢視頁面中的邊框元素是否有完美的重疊。(如果發現沒有重疊，可以利用鍵盤方向鍵移動對齊。)

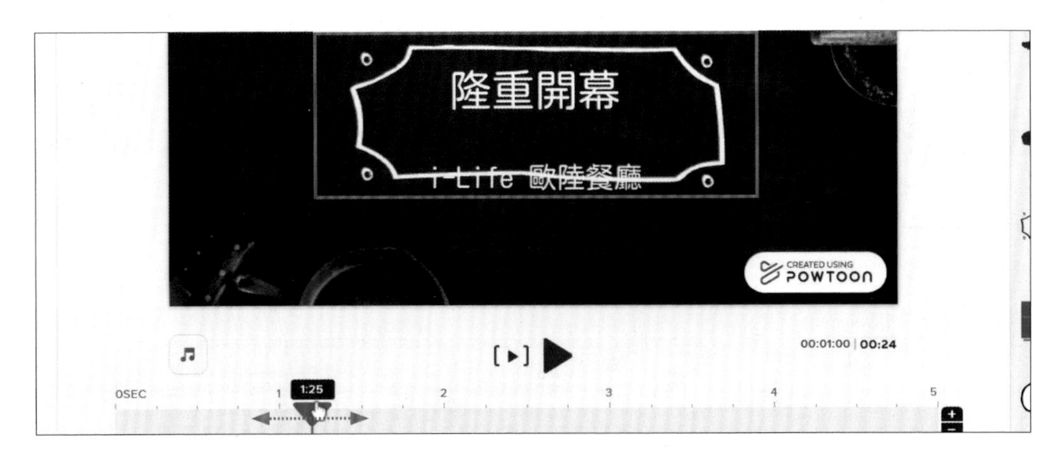

STEP 05 最後取消第 2 個邊框元素的進場動畫，再將出場時間拖曳至時間軸最右側，完成後可選按 [▸] 檢視手勢動畫是否有完美地呈現。

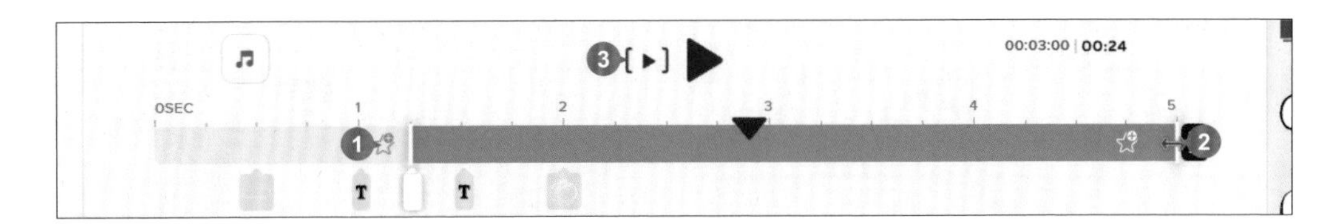

小提示 為什麼要重疊二個動畫？

一般預設情況下，手勢動畫約有 2 秒多的時間長度，使用此方式可以縮短並加快手勢動畫的速度，不會導致動畫時間過長而影響到其他動畫進場。

STEP 06

02 頁縮圖按一下，選取文字方塊，時間軸選按進場動畫開啟面板，調整 **Enter Effects**：**Writing \ Hand 01**。(空白處按一下可關閉面板)

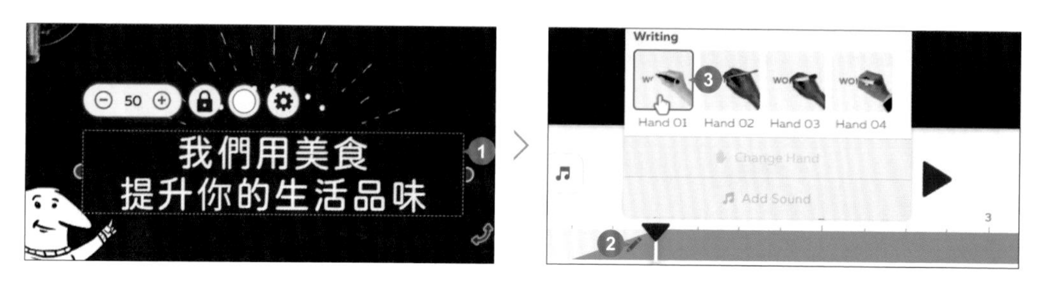

STEP 07

03 頁縮圖按一下，選取樹元素 (左)，依 P10-18~P10-19 操作，參考下圖設定手勢動畫。

STEP 08

按住 Ctrl 鍵選取二個房屋元素，調整進場時間為 2:00 秒，再單獨選取房屋 (大) 元素，依 P10-18~P10-19 操作，參考下圖設定手勢動畫。

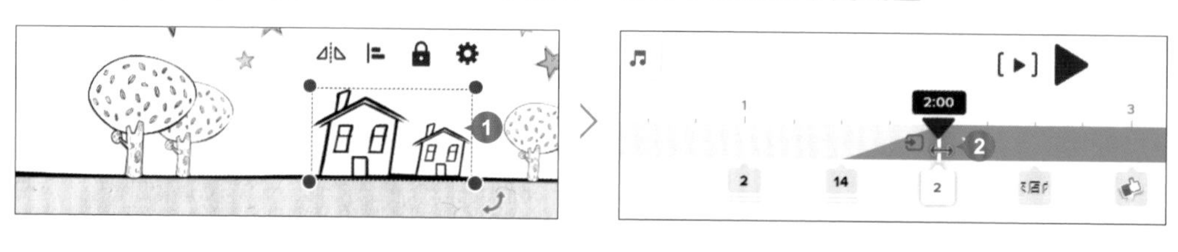

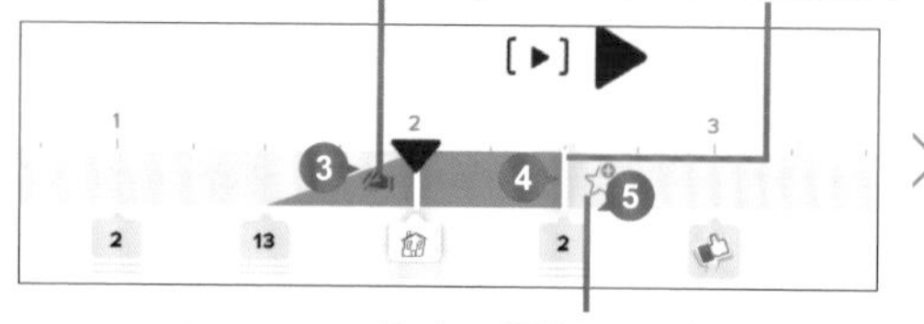

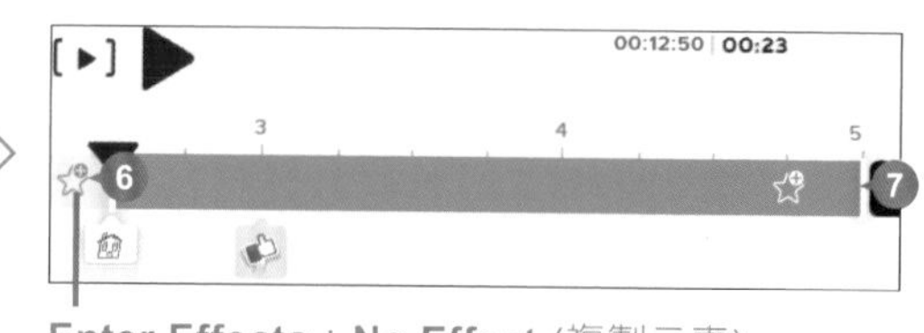

STEP 09 選按 [▸] 檢視手勢動畫，發現最右側的房屋 (小) 與樹 2 個元素都會跑到手勢上方，這時將時間軸指標拖曳至 2:00 秒處，依 P10-17 操作，將房屋 (大)元素置於最上層即可解決此問題。

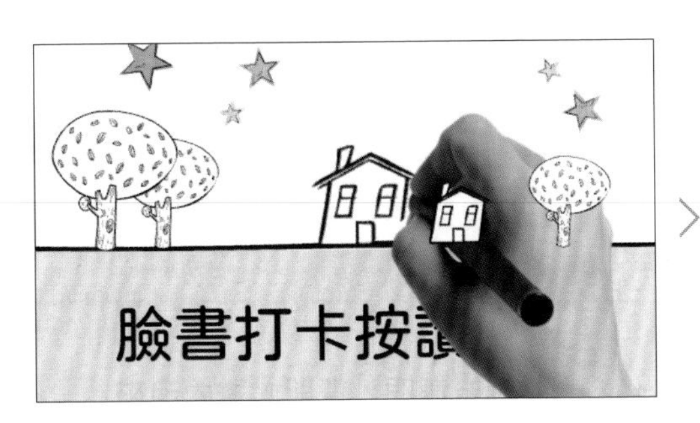

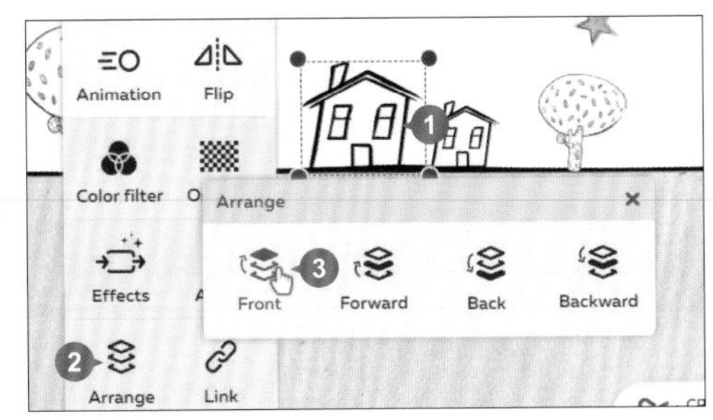

STEP 10 選取樹元素 (最右)，調整進場時間為 3:00 秒，依 P10-18~P10-19 操作，參考下圖設定手勢動畫。

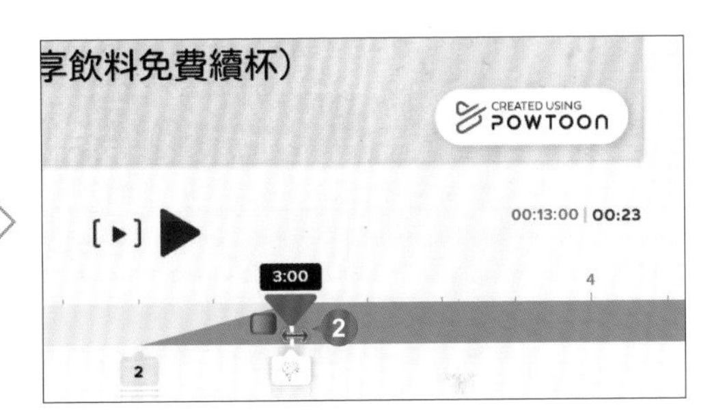

Enter Effects：Drawing \ Hand 01　出場時間：3:50 秒

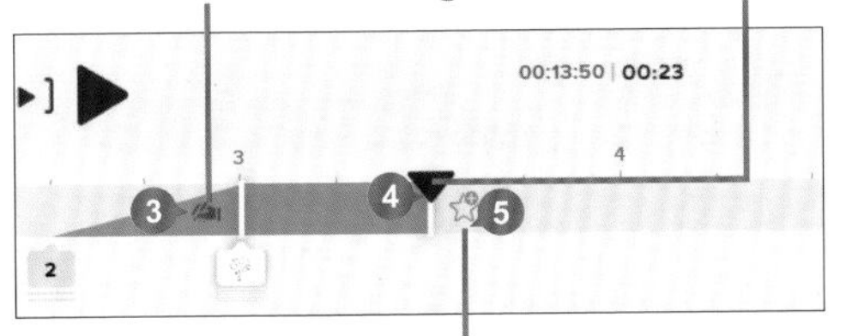

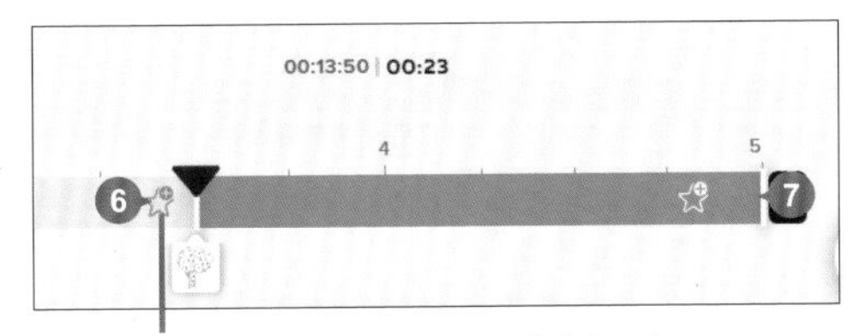

Enter Effects：No Effect　　Enter Effects：No Effect (複製元素)

STEP 11 04 頁縮圖按一下，選取雞尾酒元素，依 P10-18~P10-19 操作，參考下一頁圖片設定手勢動畫，完成後一樣選按 [▸] 檢視。

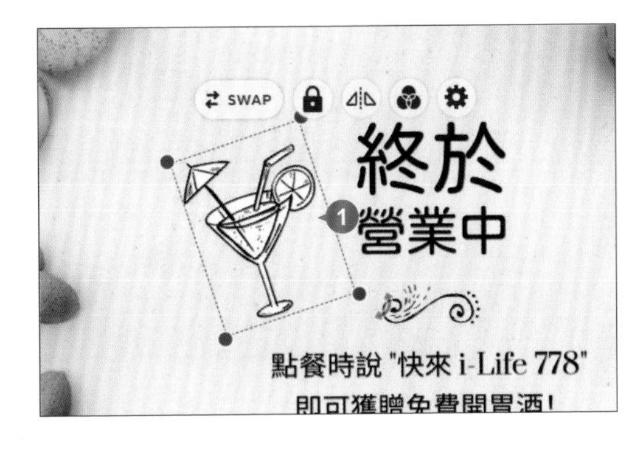

Enter Effects：Drawing \ Hand 01　出場時間：5 秒

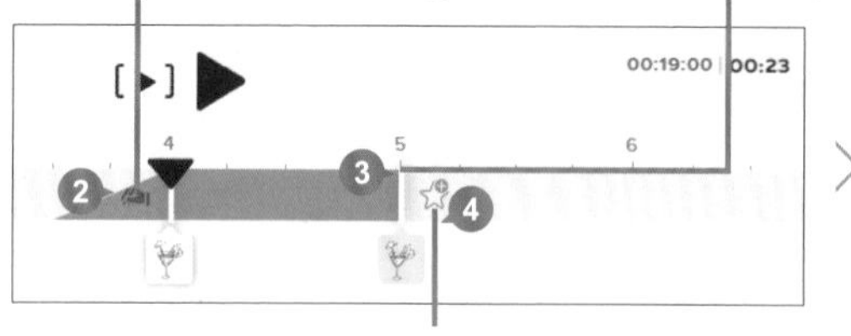

Enter Effects：No Effect

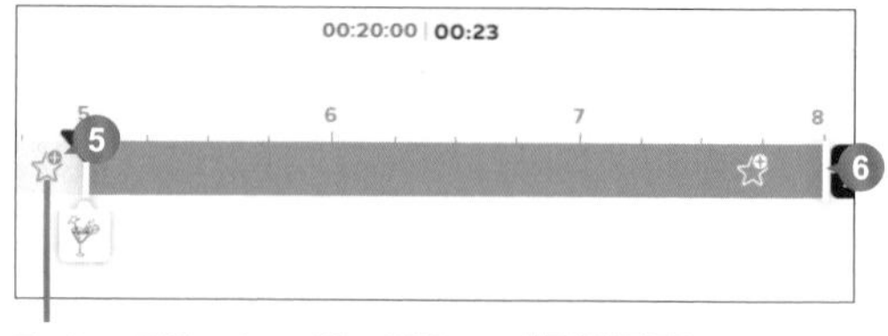

Enter Effects：No Effect (複製元素)

調整頁面時間長度與動畫出現時間點

STEP 01　01 頁縮圖按一下，時間軸 1:00 秒選按標題文字方塊，調整 **Enter Effects**：**Fade**、進場時間為 1:75 秒，副標題文字方塊也一樣操作，讓它們在同一時間出現。

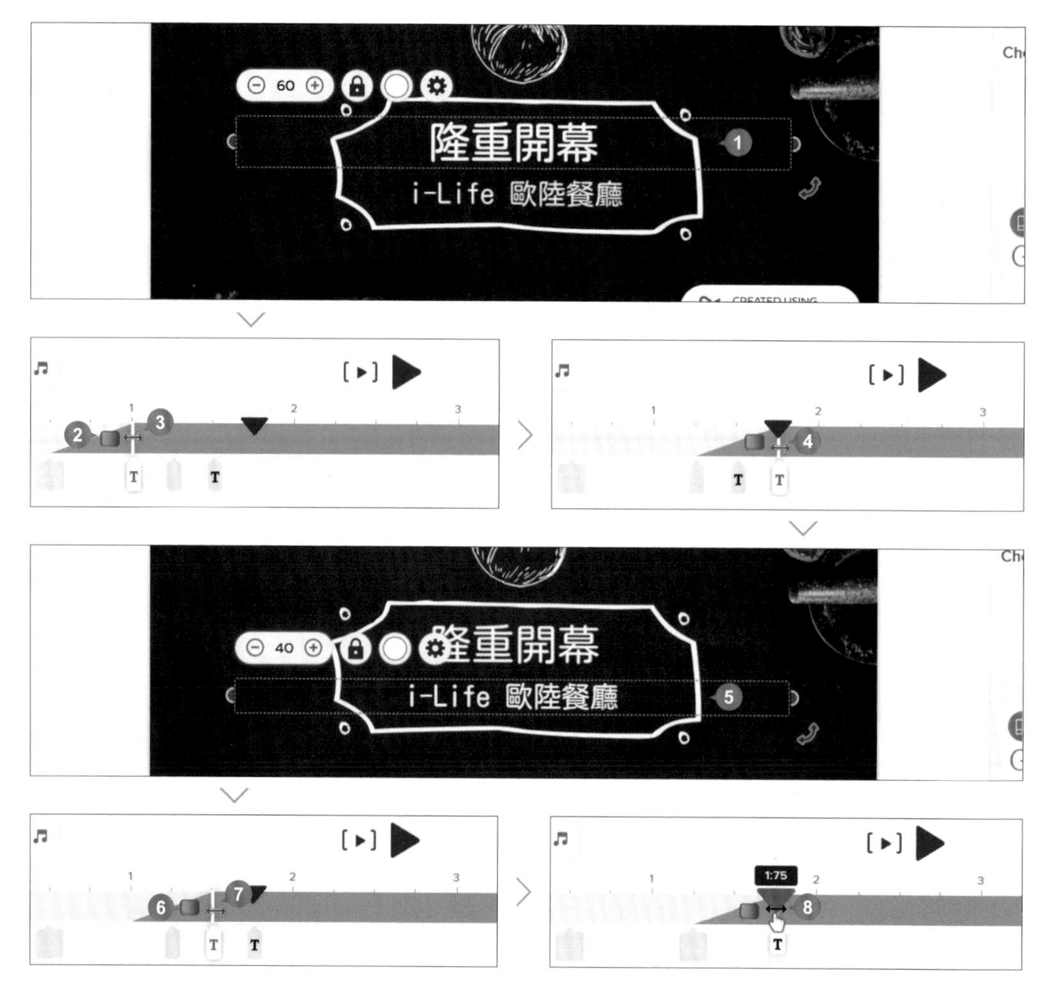

STEP 02 選取蕃茄元素，調整進場時間為 2:00 秒、 **Enter Effects**：**Pop**。

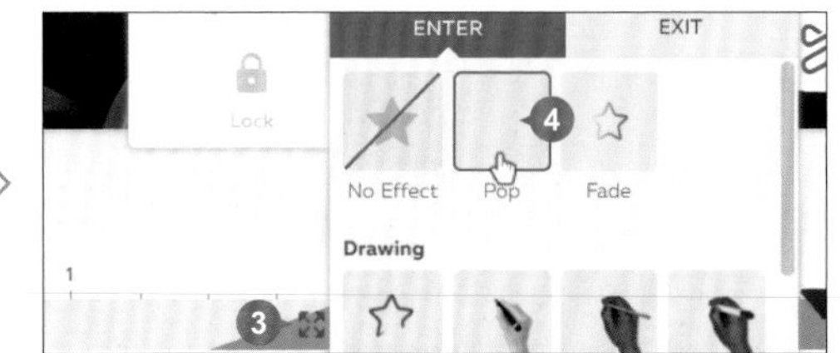

STEP 03 02 頁縮圖按一下，滑鼠指標移至時間軸最後方，選按 ▬ 即可減少該頁面 1 秒的時間長度。(選按 ✚ 則可增加 1 秒的時間長度)

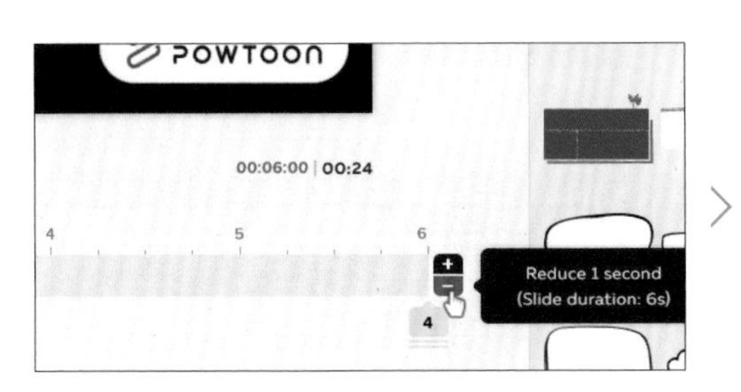

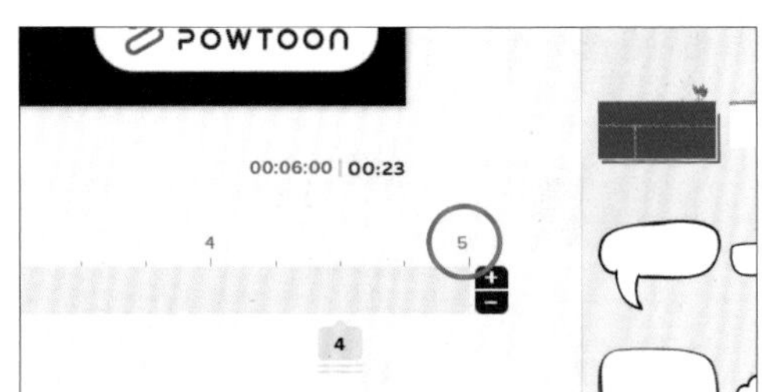

STEP 04 選取下方文字方塊後，調整進場時間為 2:00 秒；時間軸選按如圖最右側的群組，調整進場時間調整 3:50 秒。

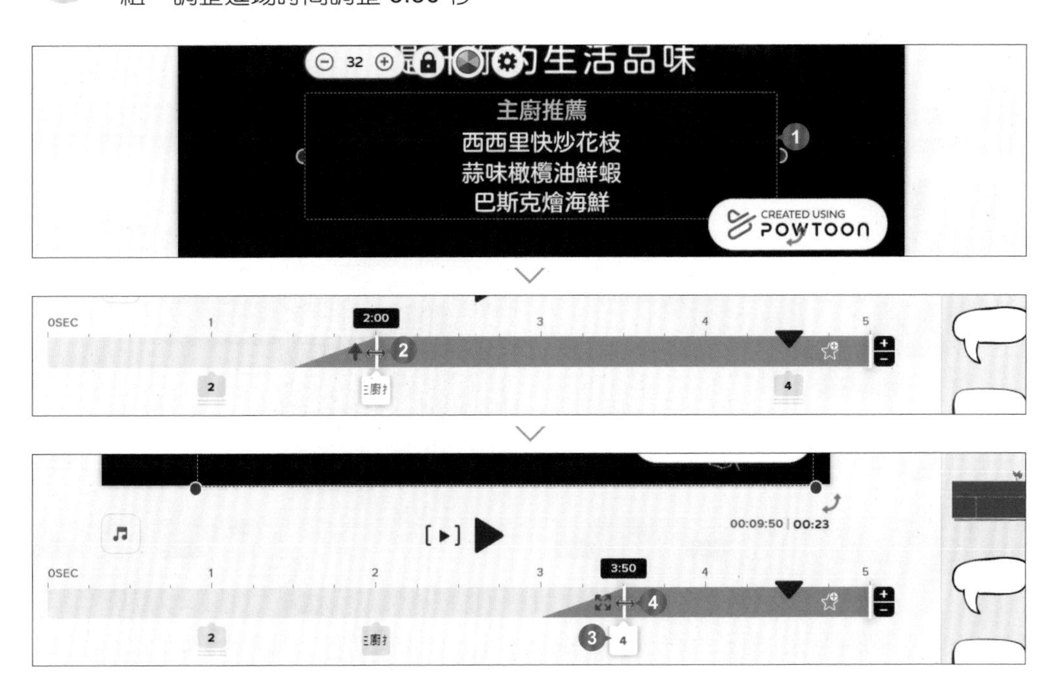

10-7 轉場效果引導目光焦點

轉場效果可以讓影片在播放時更流暢，頁面在切換時不會顯得過於突兀，是影片中最常用的效果之一。

STEP 01 01 與 02 頁面縮圖間選按 開啟轉場動畫清單，選按合適的轉場效果套用即可，此範例選按 **Zoom Out**。

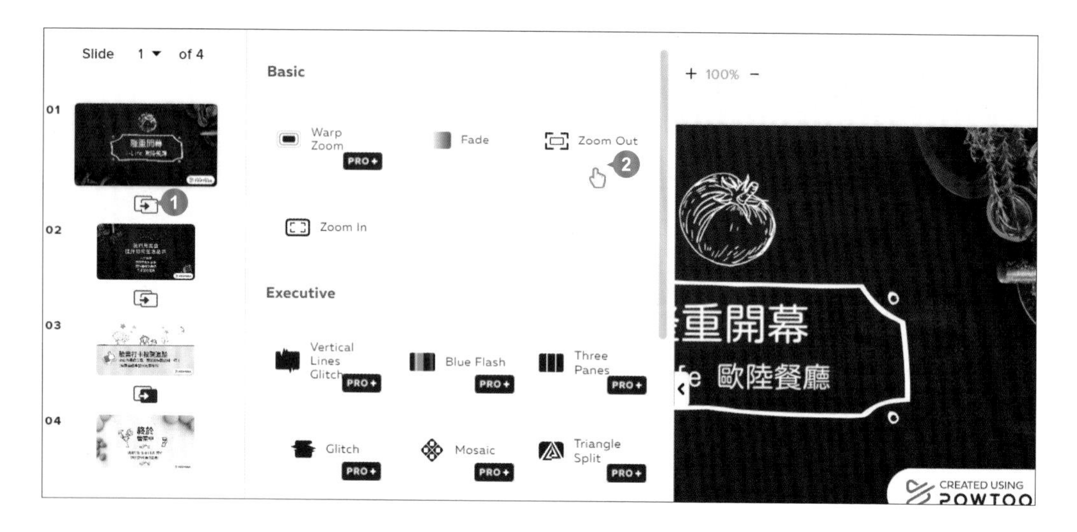

STEP 02 依相同方法，分別在 02 和 03 頁面縮圖間、03 和 04 頁面縮圖間，套用 **Zoom Out** 轉場效果。

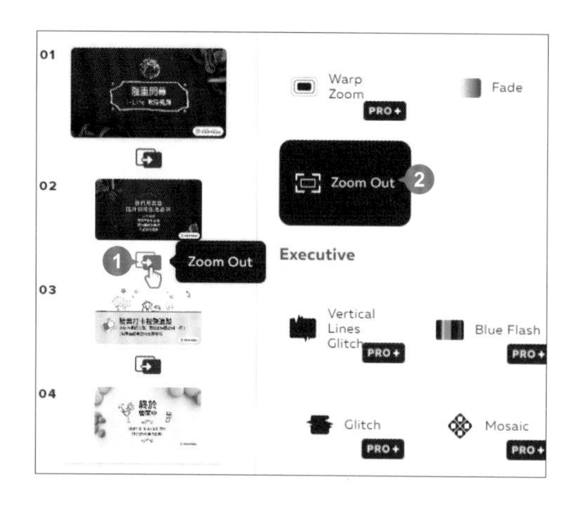

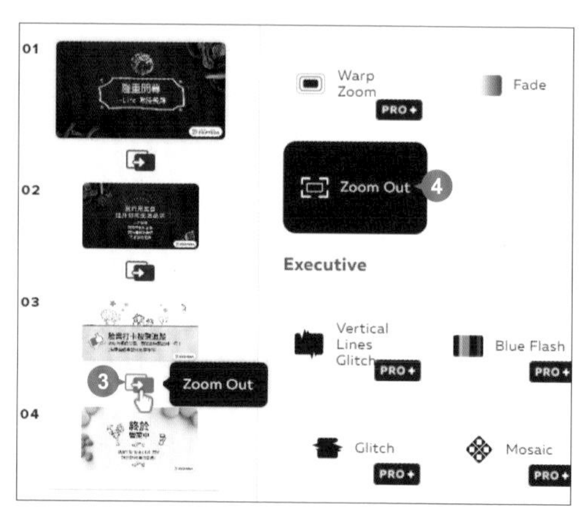

到此即完成開幕優惠企劃影片製作，相關輸出與上傳社群的方法可參考 Part 11。

跨社群打造最強集客力

分享與上傳

學習重點

Canva 與 Powtoon 設計完成的影片，可以透過觀看連結與朋友分享；也可以直接上傳到 YouTube、Facebook...等社群平台。

- ☑ Canva 專案以 MP4 格式下載
- ☑ 免費版型內含付費元素
- ☑ Canva 上傳社群平台
- ☑ Powtoon 專案以 MP4 格式下載
- ☑ Powtoon 上傳社群平台
- ☑ 在 Canva 分享觀看連結
- ☑ 在 Powtoon 分享觀看連結

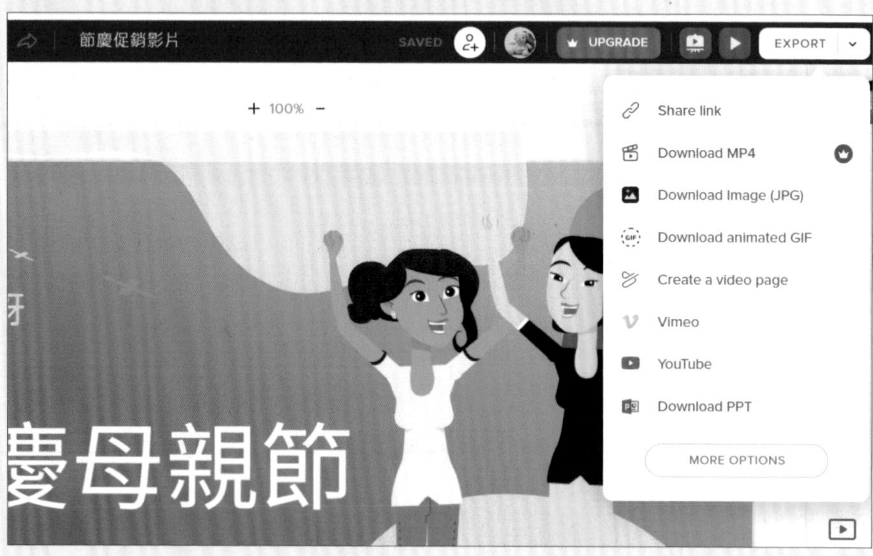

11-1 Canva 專案以 MP4 格式下載

Canva 提供 JPG、PNG、PDF、SVG、MP4 影片、GIF 多種下載格式，可以依需求選擇。

將影片下載至電腦

畫面右上角選按 **分享 \ 下載**，依需求選擇合適的下載，在此選擇 **檔案類型**：**MP4 影片**，確認 **請選擇頁面：所有頁面**，選按 **下載** 鈕就會儲存到電腦。

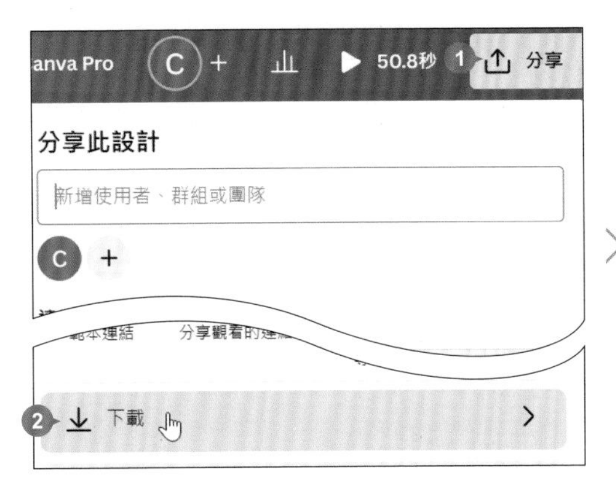

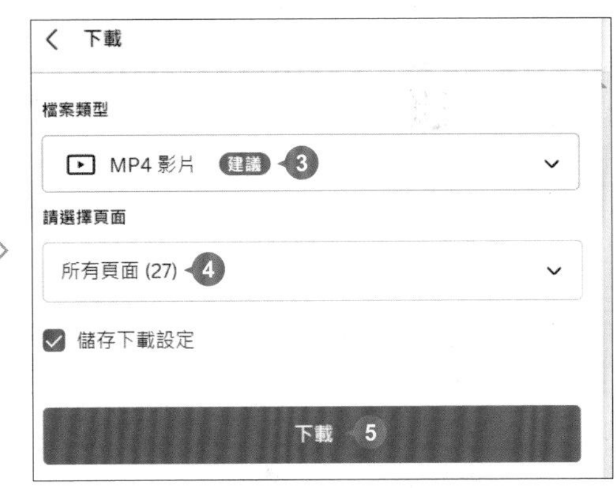

免費版型內含付費元素

明明是免付費版型，下載指定的檔案類型時卻顯示要付費才能執行，這時可以透過以下二種方法，查看版型中需要付費的元素數量與購買金額。(付費元素透過刪除或取代後，便可執行指定檔案類型的免費下載)

方法 1：**Canva** 畫面右上角選按 **分享 \ 下載 \ 下載** 鈕。

方法 2：頁面中，選按元素上的 **移除浮水印** 字樣。

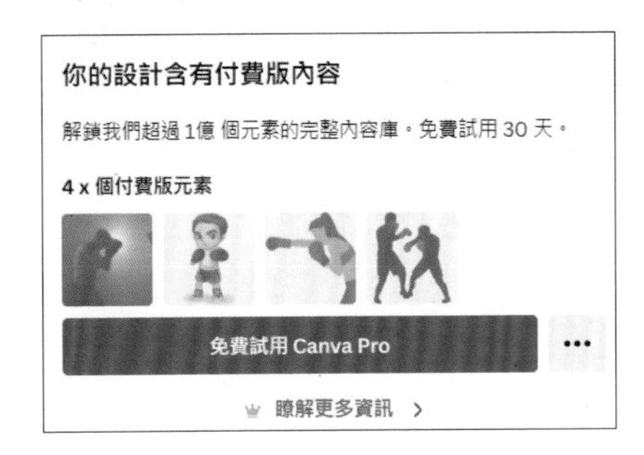

11-2 Canva 上傳社群平台

Canva 完成的專案影片可以透過 **在社交媒體上分享** 功能，直接上傳到 Facebook、Instagram、Twitter、TikTok... 等當紅的社群平台。

用 Canva 內建功能上傳

STEP 01 畫面右上角選按 **分享 \ 在社交媒體上分享**，清單中選按合適的社交媒體名稱，在此選按 **Facebook 粉絲專頁**。

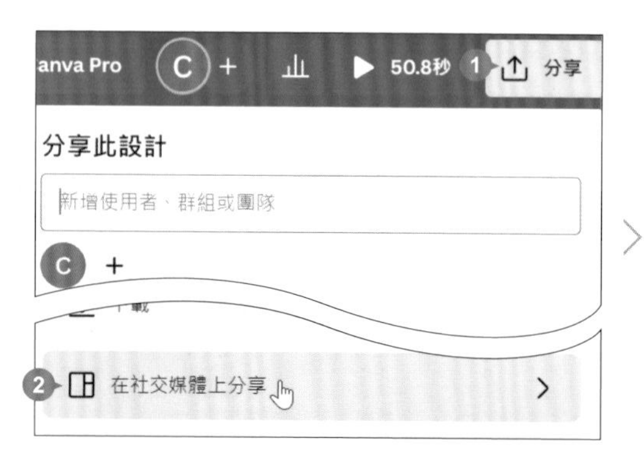

STEP 02 依步驟完成社群平台帳號的登入與連結，再選按要連結的粉絲專頁，設定要上傳的格式、頁面，輸入貼文內容，最後選按 **發佈** 鈕。

將電腦中的影片上傳至社群平台

將 Canva 專案下載為影片並儲存至電腦後，可以選擇欲分享的社群平台，依步驟執行完成上傳。(此處以上傳 Facebook 粉絲專頁為例)。

STEP 01 於 Facebook 粉絲專頁 **在想些什麼?** 下方選按 **相片 / 影片**，確認 **預設分享對象：所有人**，再選按 **完成** 鈕。

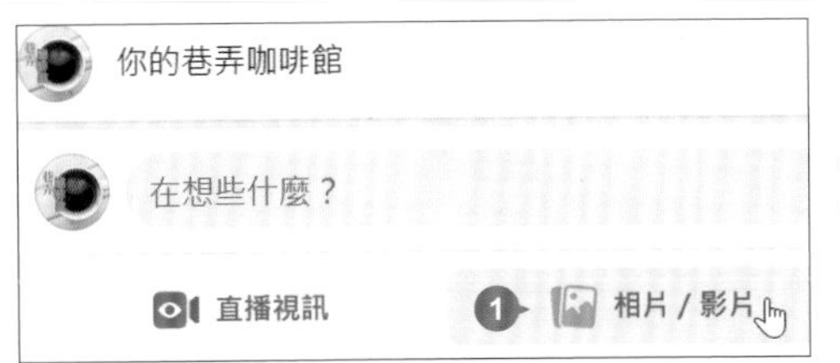

STEP 02 視窗中選按 **新增相片 / 影片**，選取電腦內要上傳的影片，選按 **開啟** 鈕。

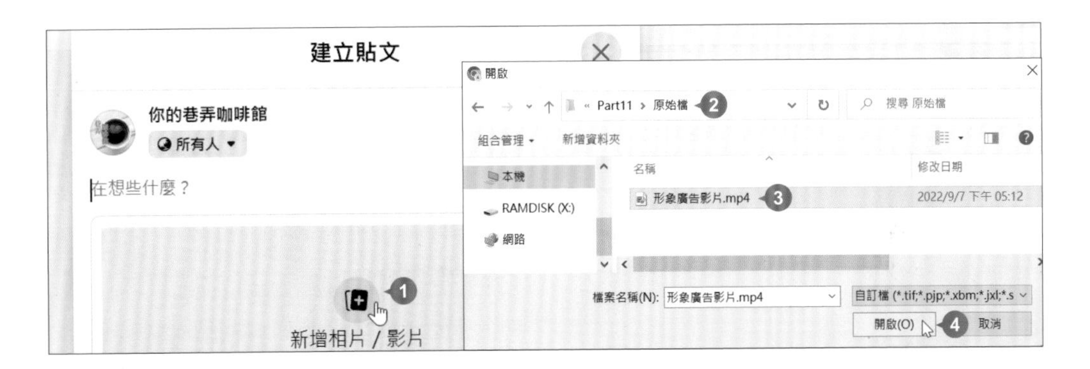

STEP 03 視窗左上角會顯示上傳進度，接著輸入貼文內容，等上傳完成後再選按 **發佈** 鈕。

11-3 Powtoon 專案以 MP4 格式下載

從 Powtoon 直接下載影片需要付費，在此可以利用上傳至 YouTube 平台的方式，再透過 YouTube 將影片下載回電腦。

上傳到 YouTube

在發布的選項中綁定連結帳號，加入影片說明後，可以直接上傳到 YouTube。

STEP 01 畫面右上角選按 **EXPORT \ YouTube**。(**EXPORT** 鈕於分享後會顯示 **PUBLISH**)

STEP 02 選按 **Add Account**，依步驟完成 YouTube 帳號的登入與授權，連結並選按該帳號 (藍色圖示代表目前使用中帳號)，設定瀏覽權限，選按 **NEXT** 鈕。

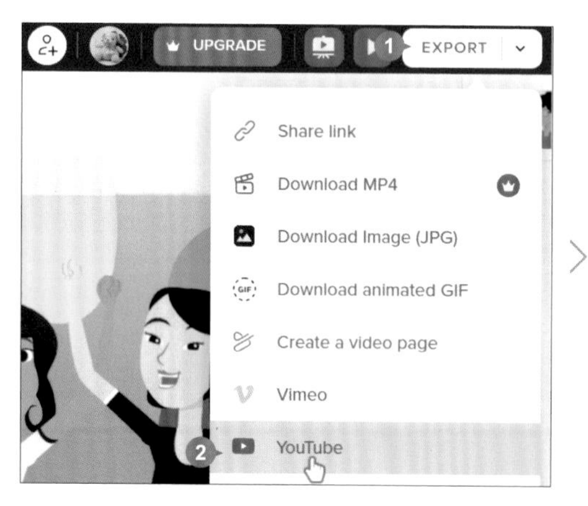

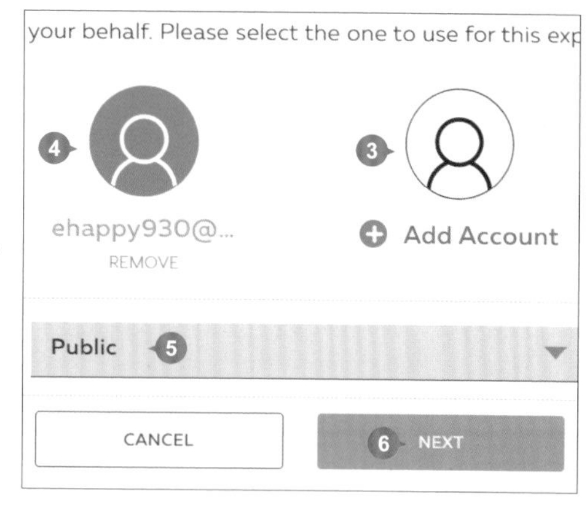

STEP 03 預設會以專案名稱為標題，可以沿用或是重新輸入另一個名稱，接著加入說明文字 (**Add Description**) 或標籤 (**Add Tags**)，設定影片類型 (**Category**)、瀏覽權限 (**Powtoon Privacy**)，最後選按 **NEXT** 鈕。

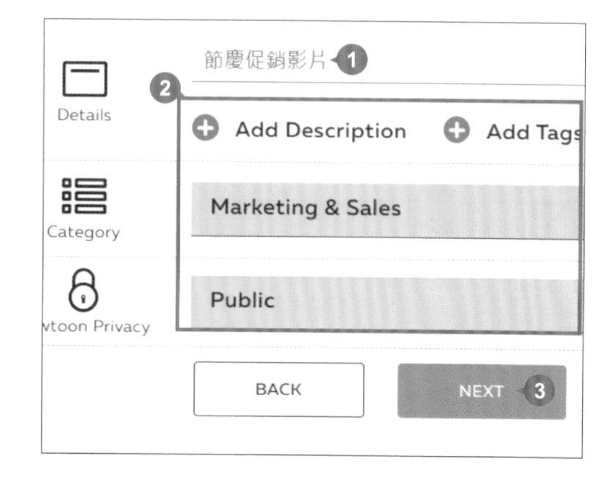

STEP 04 核選要輸出的影片品質，再選按 **UPLOAD WITH WATERMARKS** 鈕，即可上傳至 YouTube。

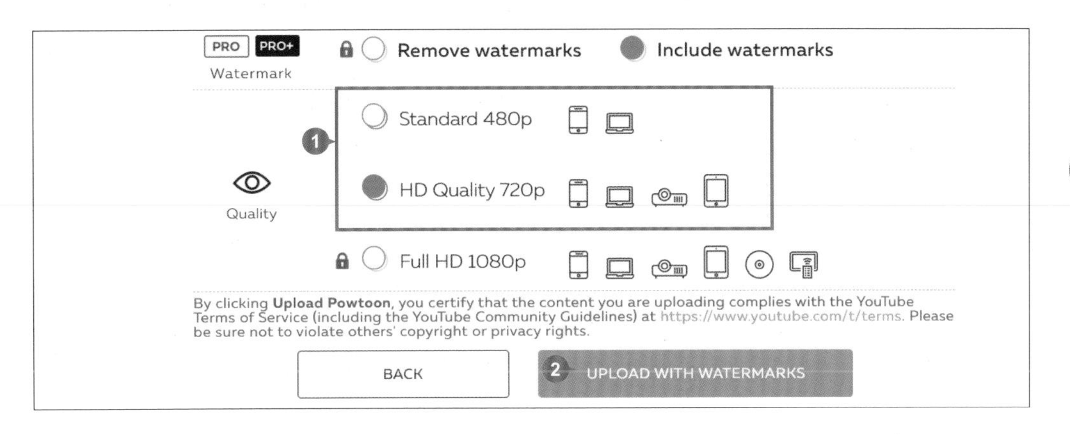

從 YouTube 下載影片

影片上傳完成後，進入 YouTube 工作室裡下載影片。

STEP 01 YouTube 首頁右上角選按帳號縮圖 \ **YouTube 工作室**。

STEP 02 左側選單選按 **內容**，上傳的影片右側選按 ⋮ \ **下載**，即可將影片下載回電腦。

11-4 Powtoon 上傳社群平台

Powtoon 完成的專案影片可以透過內建的 EXPORT 功能，直接上傳到 Vimeo、YouTube、Facebook、Twitter... 等社群平台。

STEP 01

此處以上傳 Facebook 粉絲專頁為例，畫面右上角選按 **EXPORT \ MORE OPTIONS \ Facebook Page**。(**EXPORT** 鈕於分享後會顯示 **PUBLISH**)

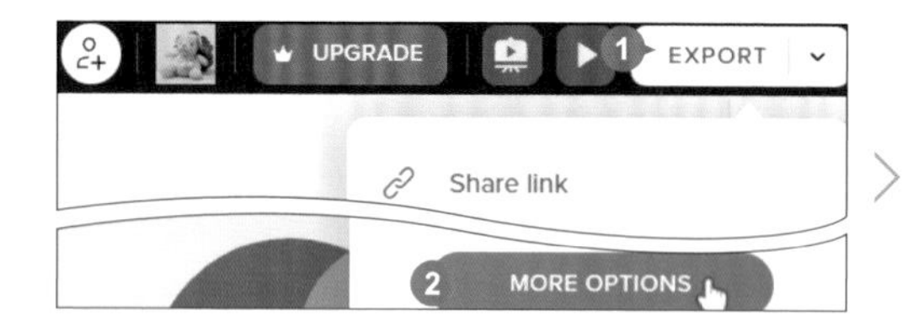

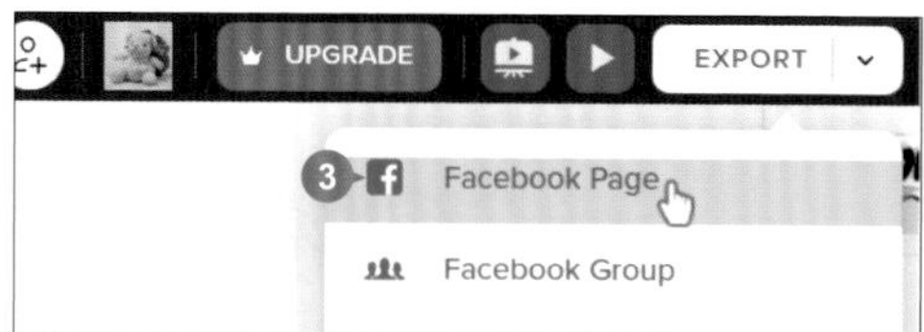

STEP 02

選按 **Add Account**，依步驟完成 Facebook 帳號的登入與授權，連結顯示該帳號，設定要上傳的粉絲專頁後 (Facebook 帳號若沒有管理的粉絲專頁，僅顯示個人頁面)，選按 **NEXT** 鈕，再選按 **Add Description** 右下角 ，加入說明文字。

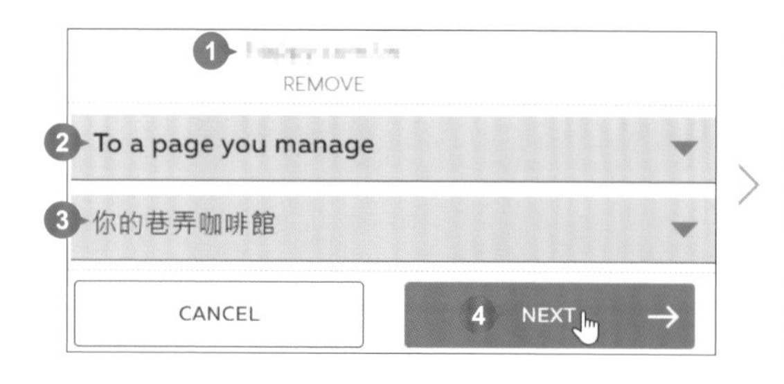

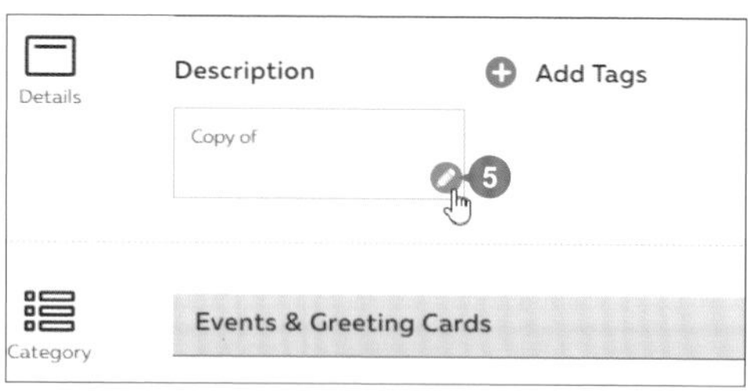

STEP 03

輸入完成後選按 **save**，再設定類型與隱私權限，選按 **NEXT** 鈕。核選要輸出的影片品質，再選按 **UPLOAD WITH WATERMARKS** 鈕，即可上傳指定的 Facebook 粉絲專頁。

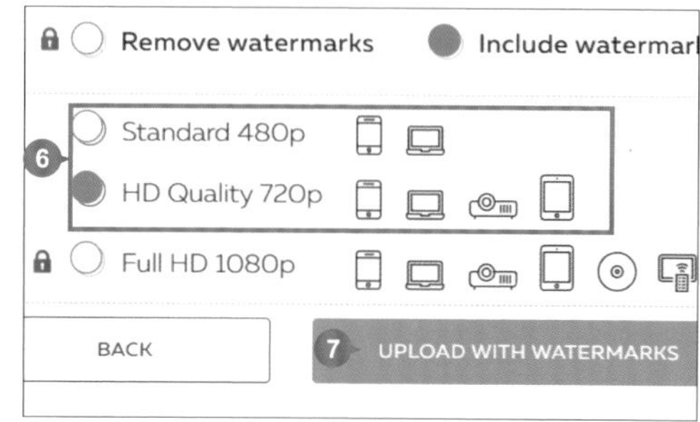

11-5 分享觀看連結

精心設計完成的影片，可以透過以下方式分享給朋友觀看，就算對方沒有申請帳號，也一樣可以看到完整的影片。

在 Canva 分享觀看連結

畫面右上角選按 **分享 \ 分享觀看的連結**，再選按 **複製** 鈕，將該連結傳送給其他人，對方即可觀看你的影片。

在 Powtoon 分享觀看連結

畫面右上角選按 **EXPORT \ Share link**，再選按 **Get link** 鈕和 **Copy link** 鈕，將該連結傳送給其他人，對方即可觀看你的影片。(**EXPORT** 鈕於分享後會顯示 **PUBLISH**)

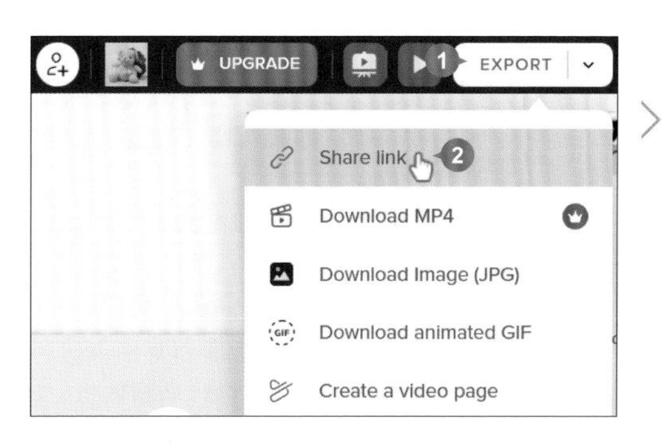

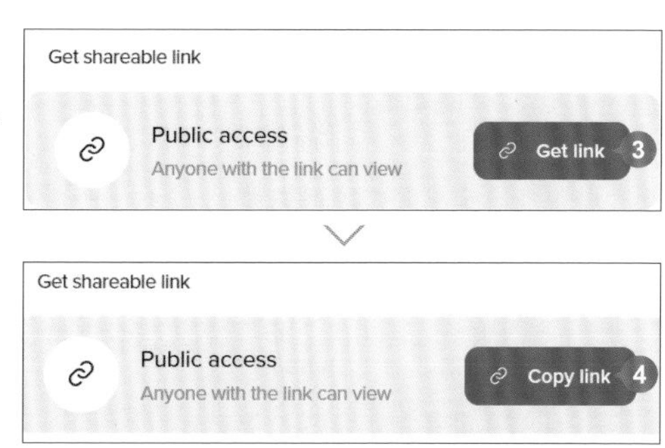

社群經營一定要會的影音剪輯與動畫製作術

作　　者：文淵閣工作室 編著　鄧文淵 總監製
企劃編輯：王建賀
文字編輯：王雅雯
設計裝幀：張寶莉
發 行 人：廖文良

發 行 所：碁峰資訊股份有限公司
地　　址：台北市南港區三重路 66 號 7 樓之 6
電　　話：(02)2788-2408
傳　　真：(02)8192-4433
網　　站：www.gotop.com.tw
書　　號：ACV045500
版　　次：2022 年 11 月初版
　　　　　2024 年 06 月初版五刷
建議售價：NT$420

國家圖書館出版品預行編目資料

社群經營一定要會的影音剪輯與動畫製作術 / 文淵閣工作室編著. -- 初版. -- 臺北市：碁峰資訊, 2022.11
面；　公分
ISBN 978-626-324-325-5(平裝)
1.CST：多媒體 2.CST：數位影像處理 3.CST：電腦動畫
312.8　　111015708